裂隙岩体变形局部化及破裂
前兆信息识别及其研究

雷瑞德　李凌峰　韩　非　著

中国原子能出版社

图书在版编目(CIP)数据

裂隙岩体变形局部化及破裂前兆信息识别及其研究/
雷瑞德，李凌峰，韩非著. -- 北京：中国原子能出版社，
2024.9. -- ISBN 978-7-5221-3659-2

Ⅰ.TU452

中国国家版本馆 CIP 数据核字第 2024HD3232 号

裂隙岩体变形局部化及破裂前兆信息识别及其研究

出版发行	中国原子能出版社(北京市海淀区阜成路 43 号　100048)	
责任编辑	付　凯	
责任校对	冯莲凤	
印　　刷	长春市华远印务有限公司	
经　　销	全国新华书店	
开　　本	787mm×1092mm　1/16	
印　　张	16.5	
字　　数	417 千字	
版　　次	2024 年 9 月第 1 版　　2024 年 9 月第 1 次印刷	
书　　号	ISBN 978-7-5221-3659-2　　定　　价 78.00 元	

/摘 要/

随着矿产资源开发、能源开采、地下空间以及水电交通运输工程的大力发展,工程岩体的稳定性与断裂失稳问题日益突出。工程岩体在外荷载及自身重力作用下易诱发局部区域产生非均匀变形,致使局部化损伤区在多裂纹作用下进一步扩展贯通,给岩体断裂失稳预测及防治带来了极大困难。为此,论文以"裂隙砂岩变形局部化及破裂前兆信息识别研究"为主题,系统地分析了裂隙岩石变形局部化行为与断裂破坏模式,探究了加载过程中裂隙岩石的宏、细观裂纹演化机制,并对声发射信号在裂隙岩石破裂前兆信息识别中的应用展开了详细分析。在此基础上,基于反向神经网络模型(BPNN)获得考虑试验加载条件、充填物工况、裂隙倾角、岩桥角度、峰值强度、弹性模量、局部化带倾角和局部化带厚度等输入变量的失稳破裂时间经验关系式,主要研究内容及结果如下。

(1) 采用 MTS815 液压伺服试验机、三维数字图像技术(3D-DIC)、PCI-Ⅱ声发射仪(AE)对含预制非充填和石膏充填裂隙砂岩试样开展单轴压缩试验,并对加载过程中变形局部化特征和裂纹扩展贯通模式进行分析。研究发现,无论非充填和石膏充填裂隙试样,其峰值强度和弹性模量均随着岩桥角度变化呈现出"倒置"高斯型分布趋势,并在 60°时取得最小值。共获得 10 种裂纹类型和四种贯通模式,且贯通破坏模式由近似平行于轴向张拉混合破坏的间接贯通向斜剪拉伸破坏的直接贯通转变。此外,基于声发射技术定义了非充填和充填工况下三种裂纹应力水平,充填物不仅提高了裂纹应力水平阈值,而且裂纹萌生应力水平增加百分比大于贯通应力和峰值应力。另外,无论裂隙充填与否,其拉伸裂纹均在较低应力水平萌生发育,而剪切裂纹则在趋近峰值应力时起裂扩展。

(2) 利用 WDAJ-600 双轴电液伺服控制系统、3D-DIC 系统、AE 系统以及场发射透射电子显微镜系统(SEM)对含石膏充填裂隙砂岩开展双轴加载试验,研究侧压对裂隙砂岩宏观变形局部化特征、裂纹贯通破坏模式和细观断裂特征的影响,结果表明,随着侧压的增加,宏观裂纹连接贯通受到了一定抑制。同时,剪切裂纹萌生应力水平逐渐降低,相反,拉伸裂纹起裂应力水平逐渐增加。另外,由断口微观结构特征可知,随着侧压的增加,周围由晶体棱角分明、穿晶断裂及未出现碎屑现象逐渐演变为沿晶粒界面剪切滑动、晶间断裂和伴有较多碎屑产生。

(3) 基于构建的考虑矿物组分离散元数值模型,进一步从细观尺度上解释试验过程中产生的宏观变形破裂现象,结果表明,变形断裂过程分为微裂纹闭合阶段、裂纹孕育萌生阶段、裂纹缓慢扩展阶段、裂纹匀速扩展阶段和加速扩展阶段。随着岩桥角度变化,其细观裂纹贯通模式仍由近似平行于轴向张拉混合破坏的间接贯通向斜剪拉伸破坏的直接贯通转变,且细观拉伸和剪切裂纹的萌生应力水平均随着裂隙倾角的增加而增加。同时,微裂纹数随着侧压的增加而增加,拉伸裂纹占比逐渐减小,而剪切裂纹占比逐渐增加。另外,基于测量圆方法对裂隙砂岩应力场以及裂纹周围位移矢量场的局部化特征进行反演分析,进一步从细观力学角度验证了充填物的应力传递和转移机制。

(4) 基于 R/S 统计分析方法对非充填和石膏充填裂隙砂岩在不同加载条件下的非线性时序信号特征及微裂纹演化机制进行了量化表征。研究发现,相同裂纹几何参数下,非充填试样的分形维数大于石膏充填试样,且分形维数与侧压呈负相关关系。随后,基于多重分形方法对不同应力阶段的分形几何结构特征进行详细表征。结果表明,随着应力水平的增加,平均频宽($\Delta \alpha$)呈现出先降低后增加的趋势,临近失稳破裂时,分维值明显降低。当应力水平小于 $0.8\sigma_c$ 时,频带宽度差($\Delta \alpha_0$)大于零,而当应力水平大于 $0.8\sigma_c$ 时,$\Delta \alpha$ 由正值逐渐变为负值;分形谱参数 Δf 与 $\Delta \alpha_0$ 呈现出相反趋势。最后,基于声发射原始波形时-频特征对裂隙砂岩频谱行为进行详细分析,单、双轴作用下分别表现为以微观拉伸裂纹和剪切裂纹占主导的断裂机制,随着侧压的增加,由微观拉伸断裂主导的微裂纹机制逐渐向剪切断裂过渡。

(5) 基于加载破裂过程中声发射 b 值的演化特征分析发现该参数作为识别前兆信息的可靠性,同时基于经典的大森-乌苏(Omori-Utsu)时间反演定律和临界慢化理论对裂隙岩石裂纹扩展失效过程中的前兆预警信号、局部失稳破裂和最终失稳断裂特征点进行了较好的识别判断。最后,基于反向神经网络模型,获得了裂隙岩石失稳破裂时间经验关系式,并探讨了输入变量对预测模型的权重大小,发现加载条件对其相对重要性影响最大。

关键词:变形局部化;前兆信息;数字图像相关法;声发射;颗粒流数值模型

/目 录/

1 绪论

1.1 选题背景及研究意义

随着人类对矿产资源、能源、城市地下空间以及隧道工程的需求越来越大,浅部资源日益减少,岩体工程开采深度在不停地加大,所涉及的岩体力学问题也越来越复杂,每年开挖的岩体工程,诸如:矿山巷道、公路隧道以及地下硐室巷道累积长度超数万千米,保证如此庞大的工程岩体安全经济运行仍面临着巨大挑战。岩体的稳定性关系着岩体工程的长期运营安全,因此,如何安全、科学、有效地确保工程岩体的稳定性以及对断裂失稳进行预警预测成为世界范围内工程建设最关心的科学问题。

图 1.1　典型工程岩体及灾害

(a)高速公路;(b)海蚀崖大桥;(c)煤矿塌陷;(d)斑岩铜金矿边坡局部失稳

工程岩体在外荷载及自身重力作用下易产生不同尺度的破裂现象,从而导致诸如隧道坍塌、矿井塌陷、岩质边坡失稳以及山体滑坡等常见灾害的发生(图 1.1),给人类的生命和财产安全带来了巨大威胁。由于岩体受长期的地壳运动、工程开挖以及各类载荷扰动等作用,其内部充斥着大量孔洞和裂隙等缺陷[图 1.2(a)]。受外载作用原生缺陷发育扩展,促使缺陷局部区域损伤成核,进一步产生局部化现象,最终导致宏观裂纹扩展贯通。另外,自然岩体除了工程导致的破裂及失稳外,通常还包含天然节理、夹层及断层等不连续面,导致岩体具有明显的各向异性和非均质性等特点,并且岩体内这些不连续体往往是由与母岩变形行为不同的岩土材料充填而成,比如,岩石碎屑和黏土等[图 1.2(b)]。在许多工程案例中,包括边坡、地下硐室、隧道以及储藏岩体相关的开采活动诱导的损伤和失效往往是从不连续弱面周围开始萌生扩展。充填物使两个不连续面之间发生间接接触,并在两个不连续面之间产生作用力。充填体与裂隙面之间的摩擦作用机制不仅影响了裂隙面的变形也影响了作用力的传递,因此,深入理解含充填缺陷岩石的渐进断裂过程显得非常重要。

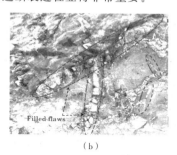

(a)　　　　　　　　　　　(b)

图 1.2　含不同裂纹类型岩体

(a)高岩质边坡和(b)含充填裂隙节理岩体露头

基于此,本文以非贯通裂隙岩体为研究对象,从声学、光学和力学角度深入分析裂隙岩石断裂失效机制,研究不同加载条件下多裂纹相互作用的裂纹扩展贯通模式,探究裂纹断裂过程中变形局部化特征,构建矿物非均质离散元数值模型,揭示充填物与裂隙面之间应力传递和转移机制,分析裂隙岩石断裂失稳前兆信息特征,开发裂隙岩石断裂失稳时间预测模型,从而为工程岩体的失稳破裂预测、止裂及加固奠定理论基础。

1.2　国内外研究现状

断裂力学的迅速发展极大地促进了岩石材料的强度及裂纹扩展演化等方面研究。根据在实际结构中的位置,裂纹可分为贯穿裂纹、表面裂纹、深埋裂纹和角裂纹等;根据裂纹受力情况不同,裂纹分为三种类型:张开Ⅰ型、滑开Ⅱ和撕开Ⅲ型裂纹(图 1.3)。

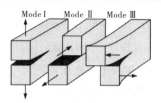

图 1.3　三种基本裂纹类型

1.2.1　裂隙岩石变形局部化试验研究现状

变形局部化现象自从 20 世纪 80 年代开始受到关注,此后,国内外大量学者就该现象展开了大量的试验研究。岩石在宏观断裂前会诱发变形局部化这一明显特征,即存在应变梯度,并且该特征也被称为岩石微损伤的前兆信号。变形局部化是受载岩石内部变形自组织演化和发展的结果,包含了一系列晶体和非晶体结构的自组织过程,该现象在金属、岩土及复合材料中均能观察到,尤其对于变形较大的延性材料来说,变形局部化现象更显著。变形局部化可作为岩石损伤破裂的前兆特征,该特征能够从机理上进一步揭示裂纹预裂、开裂和贯通的整个演化过程。但对于岩石等脆性材料来说,变形速度场则是不连续的,因此,在研究岩体断裂失效机制时,应考虑缺陷的影响,这样得到的结果更符合工程实际。在众多外界因素影响下,缺陷不仅导致局部变形不连续,而且还影响了岩体整体强度的不连续。再加上缺陷分布规律不同,致使岩石材料的断裂行为也表现为非连续性和各向异性,造成岩体变形、强度及断裂失效预测的难度加大。

在传统的变形测试中,常用的接触测试技术,诸如线性位移传感器和应变仪已被广泛用于监测岩石的变形。然而,对于岩石断裂过程中裂纹的关键特征,比如变形局部化的起始点和拉剪裂纹的萌生顺序很难用传统的线性位移传感器和应变仪来鉴别,尤其对于量化局部损伤区的范围和大小。三维数字图像散斑技术(Three dimension－digital image correlation)是一种非接触全场光学测试方法,该技术克服了传统测试技术的缺点,而且 3D-DIC 技术不仅能够捕捉峰前阶段相对较大的应变,甚至峰后阶段。近年来,众多学者对不同种类完整岩石的变形局部化特征进行了大量的研究,比如砂岩、Emochi andesite、型煤、蛇纹岩、页岩和花岗岩等。另外,研究者详细讨论了高孔隙岩石变形局部化过程中的剪切带、压缩带和膨胀带之间的关系,结果发现剪切带是诱发岩体断裂和失稳的前兆特征带,也是导致滑坡发生和诱发地震的必要条件;压缩带会导致孔隙坍塌和颗粒碎裂,从而诱导局部区域的孔隙度降低;膨胀带发育在垂直于最小主应力方向上。

除了完整岩石外,裂隙岩石的变形局部化特征也受到广泛关注。无论是天然岩石或类岩石材料,宏观破坏往往是由拉伸和剪切裂纹的相互作用引起的。单一裂纹是天然岩体中最基本的单元。通常情况下,宏观裂纹的起裂方向与已有预制裂纹成一定角度,然后沿着轴向加载方向以不同轨迹扩展。此外,天然岩石通常情况下包含许多组裂纹,其断裂机制不同于单一裂隙,且多条裂隙的相互作用使裂纹断裂过程更加复杂。另外,多条裂纹之间的贯通模式受缺陷几何布置影响较大。Liu 等对含两条平行裂纹的类岩石材料进行单轴压缩试验,研究发现,在裂纹的渐进演化过程中共观察到八种不同类型的萌生裂纹和七种不同类型的贯通裂纹。Liu 等通过对不同裂隙几何结构(倾角、连续性、密度和空间布置)的人造节理岩体进行单轴循环加载试验。结果表明,裂隙岩体的节理倾角和连续性对裂纹扩展模式的影响较大。剪切裂纹仅出现在节理倾角较大和节理连续性较密集的试样中,而拉伸裂纹则出现在倾角较小的工况。Cao 等对含不同裂隙几何结构的类岩石材料开展了大量的试验研究,研究发现,变形破裂过程中监测到三种贯通模式(S 型、T 型和 M 型)和四种裂纹断裂类型(混合型、剪切型、路径破坏型和完整断裂型)。Liu 等对含三个共线裂隙的混凝土试样进行真三轴压缩试验,结果发现,试样失稳破坏的临界应力值随着围压的增加而增加,这一点与完整岩样所得结果一致。此外,随着预制裂隙倾角的增加,试样失稳破坏的临界应力值呈现出先降低后增加的趋势,该结论与常规单轴试验结果较吻合。Sagong 和 Bobet 通过对含三条和 16 条预制裂隙的石膏试样进行单轴压缩试验,结果发现,含有多条裂隙的裂纹扩展模式和含两条裂隙的结果一致,在裂隙尖端附近监测到两种类型裂纹,分别为拉伸裂纹(翼型裂纹)和剪切裂纹(二次裂纹)。Zhou 等对多条裂隙类岩石材料进行单轴压缩试验,进一步分析不同几何配置的预制裂隙对其力学特性、裂纹萌生和裂纹贯通类型的影响规律,研究发现,实验过程中观察到四种萌生裂纹类型,且裂纹萌生模式与裂隙倾角及非重叠裂隙长度密切相关。

　　除了类岩石材料外,大量学者对岩石材料的裂纹特征及失效机制也开展了大量的研究。Brace 和 Bombolakis 为研究脆性岩石的断裂特性,通过对含单裂纹的光弹性材料和玻璃进行替代试验,结果表明,加载过程中仅观察到翼型裂纹,未监测到次生裂纹,且翼型裂纹最初以曲线路径扩展为主,最终平行于加载方向。Wong 和 Einstein 对含一条预制裂纹的石膏和 Carrara 大理岩实施单轴压缩试验,共得到七种不同类型裂纹,其中包括三种拉伸裂纹、三种剪切裂纹和一种混合裂纹。此外,借助高速相机还获得了不同裂纹的时空演化顺序。Li 通过对裂隙大理岩试样开展单轴压缩试验,加载过程中捕捉到翼型裂纹和二次裂纹,且两种裂纹都是从裂隙端部以一种稳定的方式扩展演化。Yang 和 Jing 结合声发射和图像实时监测技术对含单一裂纹(不同裂纹角度和裂纹长度)的脆性砂岩进行单轴压缩试验,研究发现,裂隙砂岩的力学强度与裂纹长度呈反比,但与裂隙角度呈现出先降低后增加的趋势。相对完整岩样来说,裂隙砂岩峰值应力和峰值应变的变化量要大于杨氏模量,另外,试验过程中共捕捉到九种不同类型的裂纹扩展模式(剪切、拉伸、侧向裂纹、远场裂纹及表面剥落等)。Yang 等对含两条平行共线预制裂隙砂岩试样进行单轴压缩试验,结果表明,预制裂纹对峰值强度的影响较峰值应变大,且峰值强度和峰值应变随着裂隙角度的变化呈现出一致规律。同时,借助摄像监测技术捕捉到预制裂隙外端和内端均出现新裂纹的萌生和贯通现象。Moradian 等采用声发射和高速摄像机监测手段对含两条裂隙花岗岩进行单轴压缩试验,基于不同裂纹损伤应力对整个加载过程共划分了八个阶段。Lee 和 Jeon 研究了含水平和倾斜两条预制裂隙的三种不同材料(有机玻璃、石膏和花岗岩)在其裂隙尖端或附近的裂纹萌生、扩展和贯通机制,结果发现,裂纹的萌生和扩展规律随材料不同呈现出不同的变化规律。在有机玻璃中观察到拉伸裂纹最先在裂隙尖端萌生,然后扩展延伸至另一条裂隙的岩桥区域;而对于石膏和花岗岩来说,首先观察到拉伸裂纹萌生,紧接着剪切裂纹开始起裂。

　　综合上述研究发现,众多学者对预制裂隙岩或类岩石材料开展了大量的室内试验研究,研究成果对理解裂隙岩石的力学特性和宏观裂纹扩展演化起到了非常重要的作用,从中也获得了不同类型裂纹的起裂特征及断裂失效机制。此外,除了非充填裂隙岩石外,实际地壳中岩石发育的天然裂缝或断层通常充填有大量的破碎材料,比如黏土和岩石碎屑,甚至可能充填有灰泥、混凝土和其他注浆材料等。在外荷载作用下,充填材料对裂隙岩石的脆性断裂行为和力学特性起到了非常重要的作用。因此,需对裂隙岩体的强度特性、裂纹扩展贯通模式及破断机制进行系统的研究,最终实现对裂隙岩体力学性质的合理预测,以便采取有效的措施进行止裂和加固。节理岩体通常有贯通和非贯通两类,对于贯通节理岩体来说,充填物可以增强或减弱两个节理面之间的摩擦作用,且摩擦行为与矿物类型、节理方位角和充填物厚度等有关。而对于非贯通节理岩体来说,充填物不仅影响了裂隙面的摩擦效应,而且充填物与裂隙面的应力传递作用对裂纹尖端的力学行为也会产生一定的影响。另外,众多学者对不同充填形状的裂隙岩石开展了大量研究,如倾斜型裂纹和多边形型裂纹,研究发现,含充填物裂隙岩石的破坏类型与非充填裂隙岩石的破坏机制不同,由于充填物和裂隙面之间的摩擦作用,使其变形断裂行为更复杂。此外,对于含多边形的充填裂隙岩石而言,充填物内剪切裂纹的萌生和扩展比拉伸裂纹较早萌生。

从已有的研究结果表明,缺陷对岩石宏观力学强度和裂纹扩展贯通模式影响很大,但大多是从定性角度分析裂纹扩展演化特征,甚至众多学者借助声学和光学等手段对缺陷周围的变形及裂纹特征进行研究。但是,对含多个裂纹几何变量以及不同侧压等因素影响下的岩石变形局部化行为和断裂机制尚未完全理解。因此,需对不同裂纹几何配置下含多条裂隙相互作用的断裂过程进行量化分析,并对致灾成因机制进行正确描述对于理解岩石材料在工程实践中的应用及灾害的治理显得非常重要。

1.2.2 裂隙岩石数值模拟研究现状

随着计算机技术的快速发展,数值计算在许多工程领域受到越来越多的重视。数值计算方法具有可重复性强、结果离散性小及试验成本低等优点,另外,对于复杂物理模型的创建、计算及分析等均比原位和室内试验有明显的优势。因此,数值模拟方法在采矿、岩土等工程领域受到越来越多的重视。在裂隙岩石的断裂扩展和变形局部化模拟研究中,国内外研究人员基于有限元法和离散元法开展了大量研究。此外,在现有数值模型的基础上,众多学者对模型做了适当的修正和改进,构建了一系列新的数值模型,比如边界元法、数值流形法以及有限元-离散元耦合法。

在有限元方面,王学滨采用拉格朗日法对含裂纹岩样的变形局部化和力学特性进行了数值研究,结果发现,完整试样和裂隙试样变形场的分布特征不同,且剪切带之间有相互竞争和此消彼长的现象,缺陷位置与试样极限断裂模式密切相关。另外,含裂隙试样的起裂应力要早于完整试样。Wu 和 Wong 在数值流形法中引入扩展有限元模型,研究了充填物内裂纹的特征,结果表明,张拉裂纹的起裂发生在圆形充填物界面尖端处,剪切裂纹向左右两端扩展演化,与此同时,类似的结果也发生在长方体充填物内。李术才等利用自主开发的无网格计算程序对含一条缺陷的岩石试样开展了单轴加载试验,研究结果表明,岩石破断失效是由缺陷周围微裂纹渐进扩张、发展,最终演化为一个局部化带的过程。

有限元模型在模拟物体尺寸以及研究岩石材料复杂本构关系具有明显的优势,但不能有效再现岩样的裂纹破裂演化过程,相反,离散元方法在该方面具有独特的优势。因此,众多学者基于岩石破裂过程分析软件 RFPA 和通用离散元 UDEC 对岩石的变形特征和裂纹断裂演化过程进行大量研究。譬如,徐涛等基于 RFPA2D 对岩石损伤局部化特征展开了研究,结果表明,岩石局部化带的破断模式主要有平行剪切带、单一剪切带和共轭剪切带。Wong 和 Lin 采用 RFPA3D 离散元模型对孔周围应力分布特征以及孔布置方式对裂纹贯通机制的影响进行了系统研究,结果表明,对于 h 型和 v 型试样,相互作用区为菱形网格,而对 d 型试样,相互作用区为链状。此外,孔的分布和相互作用区形状对裂纹的萌生和扩展方向影响很大。Wang 等利用 RFPA3D 对三维空间裂隙的演化规律进行反演,通过分析裂纹萌生、扩展和贯通特征来表征岩石的破坏模式。Debecker 和 Vervoot 采用二维离散元 UDEC 模拟软件分别对长方体和圆形试样进行单轴和圆盘压缩模拟研究,结果发现,层理方向对裂纹扩展断裂表现出更复杂的特征,另外,基于模拟结果提出了单元尺度与试样尺度的强度各向异性和变形行为等概念模型。

除了 RFPA 和 UDEC 离散元软件外,颗粒流模型(PFC)也被大量学者用于研究岩石细观尺度上的变形行为和裂纹断裂演化特征,该模型具有潜在的高效率以及对模拟对象的位移大小没有限制等特点。另外,颗粒黏结模型的粒子可以破裂,不同于 UDEC 模型块体不能破裂,且模型在细观颗粒介质上不需要复杂的本构关系来再现实验过程。因此,PFC 颗粒流模型成为研究裂纹断裂扩展非常受欢迎的数值软件。Zhao 和 Zhou 基于 PFC 颗粒流模型分析了充填物对裂隙岩石断裂行为的影响,结果表明,充填物可以有效改变岩石的力学特性,但不会改变岩石的破坏模式。Schopfer 和 Childs 利用离散元黏结颗粒模型对多孔介质岩石的弹塑性行为进行数值研究,模拟得到的剪切带与局部化理论对比表明,模型中局部化现象出现在峰值应力之前,与实验结果较一致。Yang 等采用离散元颗粒流对含有两个非平行裂隙的红砂岩试样进行模拟分析,结果表明,预制裂隙岩样的峰值强度和弹性模量呈现出先增加后降低的趋势,相反,红砂岩的侧向刚度比呈现出先降低后增加的变化趋势。随着轴向变形的增加,拉伸裂纹呈指数增长趋势,且峰后阶段岩样的裂隙数量急剧增加。Zhang 和 Wong 基于平行黏结模型对单裂纹不同倾角的类岩石材料进行研究,结果发现,裂隙倾角对裂纹萌生和扩展起到了非常重要的作用。另外,对起始裂纹的萌生位置和起裂角度以及由微裂纹最终演化为宏观裂纹的整个过程进行了较好的捕捉。随后,Wong 和 Zhang 对不同颗粒尺度的平行黏结模型开展研究,结果发现,裂纹初始萌生应力随颗粒尺寸的增加而增加,颗粒尺寸对力学强度影响较小。Yoon 等基于簇颗粒模型从地震预测前兆角度对 Aue

花岗岩的断裂特征和内摩擦机制进行研究,并对 b 值演化进行详细讨论,结果发现,该值与实验室结果较一致。Huang 等基于 PFC3D 数值模型对含有两个非平行裂隙的类岩石材料开展三维工况下数值研究,结果发现,模拟结果与室内试验结果较吻合。Li 和 Wong 基于 D-P 强度准则和累加损伤破坏数值模型,共得到 11 种不同类型的贯通裂纹,其中,还发现两种新的裂纹类型。

综上所述,针对 PFC 颗粒流模型的研究大多数研究者采用的模型均为属性均一的颗粒基质单元,并且所有颗粒单元的细观力学参数也相同,因此,整个模型在细观力学行为上表现出的变形行为和断裂机制较一致。然而,实际岩石的组成成分并非均一的,是由不同种类的矿物构成,从而导致不同矿物之间的胶结作用不同。根据文献综述可知,大多数研究者建立的矿物颗粒非均质数值模型主要针对完整试样开展了相关研究,然而,基于不同矿物组分及随机分布建立的裂隙岩石离散元数值模型在双轴荷载作用下的研究仍较少。

1.2.3　裂隙岩石声发射特征及破裂失稳前兆研究现状

固体材料在外力作用下产生变形时,材料内部的微裂纹、微孔坍塌和晶界滑移引起瞬态能量释放而产生高频(弹性)波现象,即为声发射(Acoustic emission,AE)。声发射技术是一种无损被动监测方法,能够对岩石内微裂纹的全过程进行时-频-空实时连续捕捉。声发射系统不仅具有采集频率高、实时连续监测和空间定位等特性,而且还不受被测物体的大小、形状及周围环境等因素的制约。声发射信号包含了材料内部微观结构和开裂特征的大量信息,因此,该技术被频繁地应用于地下工程稳定性监测、混凝土结构健康预警及金属材料内在损伤表征等方面。

声发射技术在固体材料破断失稳方面提供了一种逆向研究方法,即先通过获取原始波形信号,然后分析破裂对应的信号特征,最后归纳出声发射特征与破断机制之间的内在联系。综述前人的研究成果,众多学者借助声发射技术对岩石的断裂特征进行了大量的研究,比如识别裂纹类型、定义损伤因子、表征频谱演化、反演震源机制以及统计时序特征。因此,从多个角度表征和分析固体材料的声发射非线性特征,有助于进一步认识和了解材料破断失稳信息。

在微裂纹识别方面,Ohno 和 Ohtsu 以混凝土为研究对象,采用基本参数衍生的新参数(RA 和 AF)定性地把裂纹断裂模式分为拉伸破断和剪切破断,但是,裂纹断裂的具体时间及裂纹模式演化的先后顺序仍然未知。随后,Wong 和 Xiong 基于声发射矩张量方法,进一步从细观角度量化解释微裂纹的类型及特征,同时,基于简化格林函数矩张量分析法不仅得到了拉伸和剪切微裂纹的时空演化规律,而且还揭示了拉剪混合裂纹的变化规律。另外,在震源反演机制方面,王笑然等通过点源远场 P 波矩张量分析了微裂纹类型、空间位置及扩展方向,进一步获得了裂隙岩石加载过程中震源机制及时序响应特征。赵兴东等基于盖格尔定位算法,对含裂隙花岗岩岩样的裂纹扩展进行了反演,获得了岩样内裂纹扩展空间方位及空间曲面的分布形态,进一步揭示了岩石断裂失效机制。

在声发射参数统计和频谱特征演化方面,Bhuiyan 等以航天材料为研究对象,根据波形变化规律分析疲劳裂纹扩展特征,发现波形演变与边界条件及疲劳裂纹扩展密切相关。Poddar 和 Giurgiutiu 以板状结构试样为研究对象,认为随机统计方法不利于预测疲劳裂纹扩展演化,而从声发射波形信号中提取裂纹相关的信息更可靠。朱振飞等以裂隙花岗岩为研究对象,采用波形分析方法得到了声发射频谱特征,并揭示了声发射信号与裂纹扩展的内在关系。随后,苗金丽等借助扫描电镜(SEM)从微观角度探究微裂纹机制,并从声发射角度进一步探究岩石破裂的声发射频谱信息。

R/S分析是一种非线性统计预测方法,能够对声发射时间序列特征进行量化分析。更重要的是,R/S统计分析方法可以量化声发射信号的非均匀性及不规则程度,从而揭示试样内裂纹的复杂特征。以往借助 R/S 统计分析方法对加载过程中裂纹非线性特征的研究主要集中在完整岩石或热处理岩石,然而,对不同裂隙几何参数下含预制裂纹岩石受双轴加载的研究鲜有报道。除了基于声发射时序特征表征岩石断裂失效外,众多学者对声发射原始波形特征也开展了大量研究,进一步从声发射非线性时-频特征角度探究岩石破裂本质及微裂纹失稳机制。综述相关研究发现,大多数结论是在单轴压缩或拉伸加载路径下获得的,而对于裂隙岩石在双轴荷载作用下的断裂失稳机制研究仍较少。因此,研究不同加载条件下裂隙岩石微裂纹演化机制有助于理解地下硐室或隧道的失稳破坏机制。

声发射参数除了用于表征裂纹过程以及裂纹断裂特征外,大量学者也借助声发射参数对材料破断失稳的前兆信息进行研究。自然界中许多复杂系统均存在一个临界状态,譬如,工程岩体的灾变性破裂,其破断失稳在自组织临界状态改变前仅发生微小的变化,甚至无法量化解释自组织失稳机制。随着 Voight 经验关系式的提出,大量学者采用不同响应变量(变形量、声发射参数)的幂律加速特征来预测和反演大尺度自然灾害诸如滑坡、地震和火山喷发等。而对于室内小尺度岩石准脆性材料破断失稳的前兆信息方面,众多学者采用了不同的研究方法来表征岩石材料断裂破坏的前兆临界特征,例如,数值法、力学参量法、重整化群法、幂律指数法、光学法、声学法和统计法等。

随着光学技术的发展,众多学者借助全场应变方法对岩石破裂失稳前兆现象进行表征。Xue 等基于 Voight 经验关系式分析了地质类材料失稳断裂时幂律指数的临界特征,发现幂律奇异性指数在-1 和-0.5 之间跨尺度变化。随后,研究发现变形局部化的幂律奇异特征在空间上具有非唯一性特点,认为奇异性主要是由于局部带内变形不连续导致的,进一步把局部化行为和幂律奇异性视为宏观破裂前在空间和时间上相关的前兆信息。除了全场应变技术作为岩石破裂失稳前兆特征研究外,热红外技术也逐渐应用到煤岩破裂前兆信息的研究中,比如,吴立新等以非连续组合断层为研究对象,基于红外热像仪对雁列和共线非贯通组合断层的失稳破断过程进行模拟研究,认为红外辐射温度(AIRT)的上升趋势可以作为地震前兆的中期预警指标,相反,其下降趋势可作为相应的短临前兆。紧接着,作者又分析了岩石压剪破裂中红外辐射成像机制,认为压应变主导时,红外辐射将存在破裂异常前兆,还发现破裂前兆有显著的"时空"特征。随后,刘善军等在分析前兆类型和前兆时空特征的基础上,并基于 Stanfen-Boltzman 定律对岩石破裂热红外前兆机理进行了深入研究,认为岩石热弹效应和基质摩擦效应是条带状热红外异常的主要原因。李国爱以裂隙砂岩为研究对象,把红外温度场高温区域面积急剧下降视为破坏失稳的前兆信息,并获得了应力场与红外温度场的对应关系。来兴平等以采动裂隙煤岩为研究对象,基于热红外辐射成像仪分析裂隙煤岩破裂演化过程中的热红外异化特征,并把热红外异常区域的迁移特征作为煤岩临近破裂的前兆指标。陈国庆等以不同裂纹长度的裂隙花岗岩为研究对象,发现存在热像异常及温度—时间异常两种前兆现象,且二者相互统一,另外,还得到岩桥长度与前兆特征现象成正比的关系。Cao 等以砂岩为研究对象,结果表明,从初始加载至破坏的剪胀过程中,红外辐射温度(AIRT)与体积应变增量呈线性关系。另外,提出了一种基于红外热图像的定量分析指标,上升和下降的热红外剪胀前兆点的高温点比例因子(HTPSE)值分别为 0.4 和 0.6。

除了光学技术作为前兆信息研究手段外,众多学者也采用声学技术对岩石断裂失稳前兆特征进行研究。Sethna 等提出了重整化群模型分析和预测不同尺度的临界指数特征。仁学坤等根据加载过程中裂隙花岗岩的电位和电磁辐射特征,分析了电位增量、标准差、均质及变异系数等参量的特点,把上述变量出现台阶状增加时的突变现象作为煤岩破裂的前兆信息。王岗等通过对比完整和带预制裂纹煤样的电荷信号发现,预制裂纹煤样破裂的前兆信息较完整试样提前。Zhang 和 Zhou 以裂隙砂岩为研究对象,基于声发射时间序列并结合变形局部化特征建立了不同声发射参数的"伪前瞻"预测模型,认为以振幅作为前兆指标比计数和上升时间参数能够获得更好的预测效果。综述研究发现,众多学者基于声发射特征参数主要从定性角度对岩石断裂失稳前兆信息进行研究,但从定量角度对灾变破坏前兆信息的研究还不够,或不能对裂隙岩石的最终失效时间进行精确预测。因此,从多个方面对裂隙砂岩的断裂过程进行量化表征是非常必要的,有助于更好地理解裂隙岩石的变形行为及破裂失稳机制。

1.3　本文研究内容及技术路线

1.3.1　主要研究内容

针对裂隙岩石变形特征及裂纹破裂失稳机制的研究现状及不足,围绕裂隙岩石变形局部化特征及断裂失稳机制这一科学问题,拟通过室内试验、数值模拟和模型研究相结合的研究方法,探究裂隙砂岩的变形局部化特征以及断裂贯通演化机制;建立考虑矿物组分的裂隙岩石非均质离散元数值模型,从细观尺度解释试验过程中产生的宏观破裂现象,并揭示含充填物作用时的应力传递及转移机制;最后对裂隙砂岩破裂前兆信息及断裂失稳时间预测模型进行研究,研究内容如下:

① 单轴作用下非充填隙砂岩变形局部化试验研究

基于 MTS815 液压伺服系统对裂隙砂岩开展单轴加载试验,并结合光学散斑仪(3D-DIC)和声发射(AE)实时监测,研究不同裂纹几何配置下裂隙砂岩的力学特性及其变形破裂过程中的变形局部化行为及声发射特征;探讨不同裂纹几何配置下裂隙岩石的岩桥贯通破坏模式及裂纹断裂失效机制,最后,基于声—光—力联合监测技术对微裂纹成核、萌生、扩展、贯通直至失稳断裂的全过程进行详细划分。

② 单轴作用下充填裂隙砂岩变形局部化试验研究

开展石膏充填裂隙砂岩单轴压缩试验,分析充填物对裂隙砂岩应变场、裂纹应力水平、裂纹特征及裂纹贯通模式的影响规律,揭示含充填物作用时裂隙砂岩的变形局部化特征和断裂失效机制;量化加载过程中充填物内拉伸裂纹和剪切裂纹的演化特征,解答裂隙岩石变形破断过程中充填物与裂隙面间的应力传递及转移机制;研究不同加载水平裂纹损伤应力的门槛值,并定义对应损伤应力门槛的加固系数,分析充填物对裂隙砂岩断裂过程中不同裂纹损伤应力水平的影响。

③ 双轴作用下充填裂隙砂岩变形局部化试验研究

对不同裂纹几何参数下石膏充填裂隙砂岩开展双轴压缩试验,得到不同侧压条件下裂隙砂岩的基本力学参数和声发射演化特征,研究不同侧压作用下裂隙砂岩的变形局部化特征及裂纹断裂扩展规律,分析不同侧压作用下裂隙岩石的宏观断裂模式和裂纹贯通失效机制;并结合电镜扫描研究断口破裂面演化特征,揭示不同侧压作用下裂隙岩石的微观断裂失稳机制。

④ 裂隙砂岩细观数值模拟研究

基于实测矿物组分构建裂隙岩石非均质离散元颗粒流数值模型,研究裂纹几何参数、充填物及侧压等变量对基本力学参数以及变形破坏过程中细观裂纹断裂过程和裂纹类型的影响规律,并与室内试验获得的宏观力学参数进行对比分析,解释试验过程中产生的宏观变形破裂现象;另外,采用测量圆方法,对裂隙砂岩应力场以及位移矢量场的局部化特征进行反演分析,从细观尺度揭示充填物的应力传递及转移机制。

⑤ 裂隙砂岩声发射非线性响应特征研究

采用 R/S 统计分析方法,研究变形破坏过程中裂隙砂岩的声发射信号时序特征,获得裂纹断裂的整体复杂程度,并基于多重分形方法,分析不同应力阶段与对应分形参量之间的关系,揭示不同应力水平下裂隙砂岩的内在断裂特征;基于声发射原始波形时—频特征,提出一种量化表征微观裂纹方法,并进行验证分析。

⑥ 裂隙砂岩破裂前兆信息识别研究

基于声发射 b 值、声发射参数率及声发射参数方差等前兆指标的演化特征,获得裂隙岩石裂纹扩展失效过程中的早期预警信号、亚临界断裂和最终失稳断裂关键特征点信息;基于反向神经网络模型建立考虑裂隙岩石裂纹几何参数、加载条件、裂纹充填状态、局部化带倾角、局部化带厚度、峰值强度和弹性模量等参量的灾变破裂时间预测模型,并分析输入变量的权重程度。

1.3.2　技术路线

论文围绕"裂隙砂岩变形局部化及破裂前兆信息识别研究"这一课题,基于上述研究内容,制定技术路线如图 1.4 所示。

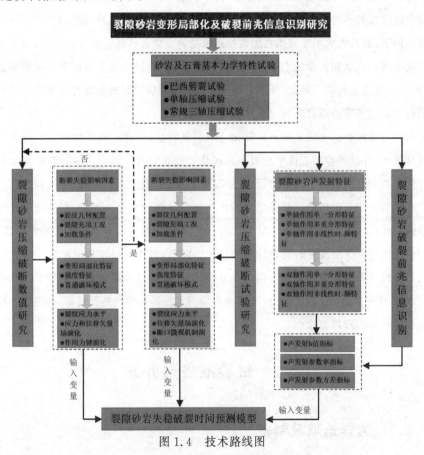

图 1.4　技术路线图

2 单轴作用下非充填裂隙砂岩变形局部化试验研究

2.1 引言

天然岩石内普遍存在着孔洞、裂隙和节理等不连续体,这些不连续体是导致岩石损伤成核和膨胀的主要原因。在裂纹形成过程中,由于缺陷分布规律不同,致使其力学行为表现出明显的非连续性和各向异性,且几何形态对岩石强度、变形和破坏特征起到了主导作用。在外荷载作用下,岩石内的不连续体在加载早期极易诱发局部区域损伤成核,并且该不连续体是诱导次生裂纹起裂和扩展的主要来源。大多数岩石失稳破坏通常是由于原生缺陷的渐进起裂、扩展和聚结引起的。因此,开展带裂隙砂岩渐进断裂过程的研究对揭示岩石从自组织微观损伤到宏观破坏的渐进断裂过程具有重要工程意义。

岩石在宏观断裂前会诱发变形局部化这一明显特征,从而造成其物理力学行为明显不同于其他区域,并且该特征也被称为岩石微损伤的前兆信号。尽管众多学者对裂隙岩石的力学特性和断裂行为进行了大量的研究,并取得了一定有益成果。然而,对不同裂纹几何配置下含多条裂隙相互作用的变形局部化特征和断裂过程尚未完全理解,尤其对于过程区成核阶段的局部化特征鉴别显得非常重要。鉴于此,本章以非充填裂隙砂岩为研究对象,开展不同裂纹几何配置下裂隙砂岩的单轴压缩试验。随后,对不同裂纹几何配置下非充填裂隙砂岩的失效机制和裂纹贯通模式进行详细分析。最后,借助非接触式三维数字图像相关技术(3D-DIC)和声发射(AE)技术实时监测变形局部化特征和裂纹断裂过程,并提供一种鉴别裂纹断裂过程区的较好方法。

2.2 试验准备与方案

2.2.1 岩样选取及制备

测试砂岩取自华蓥山余脉中梁山矿区露头,该系地层属于上二叠统龙潭组和长兴组及三叠系嘉陵江组。测试砂岩属于中等颗粒胶结型沉积岩,其颗粒大小在 $0.15 \sim 0.25$ mm,天然状态下,砂岩表观颜色为浅灰色,视密度为 2428 kg/m^3。X 射线衍射(XRD)结果表明,测试砂岩的主要矿物成分分别为:石英 41.7%,钾长石 4.7%,方解石 2.5%,伊利石 21.8%,斜长石 24.7%,沸石 3.6%和其他矿物 1%(如图 2.1)。为减小试样物理力学特性之间的差异,所有测试岩样均取自于同一大块砂岩。随后,将砂岩切成高度近似为 136 mm,宽度为 68 mm,厚度为 25 mm 的长方体试样,试样六个面的加工精度严格按照《国际岩石力学学会》测试方法标准,两端面的平整度不低于 0.02 mm。为进一步降低试验结果的离散性,紧接着对加工好的砂岩试样进行筛选,首先剔除试样表面有明显层理或裂纹的试样,然后再剔除试样精度不满足岩石力学测试标准的试样。最后,筛选出纵波波速和密度均接近的试样进行水刀切割加工预制裂纹。需要说明的是,本文所涉及的预制裂纹均为贯穿裂纹,在水刀切割加工过程中,为尽可能减小裂纹周围岩石基质的损伤以及"喇叭口"形状裂纹的发生,首先按照上述步骤挑选出完整性和均质性均接近的一批岩样。然后,基于"试错法",对水刀切割系统的泵站压力、刀口直径和研磨料粒径进行反复的调试,最后,获得一组最优的切割参数。同时,在切割过程中,分别在试样的上下端垫上薄木板,进一步减小水刀冲击力对裂纹区域的损伤。最后,对加工好的裂隙岩样再次进行筛选,观察试样表面是否有明显的裂纹和较大的"喇叭口"形状生成。

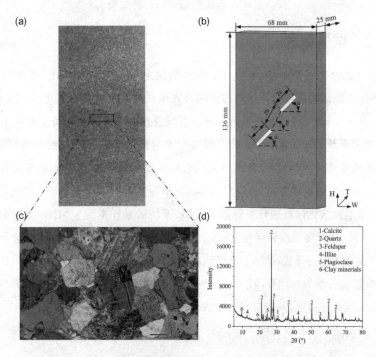

图 2.1 砂岩试样的产地及矿物组成:

(a)试样产地;(b)砂岩试样;(c)XRD 衍射;(d)正交偏光显微图

裂隙砂岩的裂纹几何结构及制备过程如图 2.2 所示,其中,预制裂纹长度 $2a$ 和岩桥长度 $2b$ 分别为 14 mm 和 16 mm。裂隙倾角分别为 15°、45°和 75°,对应的岩桥角度分别为 0°、

30°、60°、90°、120°和 150°。

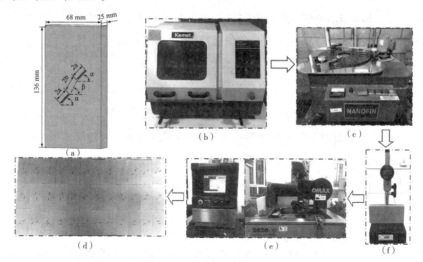

图 2.2　裂隙砂岩制备过程及裂隙几何参数

(a)裂隙几何配置;(b)高精度金刚石切割机;(c)高精度平面磨床;(d)平整仪;
(e)高压水射流切割机;(f)裂隙岩石

2.2.2　试验装置

　　单轴压缩试验是在煤矿灾害动力学与控制国家重点实验室实施,所采用设备包括 MTS815 液压伺服试验机配套美国物理声学公司生产的声发射仪以及美国 CSI 公司(Correlated Solutions,Inc.)研发的非接触全场应变测量仪。整个试验系统主要由 MTS815 加载单元、声发射系统(AE)和非接触式三维应变光学测试(3D-DIC)系统组成(如图 2.3 所示)。加载系统主要由控制面板、加载单元和数据采集单元组成,其中轴向荷载最大承载力为 2600 kN,整个加载过程采用位移控制,加载速率为 0.1 mm/min。同时,借助声发射系统对试样内部微裂纹演化过程进行实时监测。AE 系统的采样率为 1 MHz,声发射传感器型号为 NANO-30,其主要工作频率在 150~400 kHz,谐振频率约为 300 kHz。为降低加载过程中机器和环境产生的噪音,并结合断铅试验测试结果,最终,AE 系统采集信号的门槛值设为 45 dB,前置放大器为 40 Hz,两个探头平行固定在试样两端。为进一步确保声发射探头和被测试样表面良好接触,声发射探头和试样之间采用凡士林作为耦合剂。

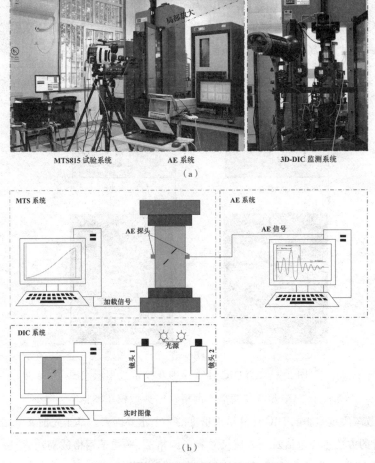

（a）

（b）

图 2.3 单轴压缩伺服控制试验系统

（a）实物图；（b）试验装置示意图

除了采用声发射监测岩石内部裂纹演化特征外，还借助 3D-DIC 技术实时监测整个加载过程中试样表面的全场应变以及裂纹断裂过程。3D-DIC 系统主要由 VIC-3D 图像采集分析装置、标定系统、两台电液耦合 CCD 相机和两个 LED 光源组成。将两台分辨率为 4096×3000 pixels 的 CCD 相机垂直地放置在距离试样 1 m 的位置。LED 在加载过程中用于提供稳定的白光光源，并且用 VIC-Snap 软件以每秒两帧的速率连续捕捉试样图像。在散斑试样制备之前，首先将白色哑光漆均匀地喷洒在试样表面，白色漆晾干后，黑色斑点通过专门的散斑制备工具压制到白色漆上表面。需要说明的是，为确保监测到的散斑变形与岩石表面基质一致，白色哑光漆的厚度仅覆盖试样表面即可。测试试样的位移场（应变场）是经过一系列的成像系统、相机校正、图像获取及光栅重合等过程，并基于拉格朗日算法求解而获得，典型校正图像及变形示意图，如图 2.4 所示。详细的加载程序如下：试验加载之前，在试样端部涂抹黄油和添加承重板，从而尽可能地降低试样与压头之间的端部效应。然后，在垂直方向施加 0.1 kN 的预应力,以确保试样与压头完全接触。接着,在轴向方向以 0.1 mm/min 的速率加载至试样完全失效。此外,在整个加载过程中,MTS 系统、AE 系统及 3D-DIC 系统使用"倒计时"的方法帮助操作人员同时启动和停止数据记录。

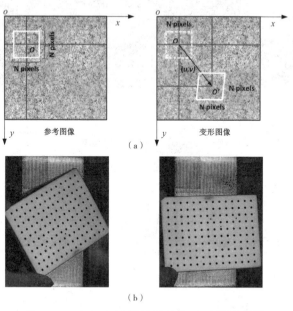

图 2.4　3D-DIC 计算原理及校正过程示意图

(a)参考和变形子网格;(b)典型校正图像

另外,散斑质量是影响 DIC 计算结果精度的一个重要因素。基于先前文献结果得知,散斑质量评价的方法主要包括匹配散斑尺寸和子网格法、平均子网格波动法、熵法、灰度值和散斑形貌结合法。由于 3D-DIC 技术的计算原理是求解参考图像和变形图像的子网格位移,故像素子网格尺寸和步长的选择非常重要,该参数会直接影响计算结果精度。基于 Lecompte 等人研究结果得知,首先从同一参考图中获得三种不同斑点数量的散斑图,其中三个子散斑图的像素均为 250×500 pixels。然后,将灰度图转换为二值化图像,并对各个半径区间的散斑点累计百分比进行计算,整个评价过程的结果如图 2.5～图 2.7 所示。

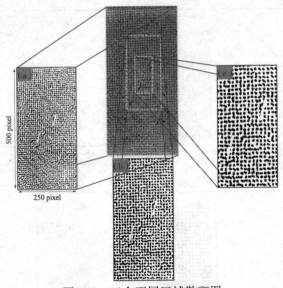

图 2.5 三个不同区域散斑图

图 2.6 灰度图转化二值化图像过程

从图 2.7(a)可知,半径区间为 2~7 个像素面积的散斑比例占优。随着散斑点数量的减少,对应半径区间分别为 3~7 和 5~7 个像素面积的散斑比例占优,如图 2.7(b)和(c)所示。另外,对比图 2.7(a)、(b)和(c)发现,散斑面积大小对不同像素半径区间所占百分比截然不同。从曲线的演化特征可以看出,当像素点面积较小时,即像素点数量较多,得到的累积百分比演化曲线较平缓。此外,为了确保计算精度和效率,VIC-3D 程序中子网格尺寸和步长分别设置为 51 和 13。然后,在该参数下进行一系列图像校正[图 2.5(b)],计算结果表明该系统产生的标准误差为 0.041 pixel,证明在该参数下系统产生的误差是可以接受的。

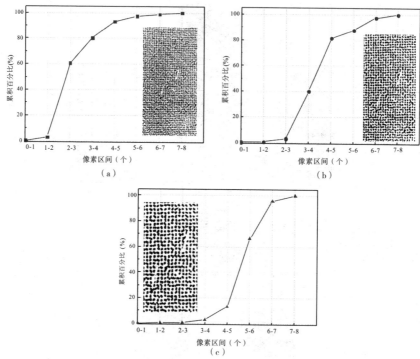

图 2.7 三种散斑模式下不同像素半径区间对应像素点个数累积百分比

2.2.3 试验方案

详细的试验方案为:(1)当裂隙倾角 $\alpha = 15°$ 时,岩桥角度分别为 $\beta = 0°$、$\beta = 30°$、$\beta = 60°$、$\beta = 90°$、$\beta = 120°$ 和 $\beta = 150°$;(2)当裂隙倾角 $\alpha = 45°$ 时,岩桥角度分别为 $\beta = 0°$、$\beta = 30°$、$\beta = 60°$、$\beta = 90°$、$\beta = 120°$ 和 $\beta = 150°$;(3)当裂隙倾角 $\alpha = 75°$ 时,岩桥角度分别为 $\beta = 0°$、$\beta = 30°$、$\beta = 60°$、$\beta = 90°$、$\beta = 120°$ 和 $\beta = 150°$。每种裂纹几何参数至少准备三个试样。为了便于叙述,文中试样的命名方式采用字母和数字结合的形式,以 SN45-60 为例,S 代表砂岩,N 代表非充填,45 为裂纹倾角,60 为岩桥倾角。

2.3 不同裂纹几何配置下非充填裂隙砂岩力学特性

2.3.1 基本力学参数

基于室内一系列单轴压缩、常规三轴压缩以及巴西圆盘拉伸试验得到测试砂岩的基本物理力学参数,对应的轴向应力—应变曲线、拉伸应力—位移曲线、围压—偏应力曲线如图 2.8 所示。同时,测试砂岩的基本物理力学参数结果如表 2.1 所示。

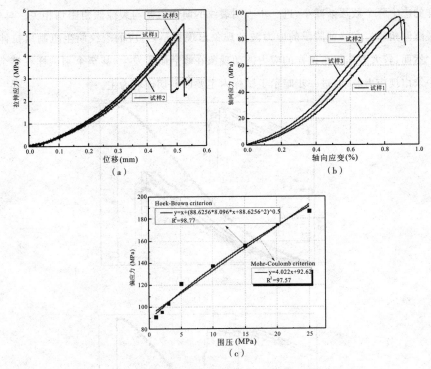

图 2.8　砂岩强度测试结果

(a)拉伸强度;(b)单轴压缩强度;(c)三轴压缩强度

表 2.1　砂岩试样基本物理力学参数

属性	量值	属性	量值
密度,(ρ)/(kg/m³)	2428	泊松比(υ)	0.17 ± 0.01
杨氏模量,(E)/GPa	15.52 ± 0.2	孔隙度/%	6.08
单轴抗压强度,(σ_c)/MPa	90.36	内摩擦角(φ)/(°)	36.14
拉伸强度,(σ_t)/MPa	5.38 ± 0.1	粘聚力(c)/MPa	26.17

2.3.2　应力－应变曲线特性

图 2.9 给出了不同裂纹几何配置下非充填裂隙砂岩应力－应变曲线。由图 2.9 可知,预制裂隙的存在某种程度上减小了试样的轴向承载能力。此外,不同于完整砂岩的应力－应变曲线特征,裂隙试样的应力－应变曲线存在明显的波动现象。根据轴向应力－应变曲线的变形演化特征,砂岩试样的整个加载过程共划分为 4 个阶段,即,初始压密阶段、弹性变形阶段、屈服阶段和不稳定裂纹扩展阶段。另外,弹性变形阶段之前,裂隙砂岩的演化特征与完整试样类似,主要是由于早期加载阶段预制裂隙周围或附近未出现应力积聚,其非线性特征主要是由于试样内初始孔隙或微裂纹造成的。在接下来的加载阶段,变形的非线性特征逐渐显著,尤其当裂隙倾角为 15°时。从图 2.9 还可观察到,随着裂隙倾角的增加,峰前阶

段岩样的应力降个数逐渐减小,进一步表明裂纹的萌生机制与裂隙倾角密切相关。具体地,较小裂隙倾角砂岩在峰前阶段的应力波动现象出现更早,对应的裂纹萌生机制以拉伸裂纹为主。然而,较大裂隙倾角试样的应力波动现象在峰后阶段发生,甚至个别试样在整个加载过程中未出现应力波动,进一步暗示了试样内主要以剪切破坏为主。

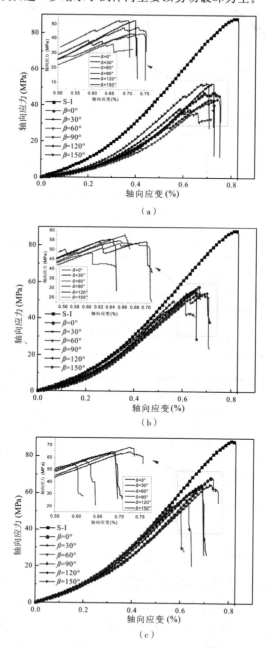

图 2.9 不同裂隙几何配置下张开裂隙砂岩轴向应力-应变曲线:

(a)$\alpha=15°$;(b)$\alpha=45°$;(c)$\alpha=75°$

2.3.3 强度和变形特性

图 2.10 给出了完整和不同裂隙几何配置砂岩强度和变形特征的演化规律。从图 2.10(a)可以看出,裂隙倾角和岩桥角度对裂隙砂岩的强度和变形行为起到了非常重要的角色。对比完整砂岩,预制裂隙存在极大地降低了砂岩的力学强度。在同一裂隙倾角下,随着岩桥角度的增加,峰值应力呈现出先降低后增加的变化趋势。详细地,对于裂隙倾角 15° 而言,当岩桥角度从 0° 增至 150° 时,对比完整试样裂隙砂岩的峰值应力分别降低了 46.19%、52.62%、59.05%、51.04%、41.00% 和 41.12%。当裂隙倾角为 45° 时,岩桥角度从 0° 增至 150°,裂隙砂岩的峰值应力对比完整试样分别降低了 32.66%、38.86%、45.52%、39.65%、37.17% 和 38.30%。对于 $\alpha = 75°$ 而言,与完整砂岩相比,峰值应力分别降低了 19.68%、27.24%、39.31%、35.48%、28.48% 和 27.02%。对于同一裂纹倾角而言,峰值应力变化的相对最小值均出现在岩桥倾角为 60° 的工况,该现象的原因或许是与砂岩本身的力学参数有关,根据内摩擦角 $\varphi = 36.14$ 和剪切断裂角的理论公式($45° + \varphi/2$),即完整砂岩试样的剪切破坏角近似为 63°。另外,当岩桥倾角相同时,对应的峰值应力随着裂隙倾角的增加而增加,这一现象可以解释为小裂隙倾角工况的荷载方向近似垂直于预制裂隙,导致裂隙中间部位受到明显的拉伸作用,因此,岩样的整体强度会发生降低。另外,从图 2.9 上观察到岩样在峰前阶段经历了多个应力降现象,从而导致试样内大量弹性能和耗散能释放,并且微裂隙极易在预制裂纹周围成核、发育并扩展。

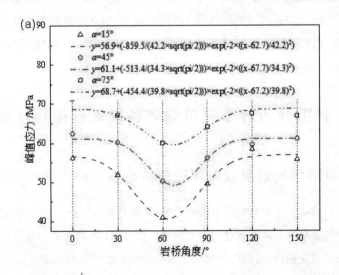

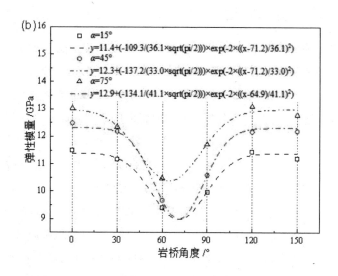

图 2.10　不同裂隙几何配置下非充填裂隙砂岩峰值强度和弹性模量演化规律

(a)峰值应力;(b)杨氏模量

从图 2.10(b)可知,裂隙砂岩的弹性模量远远低于完整试样。不同裂纹几何参数试样的弹性模量与其峰值应力变化一致,近似呈现出"倒置"高斯型分布趋势。当 $\alpha=15°$ 时,裂隙砂岩的弹性模量相对于完整试样分别降低了 24.88%、33.21%、37.89%、33.81%、24.63% 和 25.48%;当裂隙倾角增至 45°时,对应岩桥角度从 0°增至 150°的弹性模量降低量分别为 20.23%、24.54%、30.37%、28.47%、22.29% 和 22.97%;对于裂隙倾角为 75°工况,对应岩桥倾角从 0°增至 150°裂隙砂岩的弹性模量分别为 13.12 GPa、12.83 GPa、11.80 GPa、12.17 GPa、12.88 GPa 和 12.65 GPa。

2.4　裂隙倾角对非充填裂隙砂岩局部化特征影响

2.4.1　裂隙倾角对裂纹演化过程的影响

为研究裂纹倾角对裂隙砂岩断裂机制的影响,固定岩桥角度 $\beta=75°$ 不变,通过改变裂隙倾角的方法来分析其对裂纹断裂演化过程的影响。图 2.11 为典型砂岩试样的轴向应力-时间及声发射特征演化曲线。同时,在轴向应力-时间曲线上分别标记了 A、B、C、D、E 和 F 六个典型应力点。从图 2.11(a)可以看出,第一个应力波动点发生在 C 点,并且伴随着一个较大声发射事件。同时,宏观裂纹从下预制裂隙左端萌生,该现象的主要原因是由于预制裂隙周围或附近区域发生了应力积聚,从而导致试样内基质颗粒出现局部位错。因此,在轴向应力－时间曲线上观察到一个轻微的应力降现象。局部不均匀作用力重新分布后,微裂纹逐渐闭合,轴向应力继续增加。当荷载增至 D 点时,已形成的宏观裂纹沿着平行于轴向方向进一步扩展。同时,新的宏观拉伸裂纹从上预制裂隙左端萌生。接下来,应力曲线上出现一个轻微的应力波动从 52.29 MPa 降至 51.35 MPa,并捕捉到一个较大的声发射事件。当荷载达到 E 点时,再次出现新裂纹从下预制裂隙右端萌生。当轴向应力跌至 F 点时,观察到轴向应力急剧减小,另外一个重要的特征是声发射事件急剧增加并伴随着巨大的声响,两条宏观裂纹分别沿着轴向加载方向向上和向下进一步扩展。

图 2.11(b)给出了试样 SN45-150 的裂纹演化过程和声发射特征。当轴向应力加载至 17.54 MPa(A 点),几乎没有声发射事件发生和肉眼可见的裂纹出现。A 点之后,几个零散的声发射事件出现,但是没有观察到宏观裂纹,说明在砂岩内部一些微观裂纹逐渐发育并扩展。当荷载增至 C 点时,声发射事件显著增加,并伴随有轻微的应力降。两条微细裂纹同时从预制裂隙左端萌生扩展。另外,在接下来的加载中出现几个应力波动现象,主要是由于裂纹扩展及裂纹界面刚度降低,导致局部应力重新分布。当轴向荷载增至 48.73 MPa 时(D 点),裂纹沿着轴向方向进一步扩展,与此同时,通过连接上预制裂纹右端和下预制裂纹左端进而在岩桥区域发生贯通。在 E 点处,一条新的拉伸裂纹在下预制裂纹右端萌生,同时监测到一个较大量级的声发射事件。峰值应力后,较宽的裂隙继续沿着轴向方向延伸扩展。当轴向应力降至 53.66 MPa 时,一条新的宏观裂纹从下预制裂纹右端萌生。

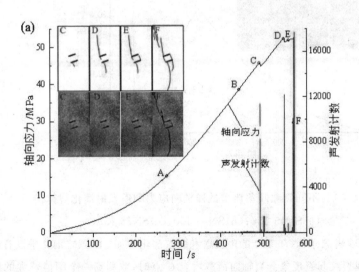

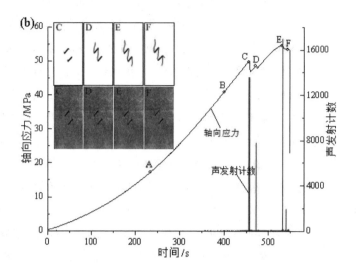

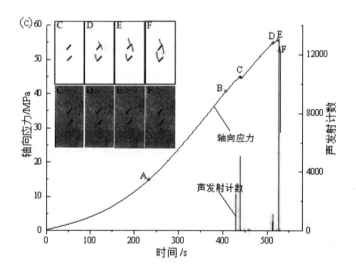

图 2.11 不同裂隙倾角典型试样轴向应力和声发射演化规律

(a)SN15-150；(b)SN45-150；(c)SN75-150

图 2.11(c)为砂岩试样 SN75-150 的声发射和裂纹演化特征。C 点之前几乎没有监测到声发射事件及宏观裂纹起裂现象。当轴向荷载增至 C 点时,监测到一个幅值较大的声发射事件。另外,声发射事件的量级在峰前阶段相对较小,并且未观察到宏观裂纹,该现象不同图 2.6(a)和(b)。当轴向荷载达到峰值应力时(D 点),声发射事件幅值达到最大值,同时,一条宏观剪切裂纹从上预制裂纹左端萌生。当轴向应力增至 E 点时,轻微的应力波动从65.64 MPa 降至 61.56 MPa,同时观察到密度相对较大的声发射信号,并伴随着裂纹扩展。

在 E 点处,一条混合的拉伸－剪切断裂从预制裂纹的左端和右边同时萌生起裂,然后进一步扩展,最终相互贯通。此后,在试样接近破坏时观察到显著的应力降现象,紧接着砂岩试样失去轴向承载能力并发生破裂。综上所述,对比图 2.11(a)、(b)和(c)发现裂隙砂岩的峰值强度与裂隙倾角紧密相关。另外,声发射事件振幅随着裂隙倾角的增加而增加。

2.4.2 裂隙倾角对最大主应变及剪切应变局部化的影响

图 2.12 为对应图 2.11 中 A、B、C、D、E 和 F 应力阶段的典型非充填砂岩最大主应变云图。对于砂岩试样 SN15-150[图 2.12(a)]来说,当轴向应力水平较低时(C 点之前),最大主应变的高亮积聚区主要发生在预制裂隙周围。D 点时,在上预制裂隙左端区域观察到局部主应变积聚区,并与试样表面的宏观裂纹共生。同时,可推断出该裂纹的断裂机制主要由拉伸裂纹主导,也进一步表明,最大主应变的演化机制本质上对应着拉伸裂纹。随着轴向变形继续增加,对应的主应变量级逐渐增大。同时,图 2.12(b)为砂岩试样 SN45-150 在 A、B、C、D、E 和 F 六个加载阶段时对应的最大主应变演化特征。对比图 2.12(a)和(b)可知,图 2.12(b)中预制裂纹周围的局部化变形特征不同于图 2.12(a),高应变积聚区在图 2.12(a)中主要发生在预制裂隙的中间部位。随着应力水平的增加,从图 2.12(b)中观察到高应变积聚区从预制裂隙的中间部位逐渐向裂隙尖端转移,这种现象主要是由于裂隙倾角的增加,导致应力积聚更易在预制裂隙尖端发生。当荷载增加至 D 点时,高应变积聚区从裂隙尖端向预制裂隙中间部位转移,拉伸应变积聚区在岩桥区域形成。随着变形的进一步增加,高亮应变积聚区逐渐转移,对应的最大主应变量值急剧增加。F 点处,一条宏观裂纹在岩桥区域断裂扩展,并且大量的散斑从试样表面跌落。

从图 2.12(c)可知,峰值应力阶段之前局部主应变积聚区主要发生在裂隙尖端。峰后阶段其局部应变积聚区由裂隙尖端向岩桥区域转移。详细地,对于 A 点,最大主应变和剪切应变值均在相对较小的范围内变化,并且该阶段未出现宏观裂纹。随着荷载进一步增加,最大主应变积聚区逐渐向预制裂纹尖端转移。当荷载增至 C 点时,两个新的主应变积聚区在上预制裂纹的右端和下预制裂纹的左端萌生发育。当轴向应力增至峰值应力 D 点时,四个局部化应变积聚区发生在主应变云图上。对于 E 点来说,最大主应变积聚区由裂隙尖端向岩桥区域转移。随后,观察到宏观裂纹贯穿整个试样,并且一条宏观拉伸－剪切带沿着倾斜方向形成。通过对比图 2.12(a)、(b)和(c)峰前阶段的最大主应变演化特征明显得知,裂隙倾角较小时[图 2.12(a)],最大主应变积聚区主要发生在预制裂纹周围和岩桥区域,随着裂隙倾角增加,该积聚区逐渐由预制裂纹周围或岩桥区域向裂隙尖端转移。总之,应变积聚区的演化规律呈现出一定的裂隙角度效应,该结论进一步推断出裂隙倾角大小对应力积聚和转移起到了非常重要的作用。

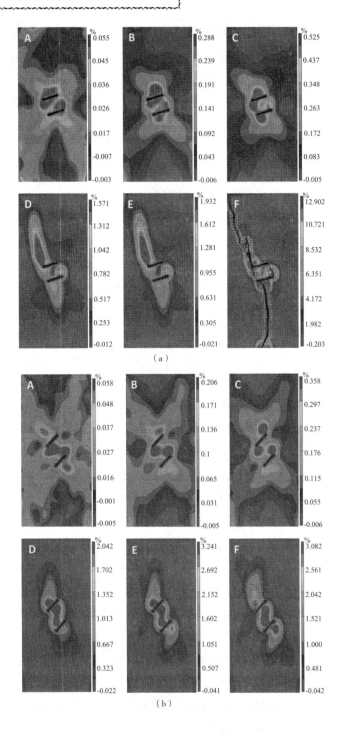

（a）

（b）

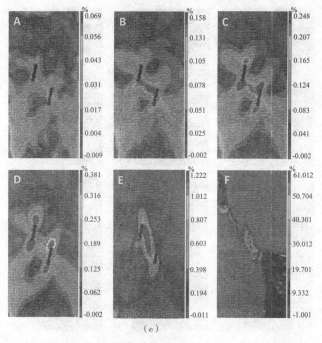

（c）

图 2.12　不同裂隙倾角典型试样对应图 2.11 中 A～F 的最大主应变图

（a）SN15-150；（b）SN45-150；（c）SN75-150

　　图 2.13 为对应图 2.11 中三个典型试样（SN15-150、SN45-150 和 SN75-150）在 A、B、C、D、E 和 F 六个加载阶段的剪切应变云图。从图 2.13（a）可以看出，当应力水平由 A 点增至 D 点时，局部高剪切应变积聚区由预制裂隙尖端逐渐向岩桥区域转移，该结论明显不同于裂隙倾角为 45°和 75°工况。同时，该结论也不同于一条预制裂隙砂岩的结果，产生该现象的主要原因是由于该工况裂隙倾角较小，两条预制裂隙近似与加载方向垂直，再加上初始加载阶段，预制裂隙之间相互影响作用较小。随着荷载增加，预制裂隙尖端的应力集中程度逐渐增加，致使两个已有裂隙区域的高应力积聚区相互叠加，从而导致两条裂隙的岩桥区域在加载过程中受到挤压剪切作用。随着裂隙倾角的增加，譬如 45°和 75°工况，挤压剪切区域逐渐由岩桥区域向裂隙尖端转移，从而导致该工况下的岩桥区域变为拉伸应变积聚区。

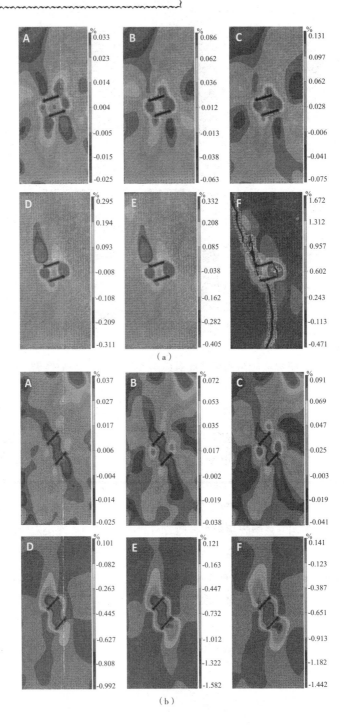

（a）

（b）

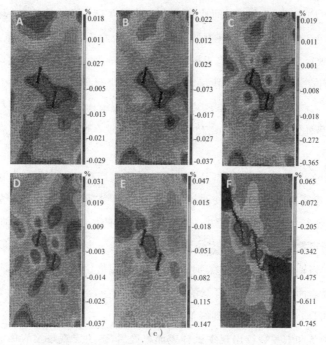

图 2.13　不同裂隙倾角典型试样对应图 2.11 中 A~F 点的最大剪切应变云图

(a)SN15-150;(b)SN45-150;(c)SN75-150

另外,观察图 2.13(b)和(c)可知,两种工况的剪切应变演化规律较类似,总体而言,岩桥区域的拉伸应变局部化范围逐渐减小,剪切应变局部化范围逐渐增大。具体地,在较低应力水平时,例如,阶段 A 和 B,并未观察到剪切应变积聚区,且拉伸应变积聚区主要发生在与预制裂纹倾角近似垂直的岩桥区域。随着应力水平的增加,剪切应变积聚区开始萌生成核。当荷载增至阶段 C 时,剪切应变积聚区主要发生裂隙尖端,同时,岩桥区域的拉伸应变积聚区逐渐由一条斜长带转化为两个近似椭圆形区域。

2.5　岩桥角度对非充填裂隙砂岩局部化特征影响

2.5.1　岩桥角度对裂纹演化过程的影响

为研究岩桥倾角对裂隙砂岩断裂演化过程的影响,将裂隙倾角 45°固定不变,选取三个典型的岩桥倾角依次为 $\beta=30°$、90°和120°为例展开分析。图 2.14 为三个典型裂隙砂岩的轴向应力－时间和声发射特征演化曲线,同时,在轴向应力－时间曲线上标出六个典型的应力阶段 A、B、C、D、E 和 F。

对于图 2.14(a)来说,加载初期阶段,声发射事件密度和幅值相对较小,且未出现应力波动现象。当应力水平增至 C 点时,观察到一个较大的声发射事件并且轴向应力出现急剧下降。当荷载增至 D 点时,应力—时间曲线上出现一个明显的应力降现象,且试样内的计数量级达到峰值。与此同时,四个拉伸裂纹从两条预制裂隙尖端萌生扩展,紧接着,伴随着局部应力释放,导致声发射事件再次趋于平稳。随着变形的增加,轴向应力逐渐增加。对于第二个峰值点 E 而言,一条宏观裂纹在试样表面渐进扩展延伸,并伴随有较大幅值的声发射事件。当轴向应力跌至 42.22 MPa(F 点)时,在预制裂隙内端萌生的四条拉伸裂纹同时向试样两端扩展,另外,观察到远场裂纹和局部剥落均出现在试样表面,并且岩桥区域通过拉剪混合裂纹贯通。

从图 2.14(b)可知,在峰前阶段,几个应力波动点出现在轴向应力—时间曲线上。当荷载增至 C 点时,没有宏观裂纹和应变波动发生在试样表面,但是观察到一个较大的声发射事件,这种现象主要是由于在加载过程中岩样非均质区域的基质颗粒发生局部位错。随后,监测到一个较小的声发射事件以及应力波动现象,能够进一步暗示岩石基质矿物颗粒胶结处发育了微裂纹。当轴向应力增至 D 点时,声发射事件幅值达到峰值,同时,几个明显的宏观裂纹发生在试样表面。D 点之后,轻微的应力降现象发生,出现该现象的主要原因是已生成的裂纹发生了闭合,当轴向应力达到峰值应力时(E 点),声发射事件密度逐渐增加,同时伴随着局部表面剥落和宏观裂纹出现在试样表面。最后,多条宏观裂纹的贯通连接导致试样失去轴向承载力。另外,试样 SN45-90 在岩桥区域的裂纹贯通模式是一种典型的拉伸破断模式,其失效机制不同于试样 SN45-30。

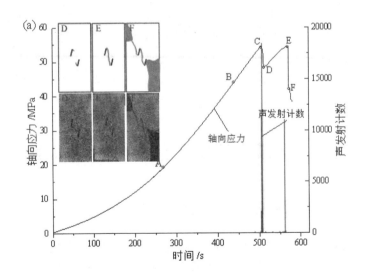

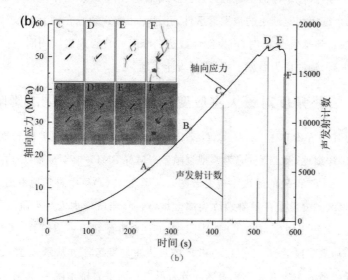

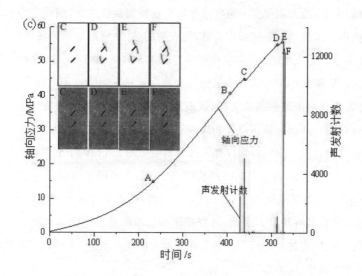

图 2.14 不同岩桥角度典型试样轴向应力和声发射计数演化规律

（a）SN45-30；（b）SN45-90；（c）SN45-120

对于试样 SN45-120 来说[如图 2.14（c）]，其力学特性及声发射行为与试样 SN45-30 和 SN45-90 类似。由图中得知，在峰前阶段均出现几个应力降现象，同时，观察到几个量级较大的声发射事件。在峰后阶段，轴向应力急剧下降，最终试样突然断裂。详细地，B 点之后，监测到一个明显的声发射事件，并在轴向应力－时间曲线上伴随着轻微的应力降。当轴向荷载增至 C 点时，再次监测到一个较大的声发射事件。非常有趣的是，虽然试样表面未观察到明显的裂纹，但试样内部想必已发育了大量微裂纹。随着荷载的进一步增加，这些已产生的微裂纹发生闭合,致使试样的承载能力进一步增加,从而导致轴向作用力显著增加。在 D 点处,观察到几个振幅相对较小的声发射事件,并且三个宏观裂纹在预制裂纹外端处萌生扩展。当轴向荷载达到峰值点 E 时,声发射计数达到峰值并且宏观裂纹同时向试样底部和顶部扩展贯通。随后,轴向应力急剧下降,岩桥发生贯通。

2.5.2　岩桥角度对最大主应变及剪切应变局部化的影响

图 2.15 为对应图 2.14 中 A、B、C、D、E 和 F 应力阶段的典型裂隙砂岩试样最大主应变场演化特征。详细地,图 2.15(a)为典型裂隙砂岩试样 SN45-30 对应图 2.14(a)中不同加载阶段 A、B、C、D、E 和 F 的最大主应变云图。从图 2.15(a)可以直观地看出,峰前阶段的最大主应变积聚区主要发生在预制裂纹尖端区域,然而,当试样进入峰后阶段,最大主应变积聚区在裂隙尖端和岩桥区域均出现。图 2.15(b)为典型裂隙砂岩试样 SN45-90 对应图 2.14(b)中不同加载阶段 A、B、C、D、E 和 F 的最大主应变云图。从图 2.15(b)发现,岩桥角度为 90°试样的最大主应变应变积聚区的分布形态不同于岩桥角度为 30°工况[如图 2.15(a)]。当应力水平较低时,最大主应变积聚区主要发生在预制裂纹周围,随着应力水平的增加,应变局部化范围由裂隙尖端向裂隙周围转移,更有趣的是,在峰后加载阶段,最大主应变积聚区的范围逐渐变小。图 2.15(c)为典型裂隙砂岩试样 SN45-120 对应图 2.14(c)中不同加载阶段 A、B、C、D、E 和 F 的最大主应变云图。与典型试样 SN45-90 不同是,最大主应变的局部化特征主要发生在两条预制裂隙尖端,该现象是由于预先存在的两条缺陷在几何上形态上与其加载方向一致,从而导致高应变积聚区沿着加载方向扩展。

图 2.16 为三组典型砂岩试样的剪切应变云图分别对应图 2.14 中的 A、B、C、D、E 和 F 应力阶段。图 2.16(a)为典型试样 SN45-30 对应图 2.14(a)中不同加载阶段 A、B、C、D、E 和 F 的剪切应变云图。对于裂隙试样 SN45-30 工况而言,随着应力水平的增加,剪切应变积聚区由裂隙尖端向岩桥区域转移。因此,可推断出剪切破断对岩桥区域的裂纹起裂和扩展起到了非常重要的角色,通过对峰后阶段的剪切应变云图观察发现(如 F 点),多条宏观裂纹相互贯通并贯穿整个试样。

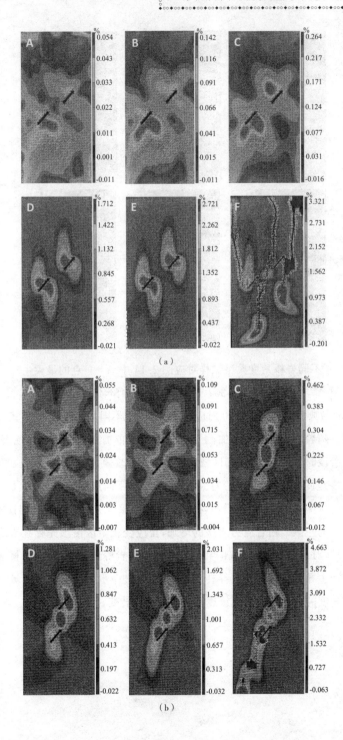

（a）

（b）

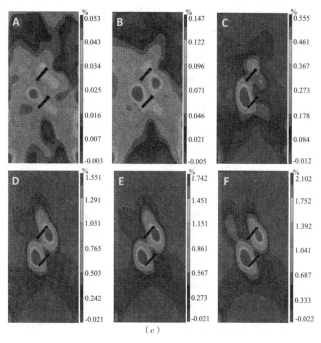

（c）

图 2.15　不同岩桥角度典型试样对应图 2.14 中 A～F 点的最大主应变云图
(a)SN45-30；(b)SN45-90；(c)SN45-120

　　图 2.16(b)为典型试样 SN45-90 对应图 2.14(b)中不同加载阶段 A、B、C、D、E 和 F 的剪切应变云图。随着应力水平的增加，上预制裂隙端部的剪切应变积聚区逐渐增加，当应力水平增至峰后阶段时，试样表面局部区域发生表面剥落现象，并且宏观断裂带沿着剪切应变积聚区聚集成核并贯通。图 2.16(c)对应图 2.14(c)中不同加载阶段 A、B、C、D、E 和 F 的剪切应变云图。从图 2.16(c)可以看出，高剪切应变积聚区主要出现在上端预制裂纹的右侧和下端预制裂纹的左侧。随着应力水平的增加，拉应变积聚区由预先存在裂纹附近向岩桥区域转移。另外，对比图 2.16(a)、(b)和(c)发现，随着岩桥角度的增加，岩桥区域的应变积聚区由剪切应变主导向拉伸应变主导转变，该现象也进一步暗示了岩桥区域裂纹的断裂贯通机制随岩桥角度的变化由剪切裂纹逐渐向拉伸裂纹转变。

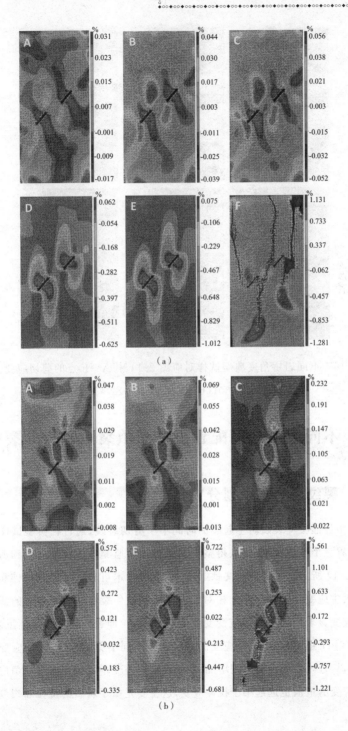

（a）

（b）

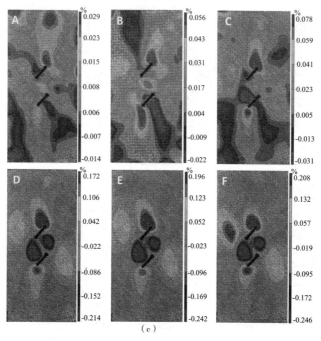

（c）

图 2.16　不同岩桥角度典型试样对应图 2.14 中 A～F 点的剪切应变云图
（a）SN45-30;（b）SN45-90;（c）SN45-120

2.6　不同裂纹几何配置下非充填裂隙砂岩断裂机制

2.6.1　裂纹应力水平划分

为了进一步佐证拉伸裂纹萌生起裂的时间早于剪切裂纹,通过在典型试样（SN75-150）的岩桥区域设置三个监测点,从而获得整个加载过程中监测点的拉伸应变和剪切应变的演化特征,如图 2.17 所示。在先前的文献中,利用 DIC 技术可较好地区分拉伸裂纹和剪切裂纹,并通过最大主应变和剪切应变的相对大小可得知拉伸裂纹和剪切裂纹的演化规律。具体地说,当主应变显著增加而剪切应变变化不明显时,拉伸裂纹机制占优。反之,剪切裂纹占主导。从图 2.17 还可得知,拉伸应变的演化特征不同于剪切应变,拉伸应变在较低应力水平萌生扩展,接近峰值应力时急剧增加。然而,剪切应变增量仅在接近峰值应力时才趋于明显,且剪切应变的量值也远远小于拉伸应变,这主要是由于岩石的抗拉断裂韧度小于抗压断裂韧度。

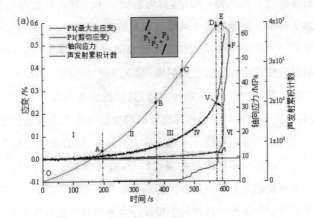

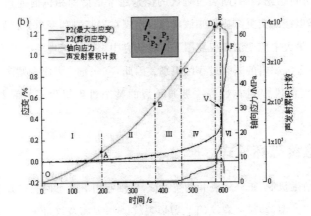

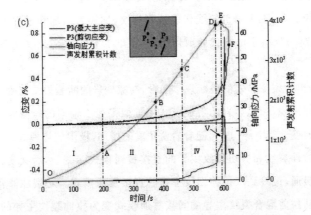

图 2.17 典型试样的轴向应力及选定点处测量应变随时间演化

当岩石受到荷载作用力超过其抗拉断裂韧度时,岩样内部首先出现局部拉伸破坏。此外,岩石的拉伸强度远远小于其抗压强度,当荷载超过其抗拉强度时,首先出现局部拉伸裂纹,紧接着,拉伸裂纹逐步扩展延伸。随后,剪切裂纹萌生发展。对变形局部化起始点进行捕捉能够更深入地了解整个加载过程中从微裂纹成核到宏观裂纹萌生、扩展、贯通直至断裂失稳的整个演化过程。为进一步深入理解裂纹断裂演化过程,本节借助声－光－力联合监测方法鉴别了加载过程中几个典型的应力门槛,对应的应力－时间曲线可划分为六个阶段:(Ⅰ)微裂纹闭合阶段,(Ⅱ)过程区萌生阶段,(Ⅲ)过程区成核阶段,(Ⅳ)裂纹萌生稳定增长阶段,(Ⅴ)不稳定裂纹扩展阶段和(Ⅵ)峰后阶段。门槛应力分别为微裂纹闭合应力、微裂纹成核应力、裂纹萌生应力、裂纹损伤应力和峰值应力。此外,结合最大主应变和声发射方法,可以很容易地鉴别加载过程中不同阶段的裂纹特征,特别是对断裂过程区中微裂纹成核应力门槛的确定对于理解裂隙岩石断裂过程区起到了非常重要的作用,进一步表明,基于声－光－力联合监测技术对整个变形加载过程中裂纹应力水平划分更精确可靠。

以往的研究分析结论表明,断裂过程区的识别通常是借助相机捕捉到的白斑现象进行定性分析,且根据以往的文献综述得知该现象仅出现在岩浆岩和变质岩的岩样中,如花岗岩和大理岩。然而,最大主应变法不仅克服了以往研究中识别白斑现象的困难,而且可用于鉴别砂岩、页岩和煤等沉积岩的断裂过程区识别。因此,声－光－力联合监测方法为表征岩石从微裂纹局部化损伤成核到宏观裂纹贯通开裂的整个过程提供了一种精确可靠的鉴别方法。

2.6.2 最终破坏模式

根据裂纹的萌生机制、扩展轨迹和断裂特征,单轴作用下含不同裂纹几何配置的裂隙砂岩共获得五种裂纹类型,即拉伸裂纹(T)、剪切裂纹(S)、远场裂纹(F)、水平裂纹(L)和表面剥落(S)。文中裂纹的定义方法与先前试验的研究结果类似。图 2.18 为不同裂纹几何配置下砂岩极限破坏模式图,图中黑色粗线代表预制裂纹,细线表示加载过程中产生的裂纹,另外,字母 T 代表拉伸裂纹;字母 S 代表剪切裂纹;字母 L 代表水平裂纹和字母 SS 代表表面剥落断裂。

由图 2.18 给出的裂隙砂岩的破断规律来看,裂隙砂岩的断裂模式与裂隙倾角和岩桥角度密切相关。总体来说,裂隙砂岩的贯通模式由近似平行于轴向的拉剪混合破坏模式逐渐向倾斜剪切破坏转变。当 $\alpha = 15°$ 时,随着岩桥角度的增加,极限破坏模式由拉剪混合裂纹主导的间接贯通向拉伸裂纹和剪切裂纹主导的直接贯通模式转变,然后又变为拉剪混合裂纹模式主导的间接贯通,最终到双拉伸裂纹主导的直接贯通模式。对裂隙倾角 45° 而言,试样的贯通模式首先从拉剪混合裂纹主导的间接贯通模式变为拉伸裂纹主导的直接贯通模式,然后变为直接贯通模式,再到拉剪混合裂纹主导的间接贯通模式,最后为拉伸裂纹主导的直接贯通模式。

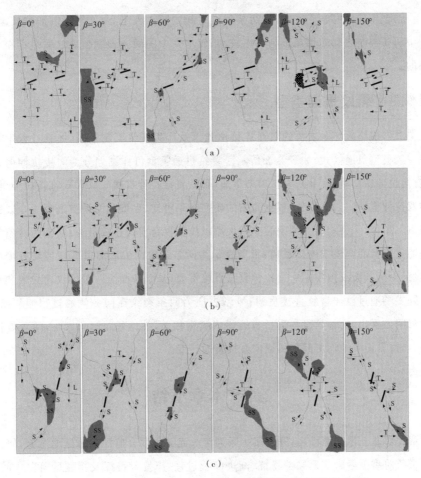

图 2.18　不同裂纹几何配置下裂隙砂岩极限断裂模式图

(a)α=15°；(b)α=45°；(c)α=75°

从图 2.18(c)可知,裂隙倾角为 75°工况的最终断裂模式与 45°工况类似。无论裂隙倾角大小,裂隙砂岩的最终破坏模式主要取决于裂纹的几何布置形式,此外,在个别试样上观察到远场裂纹,并且该类裂纹的扩展路径变化不一。表面剥落型裂纹也出现在大多数试样上,从该现象能够进一步推断出,此类断裂发生前预制裂纹周围必然存在一个较高的应力集中区。对比图 2.18(a)、(b)和(c)还可得,相同之处为:同一裂隙倾角下,随着岩桥角度的增加,两条平行裂纹由不重叠向重叠逐渐演化。根据先前研究结论可知,当两条预制裂纹未重叠时,两条裂纹处于对方的作用力放大区而使应力在某种程度上得到放大,从而导致应力强度因子变大。相反,当两条预制裂纹发生重叠,两裂纹相互的应力屏蔽作用导致应力强度因子变小,该结论也能从断裂力学角度进一步验证不同岩桥角度下的宏观强度演化规律。不同之处为:当 α=15°时,两条平行预制裂纹之间的垂线距离由小变大再变小,不同于裂隙倾角为 15°工况,当 α=45°和 75°时,两条平行预制裂纹之间的垂线距离呈现出先减小后增加的变化趋势。结合先前研究结论得知,当两条裂纹之间的距离大于2～3倍预制裂隙长度时,加载过程中两条裂纹之间的相互影响作用较小,而本文中的两条预制裂隙之间是存在相互影响作用的。

2.6.3 裂纹贯通类型

根据试样最终破坏时岩桥的贯通连接模式以及产生裂纹机制不同,加载过程中共观察到六种裂纹类型贯通模式,如表2.2所示。裂纹贯通类型可详细划分为间接拉伸剪切贯通(Ⅰ)、直接拉伸剪切贯通(Ⅱ)、直接剪切贯通(Ⅲ)、直接拉伸贯通－1(Ⅳ)、直接拉伸贯通－2(Ⅴ)和双拉伸贯通(Ⅵ)。另外,根据先前的研究结果可知,Ⅳ型和Ⅴ型贯通模式在以往文献中未报道。另外,Ⅰ型表示为两条裂纹内尖端以拉剪混合模式连接贯通;Ⅱ型为两条裂纹在同一侧通过拉剪混合模式连接贯通;Ⅲ型表示为两条裂纹内尖端通过剪切裂纹直接贯通连接;Ⅳ表征为两条裂纹内尖端通过拉伸裂纹直接贯通;Ⅴ型表征为一条裂纹内尖端和另外一条裂纹外尖端通过拉伸裂纹直接贯通;Ⅵ型表征为两条裂纹在同一侧通过拉伸裂纹贯通。从表中可明显看出,岩桥角度与岩桥贯通模式紧密相关,无论裂隙倾角大小,随着岩桥角度的增加,岩桥贯通模式均由间接贯通向直接贯通转变。

2.7 本章小结

本章针对非充填裂隙砂岩,开展了一系列声－光－力联合监测单轴压缩试验,研究了裂纹几何参数对裂隙砂岩变形局部特征、渐进断裂过程、声发射特征及断裂贯通模式的影响,并对岩样的整个裂纹演化过程进行了详细的划分,具体结论如下:

① 通过对比完整和含预制裂纹砂岩的力学参数,发现裂隙砂岩的单轴抗压强度和弹性模量均低于完整试样;在同一岩桥角度下,随着裂隙倾角的增加,峰值强度和弹性模量均增大;当裂隙倾角相同时,二者随着岩桥角度的变化呈现出“倒置”高斯型分布趋势,并在岩桥角度为60°时取得最小值。

② 当荷载由低应力水平向高应力水平逐渐增加时,应变积聚区逐渐由预制裂纹周围或岩桥区域向裂隙尖端转移,进而向岩桥区域转移;随着岩桥角度的增加,破坏模式由近似平行于轴向的张拉混合破坏转变为斜剪拉伸破坏,另外,岩桥的贯通模式由间接贯通转变为直接贯通。

③ 基于声－光－力联合测试方法,裂隙砂岩的整个断裂演化过程详细地划分为(Ⅰ)微裂纹闭合阶段、(Ⅱ)过程区萌生阶段、(Ⅲ)过程区成核阶段、(Ⅳ)裂纹萌生稳定增长阶段、(Ⅴ)不稳定裂纹扩展阶段和(Ⅵ)峰后阶段;从DIC监测结果可明显看出拉伸应变在较低应力水平萌生发育,随后显著增加,然而,剪切应变只有在接近峰值荷载时才起裂扩展,进一步

推测出整个加载过程中试样内的断裂模式主要以拉伸裂纹为主;另外,最大主应变和剪切应变分别对应了拉伸裂纹和剪切裂纹的演化,且裂纹的萌生起裂主要以拉伸破断为主。

表 2.2 非充填裂隙砂岩裂纹贯通模式

类型	贯通类型		详细描述
I	间接拉剪混合贯通		两条预制裂纹内端通过拉剪混合裂纹贯通连接
II	直接拉剪混合贯通		两条裂纹在同一端,通过拉剪混合裂纹贯通连接
III	直接剪切贯通		两条裂纹内端通过剪切裂纹贯通连接
IV	直接拉伸贯通—1		两条裂纹内端通过拉伸裂纹连接
V	直接拉伸贯通—2		上预制裂纹右端和下预制裂纹左端通过伸裂纹连接
VI	双拉伸贯通		在同一端通过双拉伸裂纹连接

3 单轴作用下充填裂隙砂岩变形局部化试验研究

3.1 引言

自然界中岩体除了含天然孔洞和裂隙等显著特征外,通常还包含岩石碎屑、节理、夹层及黏土矿物等不连续体,岩体内的不连续体通常是由与母岩变形行为不同的岩土材料充填而成。充填物使两个不连续面发生间接接触,并在两个不连续面之间产生作用力,该作用力不仅能够改变裂隙面之间的应力状态,而且对裂隙面的变形行为影响也较大。外荷载作用下,充填物和母岩之间的相互作用使岩石的损伤破裂特征变得更加复杂,因此,需要进一步探究充填物角色下裂隙岩石的变形局部化特征和断裂失效机制。

截至目前,国内外学者对含充填裂隙岩石的力学特性和变形行为进行了大量研究,研究结果表明,充填物作用下裂隙岩石加载起始至断裂贯通整个过程的变形局部化特征以及裂隙面之间的应力传递和转移作用对理解断裂失效机制非常重要。为进一步理解充填物作用下裂隙砂岩的裂纹过程和断裂机制,本章针对石膏充填裂隙砂岩开展了一系列单轴压缩试验,首先,分析充填物对裂隙砂岩应变场、声发射特征及裂纹贯通模式的影响,并揭示含充填物作用下裂隙砂岩的断裂行为和失效机制。然后,量化表征加载过程中充填物内拉伸裂纹和剪切裂纹的演化特征。最后,基于声发射技术鉴别不同加载水平下裂纹应力门槛值,并且定义不同应力水平的加固系数,进一步揭示充填物对多裂纹作用下裂隙砂岩断裂过程中裂纹应力门槛的影响。

3.2 充填试样制备及方案

试验装置同2.2.2节一致,本章节不再赘述。该研究以石膏为充填材料,石膏是一种单斜矿物,其主要化学成分为硫酸钙($CaSO_4$),广泛用于工业和建筑材料。在工程实践中常常作为灌浆材料充填裂隙或孔洞,从而支撑和加固母岩的整体稳定性。另外,高强度石膏也通常被视为一种脆性类岩石材料。具体的充填步骤为:首先,将石膏粉和水按1∶1.4的质量比倒入容器中,充分混合搅拌以便去除石膏混合物中的气泡或中空。然后,将石膏混合物从预制裂隙一侧倒入,同时,在裂隙另一侧放置一定厚度的钢板,起到垫压作用。随后,待石膏凝固前,用钢板从正面压实石膏。充填试样的加工过程及裂纹几何特征,如图3.1所示。需要说明的是,为了和单轴非充填工况形成对比,充填试样的裂纹几何参数与非充填工况一致。裂隙倾角分别为15°、45°和75°,对应的岩桥角度分别为0°、30°、60°、90°、120°和150°。

详细试验方案为:(1)当裂隙倾角 $\alpha = 15°$ 时,岩桥角度分别为 $\beta = 0°$、$\beta = 30°$、$\beta = 60°$、$\beta = 90°$、$\beta = 120°$ 和 $\beta = 150°$;(2)当裂隙倾角 $\alpha = 45°$ 时,岩桥角度分别为 $\beta = 0°$、$\beta = 30°$、$\beta = 60°$、$\beta = 90°$、$\beta = 120°$ 和 $\beta = 150°$;(3)当裂隙倾角 $\alpha = 75°$ 时,岩桥角度分别为 $\beta = 0°$、$\beta = 30°$、$\beta = 60°$、$\beta = 90°$、$\beta = 120°$ 和 $\beta = 150°$。每种裂纹几何参数试样在对应加载工况下至少准备三个试样。为了便于分析叙述,在接下来的章节单轴充填试样命名方式采用字母和数字结合的形式,其中,以 SG45-60 为例,S 代表砂岩,G 代表石膏充填;45 为裂纹倾角,60 为岩桥角度。

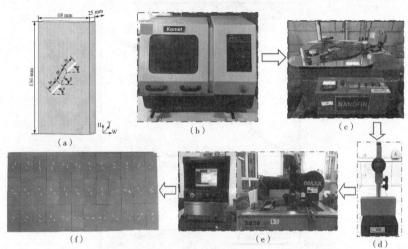

图 3.1　石膏充填试样的裂纹几何特征及加工过程

(a)裂隙几何配置;(b)高精度金刚石切割机;(c)高精度平面磨床、

(d)平整仪;(e)高压水射流切割机;(f)石膏充填砂岩

3.3　不同裂纹几何配置下充填裂隙砂岩力学特性

3.3.1　充填物基本力学参数

基于室内一系列单轴压缩(50 mm×100 mm)、常规三轴压缩(50 mm×100 mm)以及巴西圆盘(25 mm×50 mm)间接拉伸试验获得测试石膏的基本物理力学参数,其中,视密度为 1145 kg/m³、单轴抗压强度为(8.42±0.15)MPa、弹性模量为(1.58±0.2)GPa、泊松比为0.21、内摩擦角为13.34°、内聚力为3.42 MPa 和抗拉强度为1.85 MPa。根据测试结果,绘制单轴压缩曲线、三轴压缩曲线及间接拉伸曲线结果如图3.2所示。

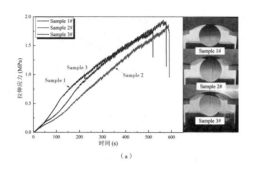

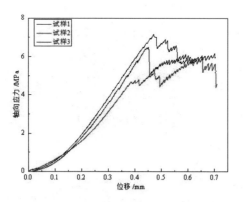

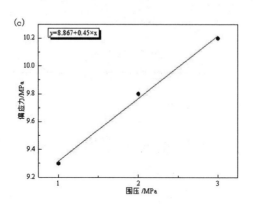

图 3.2 石膏试样基本力学参数

(a)拉伸强度;(b)单轴压缩强度;(c)三轴压缩强度

3.3.2 应力－应变曲线特性

图 3.3 为不同裂隙几何参数下石膏充填裂隙砂岩的轴向应力－应变曲线。根据整个加载过程中砂岩的非线性变形特征,整个加载过程共分为四个阶段:微裂纹闭合阶段、线弹性变形阶段、不稳定裂纹扩展和峰后阶段。对比图 3.3(a)、(b)和(c)可知,峰前阶段应力－应

变曲线的演化趋势较类似,几乎不受裂纹几何参数的影响。与峰前阶段变形特征不同的是,个别低裂纹倾角试样的应力—应变曲线在峰后阶段呈现出不同程度的波动,表明该工况下试样经历了明显的渐进断裂过程。然而,较大裂纹倾角工况的破断特征主要以脆性断裂破坏为主,整个加载过程没有发生渐进的应力跌落现象,该现象的主要原因可能是在较大裂纹倾角时,两条预制裂隙近似与加载方向垂直,从而导致裂隙面中间区域的应力积聚程度较裂隙尖端大,致使在加载过程中不易产生局部失稳现象。但当裂隙倾角增至75°时,预制裂隙倾斜方向近似与加载方向平行,导致裂隙面中间部位的应力积聚区逐渐向裂隙尖端转移。

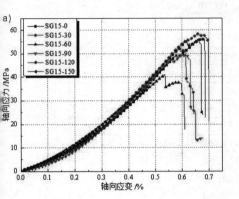
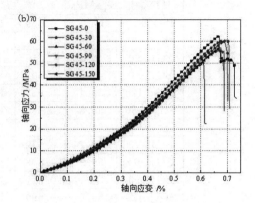

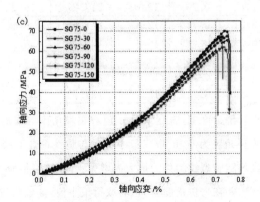

图 3.3　不同裂隙几何配置下石膏充填裂隙砂岩轴向应力—应变曲线

(a)$\alpha=15°$;(b)$\alpha=45°$;(c)$\alpha=75°$

为了定量评价裂隙砂岩的渐进断裂程度,基于能量方法引入脆性破坏系数来表征其脆性程度,如式3.1所示。

$$k=\frac{U_e}{U_a+U_b}$$

$$(3.1)$$

式中,k 为脆性系数;U_e 为峰值处的弹性应变能;U_b 和 U_a 分别为峰前阶段和峰后阶段弹性应变能。

不同裂纹几何配置下石膏充填裂隙砂岩的力学参数,如表 3.1 所示。需要说明的是,表中,σ_p—峰值强度;ε—峰值应力对应的应变;E—弹性模量;k—脆性系数;U_b 和 U_a 分别指峰前和峰后阶段弹性能。此外,对峰值强度和弹性模量与裂隙特征之间的关系进行回归分析,如图 3.4 所示。

表 3.1   不同裂隙几何配置下裂隙砂岩的力学参数

试样编号	σ_p/MPa	ε/%	E/GPa	U_b/KJ/m³	U_a/kJ/m³	k
SG15-0	56.1	0.669	11.52	161.67	8.68	0.85
SG15-30	51.9	0.591	11.17	127.58	22.69	0.85
SG15-60	40.9	0.535	9.41	94.17	26.52	0.74
SG15-90	49.5	0.603	9.97	125.27	21.86	0.84
SG15-120	58.4	0.662	11.45	163.58	21.43	0.82
SG15-150	55.8	0.661	10.21	166.85	7.39	0.88
SG45-0	62.4	0.667	12.48	173.04	28.34	0.84
SG45-30	60.2	0.679	12.19	171.81	12.14	0.87
SG45-60	50.3	0.608	9.67	141.92	16.86	0.82
SG45-90	56.1	0.677	10.59	165.90	5.43	0.87
SG45-120	59.6	0.699	12.18	178.83	4.74	0.87
SG45-150	61.1	0.683	12.21	160.39	8.42	0.95
SG75-0	71.2	0.739	13.03	217.27	9.22	0.93
SG75-30	67.1	0.726	12.35	207.66	0.56	0.96
SG75-60	60.1	0.699	10.47	190.39	8.44	0.86
SG75-90	64.1	0.735	11.72	192.71	9.69	0.87
SG75-120	67.6	0.746	13.08	210.12	6.82	0.88
SG75-150	66.9	0.718	12.79	194.73	24.92	0.89

从表 3.1 可知,同一岩桥角度下,脆性系数 k 随着裂隙角度的增加而增加,当裂隙倾角相同时,脆性系数 k 在岩桥角度为 60° 时取得最小值。与脆性系数 k 类似,当岩桥角度不变时,峰值应力和弹性模量均随着裂纹倾角的增大而增大。同时,峰值应力和弹性模量呈现出先减小后增大的变化趋势,并在岩桥角度为 60° 时取得最小值,该现象与非充填工况类似,其主要原因为完整砂岩的内摩擦角(φ)为 36.14°,根据完整试样的理论断裂破坏角公式(45°+φ/2)可知,该完整试样的断裂破坏角近似 63°,故岩桥角度为 60° 的试样相对于其他角度工况更易于失稳破坏。此外,峰值应力对应的应变和及峰前阶段弹性应变能也呈现出一致的变化规律,即先降低后增加的趋势。

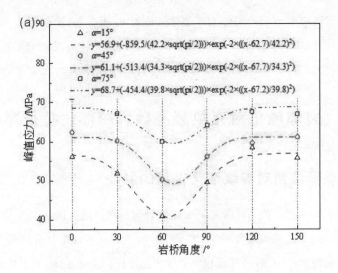

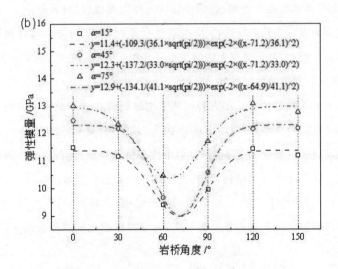

图 3.4 不同裂隙几何配置下充填裂隙砂岩峰值强度和弹性模量演化规律

(a)峰值应力;(b)杨氏模量

对于三种裂隙倾角 $\alpha=15°$、$45°$ 和 $75°$ 而言,当岩桥角度从 $0°$ 增至 $60°$ 时,峰值应力的减小量分别为 27.09%、19.39% 和 13.15%;当岩桥角度从 $60°$ 增至 $120°$ 时,对应的峰值应力增加量分别为 42.79%、20.48% 和 12.48%;当岩桥角度从 $120°$ 增至 $150°$ 时,峰值应力分别减小了 2.6 MPa、3.5 MPa 和 0.7 MPa。另外,对比不同裂隙倾角的峰值变化量可知,在相同岩桥角度下,裂隙倾角越小,其变化量越大。对于弹性模量来说,其演化规律与峰值应力和脆性系数类似。具体地,当 $\alpha = 15°$ 时,岩桥角度从 $0°$ 增至 $150°$ 时,弹性模量先从 $10.93\,GPa$ 降至 $9.41\,GPa$,然后又增至 $10.18\,GPa$;对于裂隙倾角为 $45°$ 而言,岩桥角度从 $0°$ 增至 $150°$ 时,弹性模量先从 $11.58\,GPa$ 降至 $9.67\,GPa$,然后又增至 $10.82\,GPa$;当 $\alpha = 75°$ 时,岩桥角度从 $0°$ 增至 $150°$ 时,弹性模量从 $13.03\,GPa$ 变为 $10.47\,GPa$,然后又增至 $12.71\,GPa$。

3.4 裂隙倾角对充填裂隙砂岩局部化特征影响

3.4.1 裂隙倾角对裂纹演化过程的影响

为研究不同裂纹几何参数下石膏充填裂隙砂岩的裂纹渐进扩展过程和断裂机制,通过固定岩桥角度 $60°$ 不变,裂隙倾角分别为 $15°$、$45°$ 和 $75°$ 为例展开详细分析。图 3.5 为典型石膏充填裂隙砂岩的轴向应力、破裂过程和声发射演化特征。由图可知,对于加载 A 点,声发射事件较小,累积声发射事件变化曲线近似趋于零。随着荷载的增加,声发射事件变得活跃,累积声发射事件也开始逐渐增加,表明砂岩内已经出现微裂纹,并且早期的裂纹主要以拉伸模式萌生起裂为主。当轴向荷载由 B 点增至 C 点时,累积声发射事件急剧增加,表明大量微裂纹已经起裂扩展,甚至局部宏观裂纹也开始相互贯通。随后,观察到轴向应力突然下降,并伴随有强度剧烈的声发射事件,该现象进一步暗示了微裂纹膨胀作用力与应力场相互作用导致裂纹处于不稳定状态。宏观裂纹从上预制裂纹右端开始萌生起裂,并逐渐向轴向加载方向扩展。随着荷载增加,应力出现了不同程度波动,暗示岩样内部已经出现局部损伤破坏。当荷载增至极限强度 D 点时,声发射事件幅值达到最大值,同时,两条预制裂纹发生贯通连接,此后,轴向应力再次缓慢增加,说明试样内部已形成新的"支撑结构体"。当轴向应力降至 $30.07\,MPa$ 时(F 点),一条倾斜断裂带形成,该断裂带通过连接预制裂纹与邻近的宏观裂纹进一步扩大蔓延至边界。接下来,宏观裂纹相互扩展贯通致使声发射信号强度再次达到峰值。

与砂岩试样 SG15-60 的断裂演化过程类似,试样 SG45-60 的轴向应力、声发射计数和累积声发射计数演化规律,如图 3.5(b)所示。在 B 点之前,声发射信号较少,预示了该阶段之前试样内初始微观裂纹不断累积扩展并逐步发展。此后,累积声发射事件逐渐增加,但试样表面未出现明显的宏观裂纹。此外,该工况裂纹萌生应力水平大于试样 SG15-60,表明裂纹应力水平与裂纹倾角密切相关。当轴向应力增至峰值时(C 点),累积声发射事件频率急剧增加。随着轴向变形进一步增大,应力出现轻微波动。与此同时,观察到原有裂纹与相邻裂纹发生贯通。随后,在 E 点监测到密度及幅值均达到峰值的声发射事件。在试样完全失效之前,局部微小变形将导致轴向应力出现显著下降。当轴向应力跌至 F 点时,宏观裂纹继续沿着预制裂纹外端部方向朝试样的边界方向扩展贯通,此外,并伴随有大块碎石掉落。

图 3.5(c)为典型试样 SG75-60 的轴向应力、声发射事件和累积声发射事件随时间的演化规律。总体而言,试样 SG75-60 的裂纹断裂过程及声发射特征与试样 SG15-60 和 SG45-60 类似。在 A 点之前,声发射事件相对较少,随后,累积声发射事件开始缓慢增加。当荷载增至峰值应力 C 点时,试样内突然出现一个幅值相对较大的声发射事件,并伴随有轻微的应力降现象。虽然试样表面暂时未出现宏观裂纹,但可推测岩样内部一定发生颗粒位错滑移以及微观裂纹贯通现象。与此同时,随着荷载的继续增加,累积声发射事件呈现出由"阶梯状"向"直线状"的演化,预示了试样内裂纹尺度由微裂纹逐渐向宏观裂纹转变。当轴向应力增至峰后阶段时,声发射事件急剧增加,试样表面伴随有宏观断裂。

综上所述,对比图 3.5(a)、(b)和(c)可知,当裂隙倾角较小时,试样的渐进断裂程度会更明显,随着裂隙倾角逐渐增大,其破断特征由渐进破断向脆性断裂转变。另外,从声发射演化特征角度来看,不同裂隙倾角试样的单个声发射事件和累积声发射事件在数量级及个数上相差不大。此外,从图中还可得知,与力学参数变化不同的是,随裂隙角度的变化其声发射特征与裂隙几何参数之间的线性关系不明显。

图 3.6 为不同应力水平下典型石膏充填裂隙砂岩对应图 3.5 中 A、B、C、D、E 和 F 六个加载阶段的最大主应变和剪切应变云图。对于加载点 A,虽然应力水平相对较低,但充填物的力学强度参数相对母岩基质来说要低很多,再加上预制裂纹的存在,因此,在较低应力水平时充填物内会发生显著的变形,导致试样表面出现两个相对明显的主应变积聚区,如图 3.6(a)所示。然而,剪切应变扩散地分布在整个试样表面,且未出现剪切应变局部化现象,如图 3.7(a)所示,该结果也进一步证实了充填物内裂纹的萌生机制主要以拉伸裂纹为主。当轴向应力增至 37.83 MPa 时(B 点),在原有缺陷和岩桥区域之间形成一条倾斜变形局部带,但试样表面未观察到宏观裂纹,说明在预制裂纹附近与岩桥周围区域均产生大量的微裂纹。随着轴向荷载增加,最大主应变的局部化区域由原来两个单独区域逐渐演变为一个倾斜的条带区域。当荷载增至 D 点时,最大主应变积聚区明显由预制裂纹周围向裂隙尖端转移。除了最大主应变积聚显著外,在预制裂纹周围还发现剪切应变积聚区,说明该阶段裂纹的贯通模式主要以拉—剪混合破断为主。在 F 点处,由于试样内部大量的基质颗粒发生剪切滑移和旋转致使应变积聚区开始连接贯通,从而导致大量的散斑从试样表面脱落。

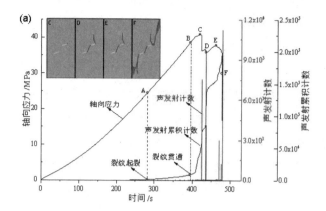

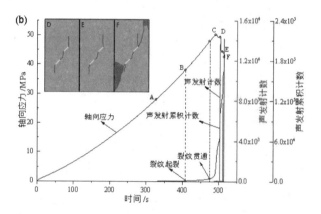

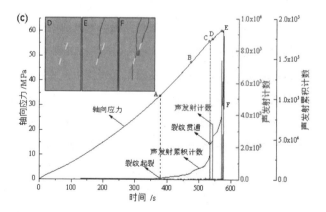

图 3.5　不同裂隙几何配置下闭合砂岩轴向应力与声发射计数变化规律

(a)SG15-60；(b)SG45-60；(c)SG75-60

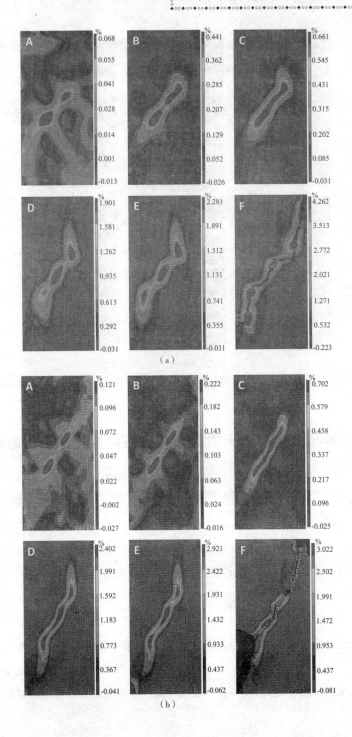

（a）

（b）

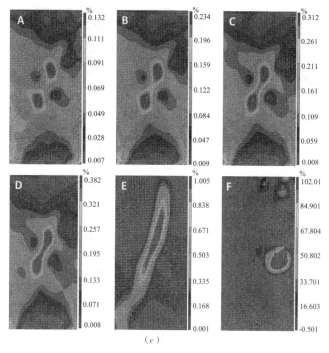

（c）

图 3.6　不同裂隙倾角典型充填试样对应图 3.4 中 $A-F$ 点的最大主应变云图

（a）SG15-60；（b）SG45-60；（c）SG75-60

3.4.2　裂隙倾角对最大主应变及剪切应变局部化的影响

图 3.6(b)和 3.7(b)分别为不同应力水平下典型试样 SG45-60 对应图 3.5(b)中六个应力阶段的最大主应变和剪切应变云图。从图中观察到,剪切应变在加载初期阶段基本是均匀分布的,个别区域伴随着应变随机波动现象。对于阶段 A,观察到拉伸应变积聚区,说明充填体内的拉伸裂纹比剪切裂纹较早萌生。随着荷载增加,局部化主应变积聚区逐渐在预制裂纹周围扩展连接。在加载阶段 C 点之前,尽管裂纹的萌生机制以拉伸裂纹为主,但最终导致试样断裂失效的裂纹机制仍然由拉剪混合模式主导。当荷载增至 D 点时,高应变积聚区沿着倾斜断裂带向试样的左下端和右上端逐渐扩展延伸,这种现象主要是由于宏观裂纹的张开及剪切滑移造成的。对于 E 点,发现少量局部散斑从岩样表面脱落,这为砂岩宏观断裂贯通提供了前兆信号。同时,邻近的宏观裂纹开始沿着已经形成的贯通破裂面向右端延伸扩展。在峰后阶段 F 点处,沿着预制裂纹形成一条倾斜的宏观剪切断裂带,并且贯通整个试样。

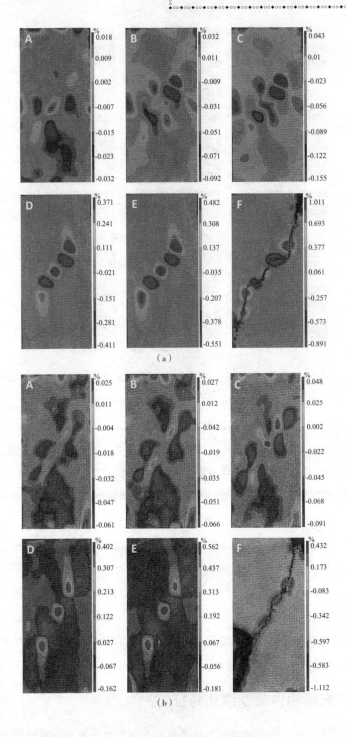

（a）

（b）

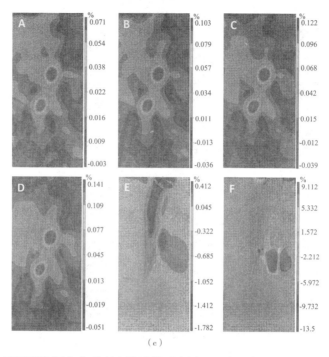

(c)

图 3.7　不同裂隙倾角典型裂充填试样对应图 3.5 中 $A-F$ 点的剪切应变云图

(a)SG15-60;(b)SG45-60;(c)SG75-60

图 3.6(c)和 3.7(c)分别为不同应力水平下试样 SG75-60 对应图 3.5(c)中六个典型应力阶段的最大主应变云图。从图 3.6(c)和 3.7(c)可以看出,当应力水平较低时,高亮的最大主应变积聚区和剪切应变积聚区主要发生在预制裂纹周围区域,该现象与图 3.5(a)和(b)及图 3.7(a)和(b)不同,表明由低裂隙倾角向高裂隙倾角转变时充填物内裂纹的萌生机制发生了变化,即拉伸裂纹主导的起裂模式转变为拉剪混合模式主导。随着应力水平的增加,最大主应变积聚区逐渐从裂纹尖端向岩桥区域转移,该现象主要是由于充填物和裂隙表面之间的摩擦作用造成的。另外一个值得注意的现象是最大主应变和剪切应变的分布形态不同,最大主应变呈条带状分布,而剪切应变积聚区主要以椭圆形为主,该现象从内在机制上解释了拉伸裂纹和剪切裂纹的形成本质,并且该现象进一步阐释了最大主应变和剪切应变分别对应了拉伸裂纹和剪切裂纹。随着荷载的继续增加,局部化剪切应变积聚区没有发生变化,仅仅是应变量值大小发生了增大。

3.4.3　充填物内裂纹演化特征

充填物对加载过程中裂隙面起到了传递法向支撑作用力和切向剪切滑移作用力的角色,对充填物内裂纹类型的表征可较好揭示充填物在裂隙砂岩变形和断裂过程中的力学机制。根据先前的研究结论可知,最大主应变和剪切应变可分别表征拉伸裂纹和剪切裂纹演化。为获得整个加载过程中充填物内拉伸裂纹和剪切裂纹的实时演变规律,分别在充填裂隙内选取两个典型的点作为最大主应变和剪切应变的特征点,两个测点之间的距离为3.5 mm,结果如图 3.8 所示。

从最大主应变和剪切应变演化规律可以看出,无论裂隙倾角大小如何,在数值上累积最大主应变均大于对应的剪切应变,表明加载过程中充填物与裂隙面之间虽然产生摩擦挤压作用,但是,充填物内的断裂模式仍以拉伸破断为主导。对于裂隙倾角为 15°和 45°而言,最大主应变均在较低应力水平萌生,而剪切应变则在趋近峰值应力时才发育起裂,说明当裂隙倾角较小时,充填物内裂纹萌生机制主要表现为拉伸破断为主,该现象的主要原因可能是因为裂隙倾角的变化,导致充填物与裂隙面作用时仍表现出拉伸扩张机制。不同于图 3.8(a)和(b),对于典型试样 SG75-60 来说,其最大主应变和剪切应变几乎同时萌生起裂,说明随着裂隙倾角的增加,充填物内主导断裂萌生机制的裂纹由拉伸裂纹逐渐变为拉伸-剪切混合裂纹,进一步表明,裂隙倾角对充填物内裂纹断裂演化机制的影响较大。

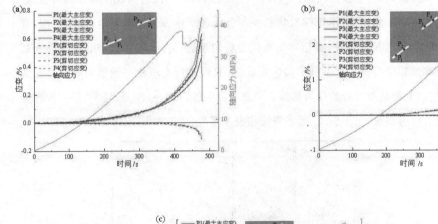

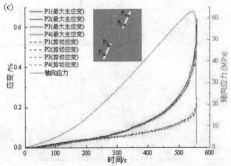

图 3.8　典型试样充填物内拉伸和剪切裂纹演化规律

(a)SG15-60;(b)SG45-60;(c)SG75-60

3.5 不同裂纹几何配置下充填裂隙砂岩断裂机制

3.5.1 裂纹类型分类

基于先前研究结论,鉴别加载过程中裂纹特征的演变方法主要包括肉眼观察裂纹的断面特征以及裂纹的萌生模式和扩展轨迹特征。通常将具有羽毛状或粉状结构的裂纹定义为拉伸裂纹,同时,将具有粗糙纹理和破碎结构特征的裂纹定义为剪切裂纹。另外,根据裂纹萌生和扩展轨迹不同,将翼型裂纹和二次翼型裂纹分别定义为拉伸裂纹和剪切裂纹。此外,不同于翼型裂纹和二次翼型裂纹,Xie 等基于推导的能量驱动演化机制重新定义了两种裂纹,分别为分支裂纹和拐点裂纹。

本节结合先前不同学者定义的 10 种类型裂纹来分析不同裂隙几何配置下充填裂隙砂岩的断裂过程和失效机制,裂纹几何结构图如图 3.9 所示,其中,白色粗线代表预制裂纹,红线代表加载过程中产生的裂纹,不规则形状的深灰色代表试样表面局部剥落,其中Ⅰ型、Ⅱ型和Ⅵ型从大类上代表拉伸裂纹,Ⅲ型和Ⅴ型代表剪切裂纹,另外,将Ⅰ型和Ⅱ型详细地划分为翼型裂纹和反翼型裂纹。Ⅴ型和Ⅵ型区别在于,Ⅵ型是指充填物与预制裂隙面之间的脱离开裂裂纹,而Ⅴ型是指沿着剪切滑移面贯穿充填物裂纹。此外,Ⅳ型、Ⅶ型、Ⅷ型和Ⅸ型分别表示为混合拉剪裂纹、水平裂纹、远场裂纹和表面剥落。

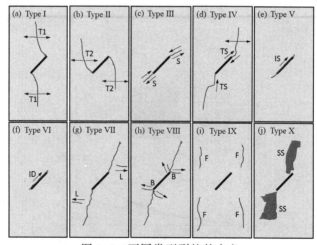

图 3.9 不同类型裂纹的定义

表 3.2 列出了加载过程中相机捕捉的裂纹类型,表中"√"表示裂纹类型。总体来说,由表 3.2 可知,裂纹类型与预制裂隙的几何参数配置密切相关。详细地,Ⅰ型裂纹几乎出现在所有工况裂隙砂岩中。另外,对于裂隙倾角较小的试样来说,Ⅱ型裂纹几乎出现在绝大多数

裂隙几何工况中,但是,随着裂隙倾角的增加,该类型裂纹主要发生在较大岩桥倾角的试样中。不同于Ⅰ型和Ⅱ型,Ⅲ型、Ⅵ型、Ⅳ型和Ⅴ型裂纹出现在裂隙倾角较大试样中的概率较大,同时,从表中裂纹类型的统计结果还发现,随着裂隙倾角的增加,剪切裂纹出现的概率逐渐增大,而拉伸裂纹发生的概率逐渐减小。

表 3.2　不同裂纹几何配置下充填裂纹砂岩的裂纹类型

Table 3.2 Crack types of gypsum-infilled sandstone with different flaw geometric configurations

裂纹参数		裂纹类型									
α(°)	β(°)	Type I	Type II	Type III	Type IV	Type V	Type VI	Type VII	Type VIII	Type IX	Type X
15	0	✓	✓					✓		✓	✓
	30	✓	✓								
	60	✓	✓								
	90	✓	✓								✓
	120	✓	✓	✓	✓	✓		✓	✓	✓	✓
	150	✓	✓	✓	✓	✓			✓		✓
45	0	✓	✓	✓	✓	✓	✓	✓	✓		✓
	30	✓	✓	✓	✓	✓	✓		✓	✓	✓
	60	✓	✓	✓	✓	✓	✓	✓	✓		✓
	90	✓	✓	✓	✓				✓		
	120	✓	✓	✓	✓						
	150	✓	✓								
75	0	✓	✓	✓	✓	✓			✓	✓	✓
	30	✓	✓	✓							
	60	✓	✓	✓	✓				✓	✓	✓
	90	✓	✓	✓	✓	✓					✓
	120	✓	✓	✓	✓				✓	✓	✓
	150	✓	✓	✓		✓			✓	✓	✓

3.5.2 宏观破坏模式

为了更直观展示试样的断裂贯通模式,且鉴于试样正面喷洒散斑,再加上试样厚度方向尺寸较薄,未出现扭转变形,且试样正反面断裂形态几乎一致。前后断裂模式一致的结论也通过 CT 三维重构进一步证实,典型试样结果如图 3.10 所示。故本节以试样最终破断的反面为例对比分析不同裂纹几何工况下的断裂形态实物图。

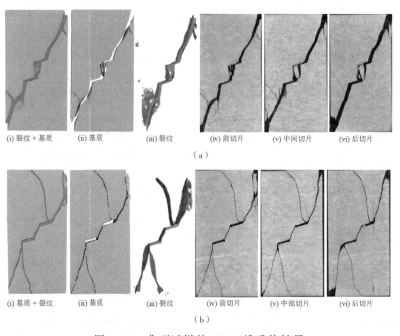

| (i) 裂纹+基质 | (ii) 基质 | (iii) 裂纹 | (iv) 前切片 | (v) 中间切片 | (vi) 后切片 |

（a）

| (i) 基质+裂纹 | (ii) 基质 | (iii) 裂纹 | (iv) 前切片 | (v) 中部切片 | (vi) 后切片 |

（b）

图 3.10　典型试样的 CT 三维重构结果

图 3.11 给出了不同裂纹几何配置下石膏充填砂岩最终断裂形态及裂纹特征图。总体来说,与断裂机制相关的一系列信息诸如,断裂模式、裂纹类型均与裂纹的几何特征紧密相关。对于裂隙倾角 15°而言,当岩桥角度从 0°增至 150°时,发现宏观断裂模式与岩桥角度密切相关,但当岩桥角度为 0°和 30°时,岩桥区域没有出现直接贯通联结,并且充填物未被宏观裂纹贯穿而是始终处于挤压状态,主要原因为裂隙倾角较小,且岩桥区域近似与加载方向垂直或近似垂直,导致岩桥区域始终处于压缩状态。当岩桥角度从 60°增至 150°时,充填物与裂纹界面之间出现分层脱胶断裂。与裂隙倾角 15°不同的是,当裂隙倾角为 45°时,岩桥角度从 0°增至 90°时,发现剪切滑移裂纹穿透充填体,产生这一现象的主要原因为较大裂隙倾角时导致应力集中区从预制裂纹周围或中间部位向裂隙尖端转移,另外,观察图 3.11(a)和(b)发现,裂纹的贯通模式与岩桥角度密切相关。然而,当裂隙倾角增至 75°时,个别工况的岩样甚至在岩桥区域未发生贯通连接。此外,最终宏观断裂模式以倾斜剪切裂纹为主,与完整试样类似,进一步表明,当裂隙倾角相对较大时,其最终断裂模式主要以倾斜剪切破坏为主。

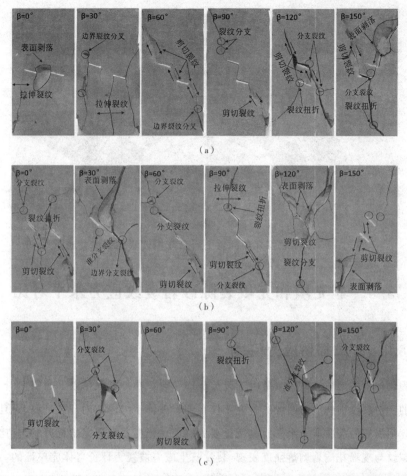

图 3.11　不同裂纹几何配置下石膏充填裂隙砂岩的最终断裂形态

(a)$\alpha=15°$；(b)$\alpha=45°$；(c)$\alpha=75°$

3.5.3　裂纹贯通类型

基于试样在最终断裂时岩桥贯通的裂纹类型特点不同,共有四种类型裂纹贯通模式:拉伸裂纹贯通模式(Ⅰ)、剪切裂纹贯通模式(Ⅱ)、拉剪混合裂纹贯通模式(Ⅲ),另外,未贯通裂纹模式(Ⅳ)也出现在个别试样。另外,图3.12归纳总结了不同裂隙几何配置下石膏充填裂隙砂岩的贯通破坏演化规律。

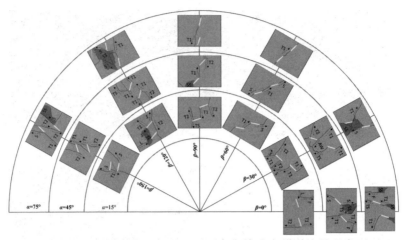

图 3.12　不同裂纹几何配置下石膏充填砂岩的裂纹贯通类型

3.6　非充填和充填裂隙砂岩裂纹应力水平对比

3.6.1　裂纹损伤应力门槛

工程岩体中的地质灾害大多是由于天然节理和裂隙在外荷载作用下的萌生、扩展和膨胀引起的。对裂纹损伤应力门槛的研究不仅有助于理解室内岩石的开裂过程,而且对实际工程中评估岩石的裂纹应力水平也具有重要的意义。根据以往研究结果可知,对比研究室内尺度裂纹与现场花岗岩剥落强度发现,裂纹萌生应力被视为评价岩体完整性的一个重要指标,并且提供了理解原位破坏强度的下限值。另外,量化研究裂纹萌生应力、贯通应力和峰值应力门槛为深入认识岩石断裂过程和失效机制提供了重要信息,而且能够更好地理解外荷载作用下裂隙损伤应力阈值和破裂模式,对于评价岩体边坡稳定性、隧道支护设计和水力压裂预测等岩体工程实践具有重要意义。因此,本节通过借助声发射技术对加载过程中含非充填和石膏充填裂隙砂岩的裂纹萌生应力、贯通应力和峰值应力进行了量化表征。

图 3.13 为不同裂纹几何参数下非充填和石膏充填裂隙砂岩应力门槛的演化规律。总体而言,充填物在不同程度地提高了裂纹损伤应力门槛。从图 3.13(a)可以看出,在同一裂隙倾角下,非充填和石膏充填裂隙砂岩的裂纹应力门槛随着岩桥角度的演化其变化规律较一致。具体地,对于裂隙倾角 $\alpha = 15°$ 和 75°而言,当岩桥角度为 60°时,裂纹萌生应力获得最小值。与裂隙倾角 $\alpha = 15°$ 和 75°不同的是,裂隙倾角为 45°时,裂纹萌生应力在岩桥角度为90°时取得最小值。对于裂隙倾角 $\alpha = 15°$、45°和 75°而言,非充填试样的裂纹萌生应力最小值分别为 12.86 MPa、30.74 MPa 和 35.38 MPa;石膏充填试样的裂纹萌生应力最小值分别为 25.17 MPa、34.33 MPa 和 38.78 MPa。图 3.13(b)为不同裂纹几何配置下非充填和石膏

充填裂隙砂岩的贯通应力演化规律。总体来说,无论裂隙倾角大小,裂纹贯通应力随着岩桥角度的变化呈现出先减小后增大再减小的演化趋势。与图 3.13(a)中裂纹萌生应力演化一致,当 $\alpha=15°$ 时,非充填和石膏充填裂隙砂岩的最小贯通应力分别为 34.93 MPa 和 37.97 MPa。当裂隙倾角为 45°时,对应非充填和石膏充填裂隙砂岩的贯通应力分别为 46.27 MPa 和 47.63 MPa。

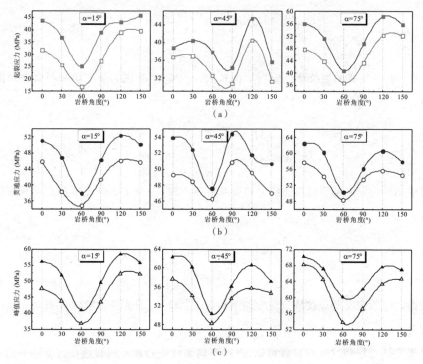

图 3.13　不同裂纹几何参数下非充填和石膏充填裂隙砂岩应力门槛演化图

(a)裂纹萌生应力;(b)裂纹贯通应力;(c)峰值应力

(注:图中空心线代表非充填试样;实心线代表石膏充填试样)

对于非充填和充填裂隙砂岩的峰值应力而言,其演化特征与萌生应力和贯通应力一致。当裂隙倾角为 15°时,对比非充填和充填裂隙砂岩的峰值应力变化量得知,不同岩桥角度下对应的增量分别为 17.61%、23.57%、12.67%、14.06%、11.66% 和 6.89%。当裂隙倾角为 45°时,对应的峰值应力增量百分比分别为 4.52%、11.07%、4.14%、4.86%、8.79% 和 4.39%。对于 $\alpha=75°$来说,峰值应力的增量分别为 2.0 MPa、2.6 MPa、6.3 MPa、4.9 MPa、4.2 MPa 和 2.2 MPa,出现该现象的可能原因为外部荷载的不断增加,裂纹的扩展贯通将需要更多的能量,导致裂纹发育和扩展所需的总能量相应的增加。因此,裂纹贯通应力及峰值应力相对裂纹萌生应力将受到不同程度的抑制。

3.6.2 加固系数

上述研究表明,充填物不仅有效地增大了峰值应力,而且在一定程度上也提高了裂纹的萌生应力和贯通应力,因此,通过定义加固系数来揭示不同裂纹损伤应力水平的演化规律,其中,三种加固系数的裂纹萌生应力、贯通应力和峰值应力分别定义为 M_i、M_c 和 M_p。

$$M_i = \frac{\Delta\sigma}{\sigma_{in}} = \frac{\sigma_{ig} - \sigma_{in}}{\sigma_{in}}$$

(3.2)

式中,M_i 为定义的裂纹萌生应力加固系数,σ_{in} 和 σ_{ig} 分别为非充填和石膏充填的裂纹萌生应力。

$$M_c = \frac{\Delta\sigma}{\sigma_{cn}} = \frac{\sigma_{cg} - \sigma_{cn}}{\sigma_{cn}}$$

(3.3)

式中,M_c 为定义的裂纹贯通应力加固系数,σ_{cn} 和 σ_{cg} 分别为非充填和石膏充填的裂纹贯通应力。

$$M_p = \frac{\Delta\sigma}{\sigma_{pn}} = \frac{\sigma_{pg} - \sigma_{pn}}{\sigma_{pn}}$$

(3.4)

式中,M_p 为定义的裂纹峰值应力加固系数,σ_{pn} 和 σ_{pg} 分别为非充填和石膏充填的裂纹峰值应力。

根据式(3.2)～式(3.4)计算可知,三种不同裂纹应力在不同裂隙几何参数下的加固系数,如表3.3所示。总体来说,不同应力水平下裂隙砂岩的加固系数与裂纹倾角紧密相关。此外,无论裂隙倾角大小,同一裂隙几何参数下,M_i 均大于 M_c 和 M_p,出现该现象的可能原因为外部荷载不断增加,裂纹的贯通和峰值应力将需要更多的能量,导致裂纹发育和扩展所需的总能量相应的增加。因此,裂纹贯通应力和峰值应力的门槛水平相对萌生应力的门槛来说,随着荷载的增加将受到不同程度的抑制。

对于裂隙倾角为15°工况而言,不同加固系数(M_i、M_c 和 M_p)的平均值分别为33.36%、11.45%和8.59%。同时,M_i 的平均值远远大于 M_c 和 M_p。对于 $\alpha=45°$裂隙倾角而言,三种加固系数(M_i、M_c 和 M_p)的平均值分别为12.77%、6.61%和5.09%,并且 M_i 在一个相对较大的范围内波动(8.70%～22.07%),不同于 M_p 在2.28%～8.44%之间轻微波动。此外,还发现 M_i 值分别近似为 M_c 和 M_p 的两倍。对于裂隙倾角 $\alpha=75°$来说,M_i、M_c 和 M_p 的平均值分别为13.31%、6.90%和6.21%。M_i 同样近似为 M_c 和 M_p 两倍。总之,M_i、M_c 和 M_p 的平均值随着裂隙倾角的增加相互之间的差异逐渐减小。

表 3.3 不同裂纹几何配置下裂隙砂岩加固系数

裂纹参数		加固系数		
α /(°)	β /(°)	M_i /%	M_c /%	M_p /%
15	0	37.49	5.50	9.30
30	44.22	9.14	10.13	
60	49.29	16.25	9.61	
90	42.83	11.68	11.18	
120	10.69	12.15	2.23	
150	15.64	14.01	9.08	
平均值		33.36	11.45	8.59
45	0	11.22	9.30	2.28
30	22.07	8.15	4.73	
60	8.70	2.94	8.44	
90	11.71	6.96	7.87	
120	13.37	4.52	4.25	
150	9.57	7.78	2.98	
平均值		12.77	6.61	5.09
75	0	17.61	8.15	2.93
30	18.49	11.07	4.03	
60	11.14	4.14	11.71	
90	14.06	4.86	8.57	
120	11.66	8.79	6.62	
150	6.89	4.39	3.40	
平均值		13.31	5.90	6.21

3.7 本章小结

本章基于声－光－力联合监测技术对不同裂纹几何配置下石膏充填裂隙砂岩进行了一系列单轴压缩试验,研究了充填物作用下裂隙砂岩的变形局部化特征、裂纹应力水平、裂纹断裂类型及贯通模式,并量化表征了加载过程中充填物内拉伸裂纹和剪切裂纹的演化特征,获得了不同加载水平下裂纹应力门槛值,同时,定义了不同应力水平的加固系数,具体结论如下。

① 砂岩的峰值强度和弹性模量与裂纹几何配置密切相关,当岩桥角度相同时,二者随着裂隙倾角的增加而增加;另外,当裂隙倾角一致时,二者随着岩桥角度的变化呈现出"倒置"高斯形态分布。

② 预制裂纹周围最大主应变的演化形态由扩散椭圆状向线性条带状转变,局部化的剪切应变在整个加载过程中始终为椭圆状;另外,相比较小裂隙倾角工况下充填物内剪切应变局部化的变化规律,较大裂隙倾角试样的充填物内剪切应变局部化现象较早出现,并且剪切

应变值在数量级上大于较小裂隙倾角试样。

③ 由裂纹演化过程及断裂贯通模式得知,裂纹由初始的翼型拉伸裂纹向反翼型拉伸裂纹转变,随后过渡到剪切裂纹,最后出现表面剥落型裂纹;整个加载过程共鉴别了 10 种裂纹类型和 4 种贯通模式,详细地,裂纹类型包括拉伸裂纹(Ⅰ型、Ⅱ型和Ⅵ型)、剪切裂纹(Ⅲ型和Ⅴ型)、混合拉剪裂纹(Ⅳ型)、水平裂纹(Ⅶ型)、远场裂纹(Ⅷ型)和表面剥落(Ⅸ型),其中,Ⅰ型和Ⅱ型分别为翼型裂纹和反翼型裂纹;Ⅵ型是指沿裂隙面脱离开裂裂纹,而Ⅴ型为沿着剪切滑移面贯通充填物裂纹。

④ 基于声发射技术区分了三种应力门槛阈值即裂纹萌生应力、贯通应力和峰值应力,充填物不同程度地提高了裂纹的应力阈值,此外,同一裂隙几何参数下,裂纹萌生应力定义的加固系数(M_i)大于贯通应力和峰值应力(M_c 和 M_p)。

4 双轴作用下充填裂隙砂岩变形局部化试验研究

4.1 引言

在工程实践中,除了工作面孤岛煤柱、金属矿(非金属)矿柱、小净距隧道岩墙以及桥墩等岩体工程受单轴荷载作用外。大多数岩体破坏通常是从暴露边界开始的,并逐渐延伸至围岩中,譬如,地下硐室和隧道,暴露边界附近的围岩体由三向应力状态变为二向受力状态。对于完整岩体而言,侧压作用能够降低岩体边界处或靠近侧边界处的拉伸应力作用进而改变双轴加载下岩石内部的受力状态。而对于裂隙岩石来说,侧压作用会不可避免地致使岩石的变形和断裂行为更加复杂。因此,研究双轴作用下裂隙岩石的渐进破裂过程和裂纹断裂失效机制是非常必要的。

近年来,含不同裂纹几何参数的裂隙岩石在双轴作用下的断裂行为引起了众多研究者的广泛关注。为了更好地理解裂隙岩石在双轴作用下的渐进断裂过程和破坏机制,基于此,本章首先以典型裂隙倾角($\alpha = 15°$)为例,研究不同侧压条件下含不同裂纹几何配置裂隙砂岩的变形行为和强度特征。随后,基于声发射和数字散斑同步监测技术,获得不同侧压作用下裂隙砂岩的变形局部化特征和断裂失效破坏模式,并探讨裂纹几何参数对变形局部化特征的影响。再者,分析不同侧压作用下极限破断模式和裂纹贯通失效机制。最后,对加载完成后的试样破断模式进行筛选,并基于场发射电镜扫描(SEM)探究典型试样的断口破裂面演化特征,进一步从微观尺度上揭示不同侧压作用下的断裂失效机制。

4.2 双轴试验装置及方案

4.2.1 试验装置

图 4.1 为双轴加载伺服控制试验系统示意图及对应的实物图,该测试系统主要由双轴加载单元、DIC 系统和 AE 系统组成。双轴加载单元包括水平和垂直制动器,水平和垂直方向的最大承载能力均为 600 kN,精度为 1%。垂直和水平位移由位移传感器自动测量,最大量程范围为 30 mm,精度可达到 0.001 mm。该加载系统主要有位移和荷载两种控制方式,对应的加载速率范围分别为 0.001~10 mm/min 和 0.1~100 kN/min。由于 DIC 和 AE 系

统的详细介绍在第二章已给出,本章不再重复叙述。需要说明的是,为对比分析单轴压缩和双轴压缩结果,AE 系统门槛值、放大器阈值以及相关采样频率等参数均在同一采集模型下开展。为了便于分析叙述,在接下来的章节以该命名方式为惯例展开研究,其中,以 SG45-60—5 为例,S 代表砂岩,G 代表石膏充填,45 为裂纹倾角,60 为岩桥角度和 5 为侧压大小。

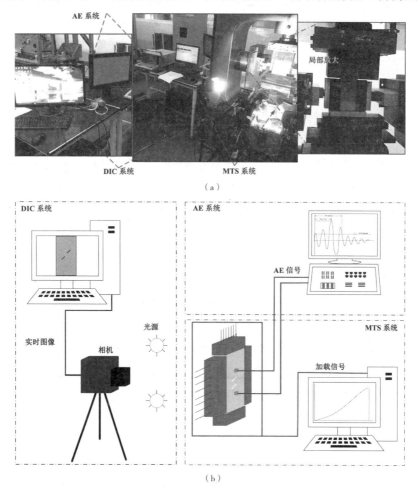

图 4.1 双轴压缩伺服控制试验系统

(a)实物图;(b)试样装置示意图

4.2.2 加载程序及方案

试验加载之前,在试样端部涂抹黄油和添加承重板,从而尽可能地降低试样与压头之间的端部摩擦。详细的加载程序如下:首先,在垂直方向施加 1 kN 的预应力,以确保试样与压头完全接触。然后,采用力控制模式在水平方向施加等效作用力达到目标侧应力,并保持目标作用力不变。最终在轴向方向以 0.1 mm/min 的速率加载至试样完全失效。详细的试验方案为:首先,裂隙倾角 α 分别固定为 15°、45°和 75°,每个裂隙倾角对应的岩桥角度分别从 0°增至 150°,两种岩桥角度之间的间隔为 30°,每种裂隙几何参数工况下对应的侧压分别为 2.5 MPa、5 MPa 和 10 MPa,具体见表 4.1。

表 4.1 石膏充填裂纹砂岩双轴压缩试验方案

侧压大小/MPa	裂隙倾角 α/(°)	岩桥角度 β/(°)
2.5	15	0、30、60、90、120 和 150
	45	0、30、60、90、120 和 150
	75	0、30、60、90、120 和 150
5	15	0、30、60、90、120 和 150
	45	0、30、60、90、120 和 150
	75	0、30、60、90、120 和 150
10	15	0、30、60、90、120 和 150
	45	0、30、60、90、120 和 150
	75	0、30、60、90、120 和 150

4.3 不同侧压作用下充填裂隙砂岩力学特性

4.3.1 应力－应变曲线特性

图 4.2 为不同侧压作用下含不同裂纹几何配置砂岩的轴向应力－应变曲线。总体来说,不同侧压作用下裂隙砂岩的峰前阶段呈现出类似的变化趋势。根据应力－应变曲线的演化特征,共划分为四个变形阶段:(Ⅰ)初始裂纹闭合阶段;(Ⅱ)裂纹萌生和稳定增长阶段;(Ⅲ)不稳定裂纹扩展阶段和(Ⅳ)失效阶段。在第一阶段中,轴向应力－应变曲线呈现出向下凹的非线性变化趋势,该现象主要是由于砂岩试样内的初始孔裂隙弹性闭合造成的。对比图 4.2(a)、(b) 和 (c) 可知,当侧向作用力较低时,阶段Ⅰ所占比例较大,随着侧向作用力的增加,该阶段所占比例逐渐降低,该现象的主要原因为当侧压较大时造成的轴向方向承受较大作用力,因此,必须在轴向方向上施加更大作用力从而抵消较大侧压造成的轴向力增加。在侧压稳定之前,导致岩石内部的微裂纹或缺陷已发生闭合。随后,应力－应变曲线进入线弹性变形阶段,即裂纹萌生和稳定增长阶段。此外,还可以看出该阶段的斜率随着岩桥角度的变化呈现出轻微的变化。第三阶段为不稳定裂纹扩展阶段,轴向应变的轻微增加导致了轴向应力的大幅变化,应力－应变曲线呈现出明显的非线性上升趋势,且曲线的斜率逐渐降低。随着荷载逐渐增加,试样内大量微裂纹受摩擦作用逐渐汇合并贯通成宏观裂纹,应力－应变曲线呈现出明显的非线性行为。当应力趋近峰值强度时,轴向应力急剧跌落,该现象进一步证实了测试岩石具有明显的脆性行为。

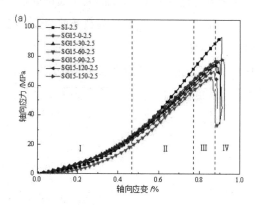

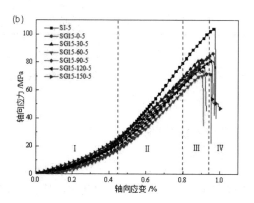

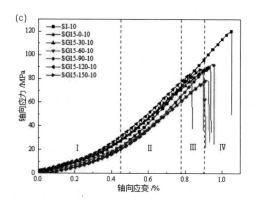

图 4.2　不同侧压作用下闭合裂隙砂岩轴向应力—应变曲线

(a)2.5 MPa；(b)5 MPa；(c)10 MPa

　　从图中还可观察到,双轴作用下的应力波动现象相比单轴作用时表现得不明显。随着侧向作用力的增加,峰后阶段表现出更显著的脆性失效模式。该结论与经典的常规三轴压缩结果不同,主要原因是由于试样的厚度相对于其长度和宽度在尺寸上较小,从而导致岩样的自由面方向在失效断裂前积聚了大量能量,再加上侧压的挤压作用,致使试样断裂瞬间呈现出"岩爆"的灾害性破裂且伴随有较大的声响。

4.3.2 强度和变形特性

图 4.3 为不同侧压作用下完整及裂隙砂岩含典型裂隙倾角($\alpha=15°$)及不同裂纹几何参数时其力学强度及弹性模量随岩桥角度的变化规律。总体来说,与完整砂岩试样相比,由于裂纹缺陷存在,致使裂隙试样的力学强度呈现出不同程度的降解。裂隙砂岩峰值应力随着岩桥角度的增加呈现出先减小后增大的趋势,且从回归曲线可以看出,该结果与单轴工况类似,均呈现出"倒置"高斯型分布演化。此外,在岩桥角度为 60°时取得最小值,该现象的主要原因为完整砂岩的内摩擦角为 36.14°。根据经典岩石力学中剪切破断角公式($\pi/4+\varphi/2$)可知,完整试样的剪切破坏角近似为 63°。因此,当裂隙试样的岩桥角度为 60°时,试样的剪切破坏带与水平方向近似呈 60°的斜面易发生剪切断裂,该变化趋势类似于不同裂纹几何配置下单轴加载工况。此外,无论侧压大小,裂隙砂岩峰值强度随着岩桥角度的变化其演化规律是一致的。具体地,当侧压为 2.5 MPa、5 MPa 和 10 MPa 时,峰值应力降低最大百分比分别为 30.06%、32.76%和 36.87%。对于弹性模量来说,其演化规律如图 4.3(b)所示,其变化规律与峰值应力类似。无论侧压大小,弹性模量随着岩桥角度的演化呈现出先降低后增加的变化趋势。当侧压分别为 2.5 MPa、5 MPa 和 10 MPa 时,裂隙砂岩的弹性模量相对于完整试样而言,其最大减小量分别为 23.02%、20.81%和 20.22%。

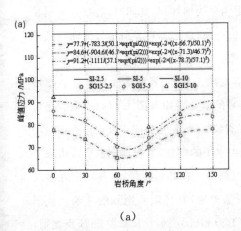

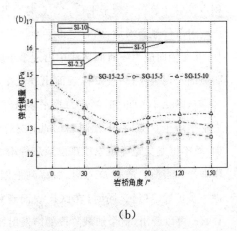

(a)   (b)

图 4.3   不同裂隙几何配置下张开裂隙砂岩峰值强度和弹性模量演化规律

(a)峰值应力;(b)杨氏模量

4.4　不同侧压对充填裂隙砂岩局部化特征的影响

4.4.1　侧压对裂纹演化过程的影响

　　为研究侧压对裂隙砂岩宏观裂纹断裂过程的影响,通过固定典型岩桥角度($\beta = 90°$)不变,侧压分别为 2.5 MPa、5 MPa 和 10 MPa 为例进行分析。图 4.4 为三个典型试样在不同侧压作用下的轴向应力和声发射特征曲线。需要说明的是,图中白色粗线代表预制裂纹,红色细线代表加载过程中生成的宏观裂纹,深灰色区域代表局部剥落。同时,基于声发射技术,在轴向应力－时间曲线中得到对应的六个典型应力加载阶段 A、B、C、D、E 和 F。第一个加载阶段,即初始压密阶段,范围从加载开始至 A 点,由于试样内部原生裂隙或孔隙闭合,导致该阶段声发射信号较少。第二阶段为微裂纹萌生阶段,即 AB 段,从图中可以观察到少量零散的声发射事件,此外,在该阶段没有出现明显的宏观裂纹,主要原因为岩石基质之间仍处于弹性变形阶段。第三阶段(B 点至 C 点),该阶段被定义为裂纹稳定扩展阶段。在这一阶段,声发射事件开始逐渐增加,但对应的量级仍较小,预示了试样内部已生成大量的微裂纹。第四阶段为不稳定裂纹扩展阶段,区间范围为从 C 点至 D 点,该阶段产生声发射事件的密度和强度均大于前几个阶段。最后一个阶段为极限破坏阶段,范围从 D 点延伸至 F 点,该阶段捕捉到的声发射事件强度和幅值最强烈。

　　由图 4.4(a)可知,当荷载从零增至 A 点和 B 点时,声发射事件的幅值相对较小,并且累积声发射计数近似趋于平稳。C 点时声发射事件发生明显的增加,与此同时,观察到的累积声发射事件显著增加,随后变得平稳。当荷载增至应力峰值(D 点),声发射信号活动剧烈增加,并在轴向应力－时间曲线中出现多个应力波动现象。随后,在预制裂纹周围观察到三个明显的宏观裂纹,并且试样表面出现几个小区域剥落现象。此外,累积声发射事件急剧增加。从图 4.4(b)得知,当应力水平较低时,声发射信号的演化规律与图 4.4(a)类似。当应力水平增至 C 点时,下预制裂纹的上端萌生一条宏观裂纹。同时,小振幅声发射事件明显增加,故不可避免地导致累积声发射事件增加。随着应力水平的增加,累积声发射事件出现急剧增加。当荷载增至 D 点时,观察到最剧烈的声发射信号。在峰后阶段,大量的宏观裂纹进一步扩展、贯通。同时,在试样表面观察到局部剥落现象,并伴随着剧烈的声响。从图 4.4(c)可以看出,整个加载阶段的声发射特征与图 4.4(a)和(b)类似。加载阶段 B 点之前,单个声发射事件及累积声发射事件的量级均较小。当轴向荷载增至 C 点时,观察到一个明显的声发射事件,同时,累积声发射事件数也出现急剧增加。此后,累积声发射事件在一个较小时间内保持恒定。甚至出现声发射量级减小到一个较低的水平,该现象可能是由于宏观裂纹的出现消耗了储存在试样内的应变能。当荷载增至峰值应力时,试样瞬间崩塌,声发射事件再次出现急剧增加现象。此外,在峰值区域附近,声发射事件的频率及量级较图 4.4 (a)和(b)均有所变大,该现象的原因可能是由于当试样受较大侧压作用时,特别当轴向应力趋近峰值应力时,试样内部积聚的能量突然释放,导致试样表面出现大面积的剥落断裂。

基于上述章节定义的裂纹扩展演化过程中的三个应力门槛[裂纹闭合应力(σ_{cc})、裂纹萌生应力(σ_{ci})和裂纹损伤应力(σ_{cd})]可知,当侧压为 2.5 MPa[图 4.4(a)],归一化的裂纹闭合应力、萌生应力和损伤应力分别为 17.68%、45.91%和 81.91%。对于侧压为 5 MPa 工况而言[图 4.4(b)],三个归一化应力水平分别为 21.92%、50.81%和 89.08%。当侧压水平增至 10 MPa 时,归一化的应力水平分别为 23.03%、44.67%和 93.21%。此外,对比不同侧压下的三个归一化应力水平发现,侧压的变化对裂纹闭合应力影响最大,裂纹萌生应力次之,裂纹损伤应力最小,该现象的主要原因是随着侧压的增加,会致使试样的完整性更好,从而导致裂纹的门槛应力出现相应增大。

对比图 4.4(a)、(b)和(c)可知,当轴向荷载增至峰值强度甚至峰后阶段时,仍可观察到大量声发射信号,从某种程度上证明测试砂岩的破断机制主要以脆性断裂破坏为主。然而,当应力水平较低时,试样呈现出渐进破坏特征,该现象的主要原因是由于储存在试样内的弹性应变能在应力波动过程中发生消耗,从而降低了试样内总的弹性应变能。同时,从监测到的声发射事件占据一个较大时间段可进一步证实该现象[图 4.4(a)]。此外,在较低侧压作用下,裂纹扩展演化受预制裂纹影响较大,但当侧压较大时,裂纹存在对裂纹扩展贯通影响变弱。

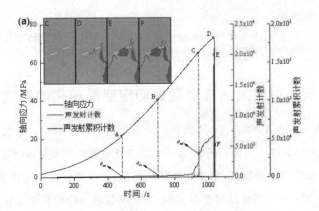

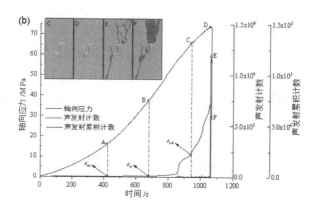

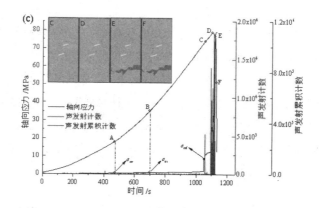

图 4.4 不同侧压作用下典型试样轴向应力与声发射计数变化规律
(a)SG15-90-2.5;(b)SG15-90-5;(c)SG15-90-10

4.4.2 侧压对最大主应变及剪切应变局部化的影响

图 4.5 为图 4.4 中 A,B,C,D,E 和 F 六个典型应力阶段对应的最大主应变局部化特征。从图 4.5(a)可知,在不同加载阶段,最大主应变积聚区在预制裂纹周围呈现出倾斜带状分布。具体地,在 A 点时,最大主应变几乎是均匀的,并伴随轻微的随机波动,该现象主要是由于信号噪声造成的。当荷载增至 B 点时,两个明显的主应变积聚区在预制裂纹周围成核,即变形局部化特征逐渐发育。当荷载由 B 点增至 C 点时,高应变积聚区由两个逐渐汇聚成一个,局部化的范围越来越大。随着应力水平进一步增加,譬如峰值阶段 D 和峰后阶段 E,最大主应变积聚区由预制裂纹周围向岩桥区域转移。最后,最大主应变积聚区通过连接已存在的预制裂纹及表面剥落完全贯通汇合在一起。

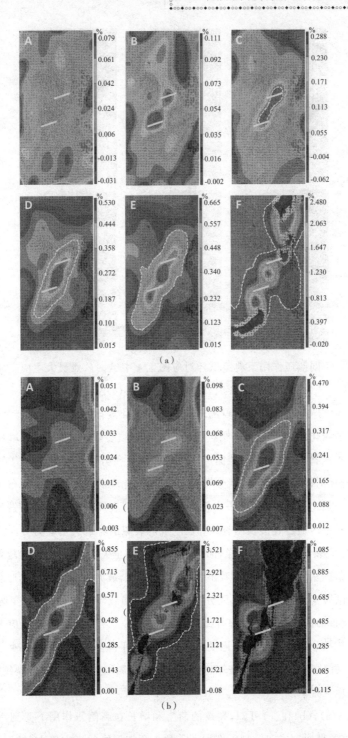

（a）

（b）

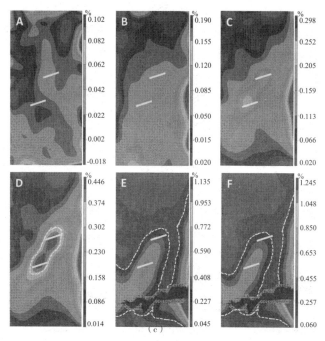

图 4.5　不同侧压作用下典型试样对应图 4.4 中 $A \sim F$ 点最大主应变场演化

(a)SG15-90-2.5；(b)SG15-90-5；(c)SG15-90-10

由图 4.5(b)得知，不同加载阶段的最大主应变演化规律与图 4.5(a)相似，但含充填物裂隙试样的应变演化结果不同于非充填工况。对于充填裂隙试样而言，充填材料和裂隙面之间始终处于接触状态，导致沿裂隙面产生法向作用力和剪切作用力。应力水平在 C 点之前，最大主应变在试样表面呈扩散状分布。此后，局部化应变积聚区主要分布在预制裂纹周围。随着荷载增加，主应变积聚区由岩桥区域向预制裂纹周围转移。当荷载增至 E 点时，一条倾斜带状积聚区通过连接预制裂纹和已生成的裂隙沿着最大主应力方向扩展。对于阶段 F 点来说，宏观裂纹贯穿整个试样，同时，砂岩试样完全失去承载能力，伴随着大块的散斑从试样表面脱落。从图 4.5(c)可以看出，在加载过程中，最大主应变的演化形态由最初加载的扩散状态逐渐转变为高应变积聚区分布。此外，在加载阶段早期，主应变场几乎是均匀的，应变局部化带的成核和发展最终导致试样断裂破坏。当荷载增至峰值应力 D 点时，高应变积聚区由扩散分布转变为局部化模式。当应力水平降至峰后阶段时，砂岩试样的承载能力急剧下降，并伴随着宏观剥落破坏，然而，预制裂纹周围并未出现宏观裂纹断裂，而是发生在试样的其他位置。

对比图 4.5(a)，(b)和(c)可知，裂纹的萌生和增长在高侧压作用下受到一定程度的抑制。另外，裂纹的贯通模式在低侧压作用下受预先存在裂纹的影响较大，然而，当侧压增至 10 MPa 时，预先存在裂隙对试样最终失效贯通模式影响变小，这可能是由于测试砂岩试样为矩形薄板，其在轴向和侧向方向的受力作用面面积小于对应的自由面。当侧压较高时，轴向方向上承受荷载必然增加,从而导致岩样内累积能量急剧增加。因此,在较大的轴向和侧向压缩荷载作用下,岩样断裂瞬间试样内将释放出巨大能量,造成岩样局部和大面积剥落,甚至沿试样自由面方向发生"冲击型"断裂。

图 4.6 为典型砂岩试样对应图 4.4 中 A、B、C、D、E 和 F 各应力阶段的剪切应变局部化特征。从图 4.6(a)可以看出,C 点之前剪切应变分布较均匀,没有出现局部高应变积聚区。随着荷载的增加,局部化的高应变积聚区逐渐在岩桥区域形成。一个有趣的现象是剪切应变积聚区的形状不同于最大主应变,近似呈椭圆状分布。基于先前的研究发现,局部化的高应变积聚区可以作为识别断裂过程区的前兆信息。同时,从图 4.6(b)观察到类似的现象,另外,还发现试样的剥落破坏程度比图 4.6(a)较大。从图 4.6(c)可以看出,剪切应变在各个加载阶段呈扩散状分布,该现象不同于图 4.6(a)和(b)。此外,剪切应变的大小相对于侧压为 2.5 MPa 和 5 MPa 来说整体较小,甚至延续到最终破坏点。此外,在较低应力水平时,预制裂纹周围或附近未观察到高应变积聚区。因此,当侧压为 10 MPa 时,可以推断破坏主要发生在试样内部,并呈突然"爆炸性"的破裂特征。与图 4.6(a)和(b)不同的是,剪切应变在试样表面呈扩散状分布,如图 4.6(c)所示。此外,对比图 4.5 和 4.6 还能观察到最大主应变的分布特征与剪切应变不同,宏观裂缝表现为较长的拉伸条带分布,该现象进一步从机理上解释拉伸裂纹的形成机制。而剪切断裂在扩散椭圆损伤区内均匀分布,此现象也能进一步暗示试样内发生剪切破断。

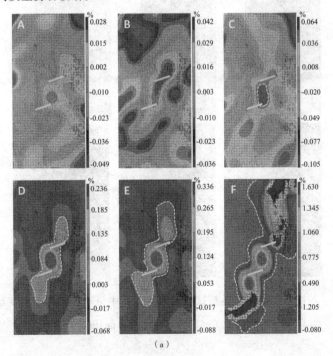

(a)

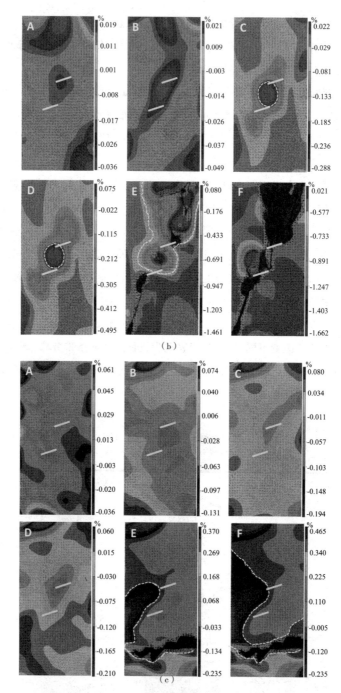

图 4.6 不同侧压作用下典型试样对应图 4.4 中 $A \sim F$ 点剪切应变场演化

(a)SG15-90－2.5;(b)SG15-90－5;(c)SG15-90－10

4.5　岩桥角度对充填裂隙砂岩局部化特征的影响

4.5.1　岩桥角度对裂纹演化过程的影响

为研究岩桥角度对双轴作用下裂隙砂岩局部化特征的影响,将侧压固定为 5 MPa,三种典型岩桥角度分别为 30°、90° 和 120° 为例进行分析。图 4.7 为典型裂隙砂岩试样的轴向应力、声发射事件和累积声发射事件演化规律。另外,为详细分析不同应力水平下裂隙砂岩的变形局部化特征分别在轴向应力－时间曲线上选取六个典型的应力点(A、B、C、D、E 和 F)。

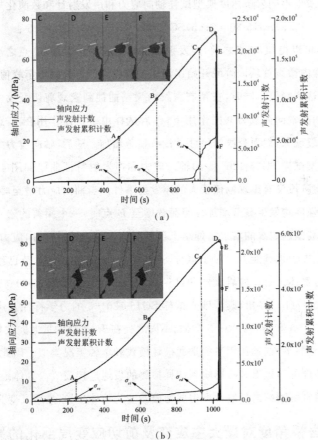

(a)

(b)

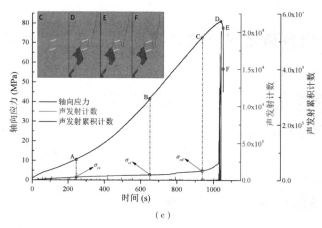

图 4.7   不同岩桥角度典型试样轴向应力和声发射计和数演化规律

（a）SG15-30－5；（b）SG15-90－5；（c）SG15-120－5

　　从图 4.7(a)可以得知,C 点之前,声发射事件幅值较小。然而,C 点之后其累计计数明显增加,说明试样内微裂纹从该阶段开始逐渐成核并发育。当荷载增至峰值应力时（D 点）,声发射事件幅值达到峰值。同时,在预制裂纹内尖端捕捉到宏观剪切裂纹。随着荷载进一步增加,在侧压和高轴向荷载力共同作用下,砂岩试样由于挤压作用在 E 点处出现了类似瞬间"爆炸"的断裂现象,然而裂纹的尺寸并没有显著增加。随后,轴向应力急剧下降至 10.2 MPa（F 点）。典型试样 SG15-120－5 的轴向应力和声发射特征曲线如图 4.7(b)所示。从图中观察到,峰前阶段没有出现幅值较大的声发射事件。当轴向应力增至峰值强度时,声发射事件的密度和强度均发生显著增加。当荷载增至 E 点时,一个倾斜的宏观裂纹和表面剥落破坏同时从上端预制裂纹的右边延伸至下预制裂纹左边。随后,轴向应力出现急剧降低,同时,试样也完全失去承载能力。对于试样 SG15-90－5 而言,4.4 章节已给出了详细的分析,故本章节不再赘述。对比砂岩试样 SG15-30－5[图 4.7(a)]、SG15-90－5[图 4.4(b)]和 SG15-120－5[图 4.7(b)]得知,典型砂岩试样 SG15-120－5 的力学特性及声发射行为与典型试样 SG15-3120－5 和 SG15-90－5 类似,不同之处在于,试样的贯通失效机制不同,此外,在相同裂纹几何参数下,双轴作用下的贯通破坏模式和单轴工况类似。因此,当侧压大小相对较低时,岩桥角度的布置形式将影响到试样最终的贯通连接模式。具体地,随着岩桥角度的增加,主导岩桥区域断裂的裂纹类型由剪切破断变为拉伸主导,最后又变为剪切裂纹。

4.5.2   岩桥角度对最大主应变及剪切应变局部化的影响

　　图 4.8 为对应图 4.7 中应力－时间曲线中不同加载阶段 A、B、C、D、E 和 F 的最大主应变场演化规律。对于阶段 A 来说,最大主应变积聚区主要发生在试样左下端,随着荷载增加至阶段 B 和 C 时,最大主应变积聚区并没有如期出现在预制裂隙附近区域,进一步表明,当岩桥角度为 30°和 120°时,预制裂纹周围岩桥区域并非由拉伸裂纹主导,该现象不同于

$\beta = 90°$的情况。

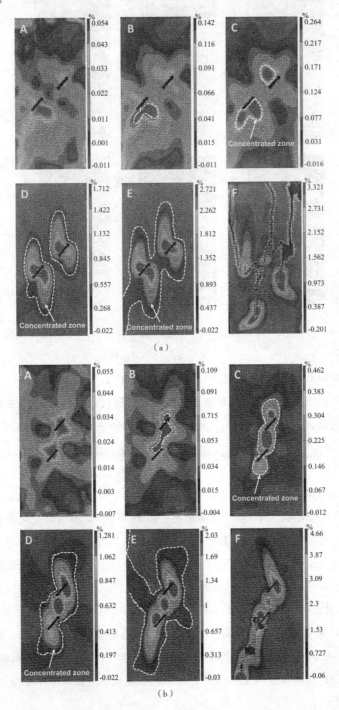

（a）

（b）

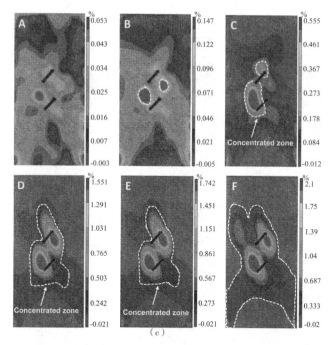

（c）

图 4.8　不同岩桥角度典型试样对应图 4.7 中 A～F 点的最大主应变场

（a）SG15-30－5；（b）SG15-120－5

当荷载由阶段 C 增至阶段 D 时，最大主应变在数值上明显大于前期阶段。此外，试样在预制缺陷附近出现宏观裂纹和局部散斑跌落现象。随后，岩桥周围及试样的底端出现劈裂破坏。随着荷载进一步增加，最大主应变集中在一个狭窄的条带区域，如图 4.8（b）所示，同时，在试样表面还观察到多个宏观裂纹，并伴随有大量的散斑跌落。

图 4.9 为图 4.7 的应力－时间曲线中不同加载阶段 A、B、C、D、E 和 F 对应的剪切应变局部化特征分布规律。在较低应力水平时（A 点），由于像素点噪声波动的影响，剪切应变积聚区在试样左下方随机分布，当荷载增加至阶段 B 和 C 时，剪切应变局部化现象在预制裂纹的周围及尖端区域萌生发育。对比图 4.9（a）和（b）发现，由于裂纹几何参数的不同导致剪切应变积聚区分布范围不同。当荷载增至峰值应力（D 点），此时累积应变值远远大于前几个加载阶段。在峰后阶段，砂岩试样表面出现了多处挤压破断现象。最终，砂岩失去承载能力，并形成倾斜宏观断裂带。在 F 点处，从试样表面掉落大量散斑。通过对比图 4.6（b）、4.9（a）和 4.9（b）可知，局部化的剪切应变积聚区分布形态及位置是不同的。当岩桥倾角为 30°和 120°时，岩桥区域的剪切裂纹较发育，最终试样在岩桥区域主要以剪切破断为主，而当岩桥倾角为 90°时，该区域拉伸裂纹较发育，相应的破断机制主要以拉伸断裂为主。

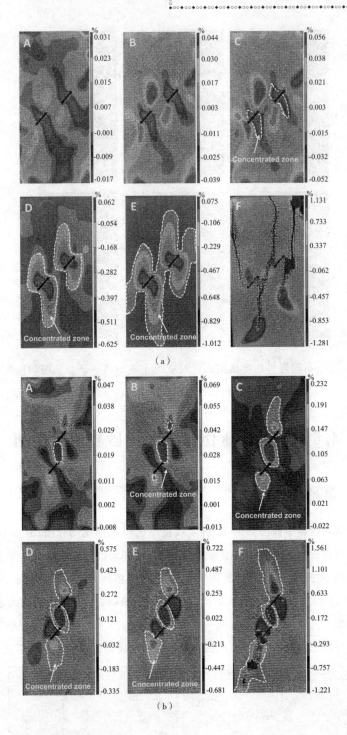

（a）

（b）

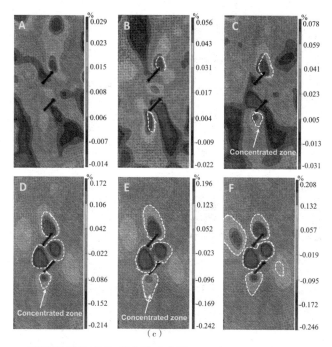

图 4.9　不同岩桥角度典型试样对应图 4.7 中 A～F 点的剪切应变场
(a)SG15-30－5;(b)SG15-90－5;(c)SG15-120－5

4.6　不同侧压作用下裂隙砂岩断裂机制

4.6.1　最终破坏模式

第三章对加载过程中捕捉到的 10 种裂纹类型已做了详细的介绍,故本节不在重复赘述。通过以不同岩桥角度下典型裂隙倾角($\alpha = 15°$)试样为例分析不同侧压作用下裂隙砂岩的断裂失稳机制,如图 4.10 所示。总体来说,裂纹贯通模式与岩桥角度及侧压大小密切相关。详细地,从图 4.10(a)可知,随着岩桥角度的增加,预制裂纹间的贯通模式逐渐由间接贯通变为直接贯通。另外,还观察到在同一裂纹几何配置下,当侧压较低时,试样最终贯通模式及裂纹类型与单轴加载工况类似,但其剥落范围和程度均大于单轴加载工况。

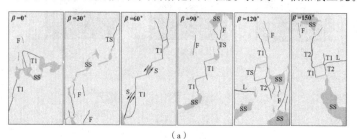

(a)

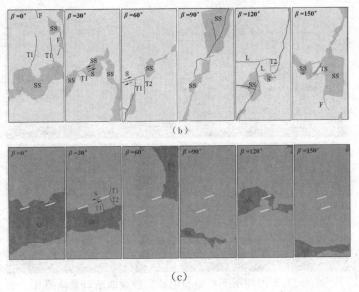

(b)

(c)

图 4.10 不同侧压下含不同裂纹配置裂隙砂岩的极限破坏模式图

(a)2.5 MPa；(b)5 MPa；(c)10 MPa

对于侧压为 5 MPa 而言，如图 4.10(b)所示，不同岩桥角度工况下，试样的最终失效机制主要以剪切挤压引起的局部剥落破坏为主，同时，个别试样仍伴随有宏观裂纹断裂贯通，试样最终的断裂模式与图 4.10(a)类似。随着岩桥角度增加，裂纹贯通模式由间接贯通变为直接贯通。此外，从图 4.10(b)可知，试样表面剥落的比例和程度较侧压为 2.5 MPa 工况时大。当侧压为 10 MPa 时，不同裂纹几何配置下，试样宏观断裂模式与侧压为 2.5 MPa 和5 MPa 时不同，砂岩试样的裂纹破断模式主要以表面剥落为主。此外，仅仅观察到单个试样表面出现宏观裂纹，其他试样主要挤压断裂破坏为主。总之，当侧压增至 10 MPa 时，预制裂纹的存在对试样最终断裂贯通影响较小。对比图 4.10(a)、(b)和(c)可知，随着侧压增加，试样表面的宏观裂纹数量逐渐减少，但表面剥落程度和范围逐渐增大，其他主要原因可能是由于轴向和侧向荷载作用面积的大小较自由面小，随着侧压的增大，轴向作用力必然会随之增加，导致累积能量增加，因此，局部的突然失稳破坏会导致大面积的表面脱落发生。

4.6.2 裂纹破裂面断口 SEM 微观机制分析

岩石破裂面断口微观分析是研究断面破裂形态的一门学科，它建立了微观破坏机制和宏观断裂现象的桥梁。该分析有助于从机理上理解岩石微结构组成、缺陷成核以及损伤断裂过程特征。因此，对不同侧压下典型岩样的破裂面断口进行分析。

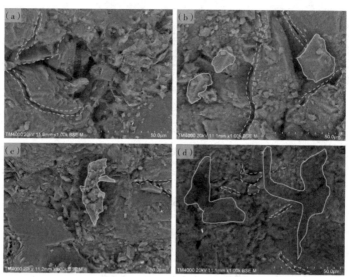

图 4.11 不同侧压下典型裂隙砂岩破裂面断口显微照片

(a)0 MPa;(b)2.5 MPa;(c)5 MPa;(d)10 MPa

图 4.11 为不同侧压作用下具有代表性的裂隙试样(SG45-60－0、SG45-60－2.5、SG45-60－5 和 SG45-60－10)裂纹破裂面断口 SEM 结果。从图中可以看出,单轴加载时破裂面断口微观结构特征表现为晶体棱角分明、沿晶断裂以及未出现碎屑现象,并且微裂纹呈张开状态,进一步推断破裂面断口产生机制是以张拉裂纹连接贯通形成。与单轴工况不同的是,试样在双轴荷载作用下,断口形态处发生沿晶粒界面剪切滑动、擦阶花样、解理断裂和伴有较多的碎屑产生等现象,该现象的主要原因是随着侧压的增加断续裂纹产生了二次分支裂纹扩展并形成剪力核从而导致更多的能量释放。该现象从微观尺度上进一步证实断口附近的剪切裂纹破断占比较大,但仍伴随有局部拉剪混合作用机制。

4.7   本章小结

本章基于声－光－力联合监测技术对石膏充填裂隙砂岩实施了一系列的双轴压缩试验,研究了双轴作用下裂隙砂岩的力学特性、变形局部化特征和裂纹演化过程,并探讨了侧压对裂纹贯通模式的影响,此外,从微观角度进一步分析了不同侧压作用下裂隙岩石的破裂面断口失效机制,具体结论如下。

① 与完整试样相比,裂隙砂岩的峰值应力和弹性模量均低于完整试样;与单轴工况类似,无论侧压大小,随着岩桥角度的变化,二者均呈现出先减小后增加的趋势;在相同裂纹几何配置下,其峰值应力和弹性模量随着侧压的增加而增加。

② 随着侧压的增加,剪切裂纹的归一化起裂应力水平逐渐降低,相反,拉伸裂纹的归一化起裂应力水平逐渐增加;在较低侧压作用下,例如,侧压为 2.5 MPa 和 5 MPa,裂纹的贯通

模式与岩桥角度密切相关,试样表面的裂纹破断机制以拉伸－剪切为主,并伴随有少量表面剥落破坏;而当侧压增至 10 MPa 时,预制裂纹对最终宏观断裂贯通模式的影响减小,且试样表面裂纹破断类型主要以挤压剥落为主。

③ 基于场发射透射电子显微镜(SEM)扫描得知,随着侧压的增加,断口周围由晶体棱角分明、穿晶断裂及未出现碎屑现象逐渐演变为沿晶粒界面剪切滑动、擦阶花样、晶间断裂及伴有较多的碎屑产生等现象。

5 裂隙砂岩细观力学数值研究

5.1 引言

上述章节借助先进的声一光一力联合监测技术,对裂隙砂岩在不同加载条件下的力学特征和断裂机制进行了详细的分析探讨,并获得了一些对理解裂隙岩石变形局部特征及宏观断裂失稳破坏等方面有价值的结论。但是,以上研究成果主要从变形局部化特征和宏观力学特性等角度探究裂隙岩石的变形破裂行为。然而,尚未获得加载过程中裂隙岩石应力场的演化规律,研究岩石变形破断过程中应力场的演化规律有助于理解其断裂失稳机制,尤其裂隙尖端或周围受高应力积聚影响较其他区域显著。因此,表征不同裂纹几何构型下裂隙尖端或周围区域作用力的类型以及充填物对裂隙周围应力场演变规律的影响显得非常重要。

为研究不同加载条件下非充填和石膏充填裂隙砂岩周围应力场和位移矢量场的分布特征及演化规律,本章采用颗粒流数值模型从细观尺度上揭示试验过程中产生的宏观力学行为及断裂失效机制。为构建更接近真实岩石的细观力学模型,根据实测矿物组分创建裂隙岩石的非均质离散元数值计算模型,模拟结果为进一步理解宏观尺度上的变形破裂现象提供重要的指导和借鉴意义。随后,基于测量圆方法对裂隙砂岩应力场以及裂纹周围颗粒位移矢量场的局部化特征进行反演分析。

5.2 颗粒流数值计算的基本原理

5.2.1 基本思想

颗粒流 PFC(Particle Flow Code)方法由 Cundall 用来描述组装圆盘或球体颗粒的力学行为而提出。基于离散元的方法,根据颗粒间的相互作用和运动来表征材料的细观力学行为,进而从细观上解释复杂的宏观现象及力学机理。该数值计算方法的优点是采用具有运算效率高的显示算法,可模拟裂纹断裂扩展演化及大变形等问题。整个计算模型采用时间步迭代算法,细观力学参数遍历模型中所有颗粒,当颗粒的不平衡力小于预设值时,计算收敛。另外,模型中所有颗粒须遵循力平衡方程,但不满足变形协调方程。

5.2.2　基本假设

① 二维工况时颗粒为圆盘形,三维模式下颗粒为球体,且颗粒均为刚性体。

② 颗粒之间的接触发生在很小范围。

③ 颗粒之间为柔性接触,允许发生一部分"重叠",颗粒之间的接触力决定"重叠"量大小,但远远小于颗粒自身粒径。

④ 颗粒之间的接触具有黏结强度。

5.2.3　基本模型

PFC颗粒流的接触模型主要有接触黏结模型和平行黏结模型,如图5.1所示。首先,接触黏结模型的特点是颗粒键之间只能传递作用力,而不能传递力矩。对于平行黏结模型来说,颗粒键的接触贯穿整个单元体,无论任何部位断裂,整个平行键将会完全被移除。此外,平行键断裂后,颗粒之间的界面将不再存在,相应的颗粒将发生自由地旋转。

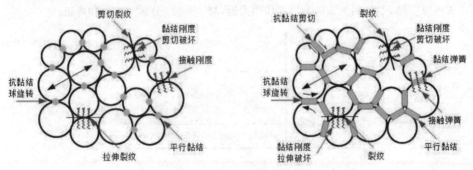

图5.1　颗粒黏结模型示意图

(a)接触黏结模型;(b)平行黏结模型

(1)接触黏结模型

点接触力—位移模型反映了球—球(圆盘—圆盘)的接触作用力和相对位移之间的关系。为了直观地理解点接触模型的力—位移运动规律,图5.2给出了对应理论模型示意图。F_c^n为法向接触作用力,当$k_n^s U^n > F_c^n$时,接触键以拉伸形式断裂;颗粒之间受到的剪切作用力为$\tau^{i'} = \tau^i - k_s \Delta U^s$,当$\tau_c^i > \tau_c^i$时($\tau_c^i = c_b - \sigma^i \tan\varphi$)接触键以剪切形式断裂。

(2)平行黏结模型

平行黏结模型主要由线性单元和平行键构成,线性单元只允许颗粒之间传递弹性作用,不能够提供拉伸和旋转作用。而平行键单元可以在颗粒与颗粒之间传力和力矩,直到它们之间的相对运动作用力超过键的黏结强度。

$$F_c = F_l + F_d + F_b$$

(5.1)

$$M_b = M_c$$

(5.2)

式中，F_l 为线性作用力，F_d 为阻尼作用力，F_b 为平行键作用力，M_b 为平行键力矩。线性作用力 F_l 又可分解为法向和切向作用力：

$$F_l = F_n^l n_i + F_s^l n_i$$

(5.3)

式中，F_n^l 为法向作用力，F_s^l 为切向作用力，n_i 为法向接触面的单位向量，t_i 为切向接触面的单位向量。

平行键作用力和平行键单元力矩的计算公式如下式所示。

$$F_b = F_n^b n_i + F_s^b t_i$$

(5.4)

$$M_b = M_n^b n_i + M_s^b t_i$$

(5.5)

式中，F_n^b 和 F_s^b 分别为法向和切向作用力键，M_n^b 和 M_s^b 分别为扭矩和弯矩。

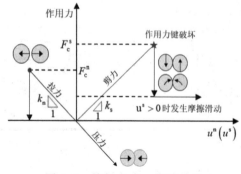

图 5.2　接触点力－位移关系

5.3　裂隙砂岩颗粒流模型构建及细观模型参数标定

5.3.1　裂隙砂岩颗粒流模型的构建

颗粒流(PFC)模型能够从细观尺度上模拟岩石类材料在受载作用下的裂纹扩展及断裂失效机制。此外,该模型还能够较好地反演整个试样的应力场与位移场演化。因此,结合室内单、双轴实验结果,利用离散元数值模拟方法对裂隙砂岩的断裂行为进行深入研究。由于不同矿物颗粒之间的细观力学特性不同,再加上天然岩石是由不同类型的矿物胶结而成。因此,在模拟过程中应考虑不同矿物颗粒之间的胶结作用,并根据不同矿物颗粒之间的细观力学属性建模。另外,平行黏结模型与其他模型相比,接触颗粒之间能够传递作用力和力矩这一优点,故在模拟岩石变形断裂及裂纹扩展时被众多学者广泛使用。

　　以室内测试砂岩试样的几何参数为基准,通过 PFC 构建与室内岩石试样几何尺寸一致的二维离散元数值模型(68 mm×136 mm),如图 5.3 所示。另外,模型中预制裂纹的空间位置、几何尺寸均与室内试验一致。

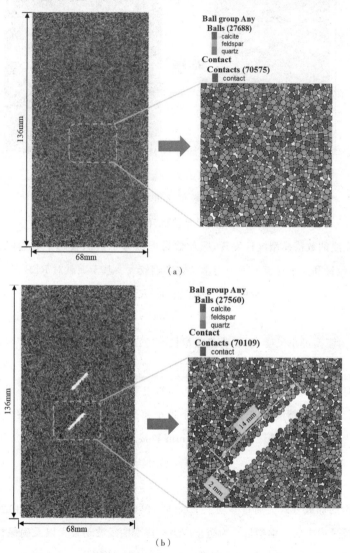

（a）

（b）

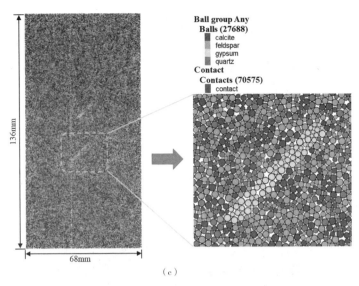

（c）

图 5.3 典型数值试样的颗粒流模型

（a）完整试样；（b）非充填试样；（c）石膏充填试样

对构建完成的数值模型统计发现，颗粒数目近似为 27688，接触个数近似为 48481。众所周知，颗粒数量和大小对模型宏观力学参数影响较大。基于文献对 RES 定义可知：

$$RES=(L/R_{min})[1+R_{max}/R_{min}]$$

（5.6）

式中，L 为模型最小尺度；R_{max} 为最大颗粒粒径；R_{min} 为最小颗粒粒径。

根据式（5.6）得到研究模型的 RES=113.3＞20，满足 RES 最小值要求。但是当颗粒粒径设置过小时，会大幅延长计算时间，甚至大多数电脑内存不能满足过小颗粒的计算要求。因此，考虑到计算结果精度及效率，该模型中最小粒径设为 0.2 mm，最大粒径为 0.4 mm，且该值与室内实测砂岩平均颗粒粒径 0.15 mm 较接近。

5.3.2 加载方式

数值实验的加载方式为通过移动上下墙体给模型施加作用力，且借助内置 fish 语言来监测整个加载过程中的力学参量。为防止应力－应变曲线波动较大以及确保整个受力处于准静态加载状态，数值实验的加载速率设为 0.056 m/s，计算终止条件为峰后 $0.4\sigma_c$。需要说明的是，试样内预制裂纹是通过删除颗粒的方法来实现。另外，为确保单轴和双轴加载工况采用相同细观力学参数，单轴和双轴模拟试验均在双轴伺服程序下开展的，单轴压缩工况是通过给试样施加一个非常小的侧向作用力而近似简化为单轴加载状态。详细的步骤为：为确保施加侧压过程中试样在轴向方向上不发生移动，首先是在轴向方向（上、下两墙体）施加一个初始作用力。然后，施加侧向作用力直至侧压增至目标值为止。接下来，保持侧压不变,在轴向方向上同时对上、下两墙体施加 0.028 m/s 的恒定速度直到应力降至峰后 40% 终止加载。

5.3.3 细观模型参数标定

基于"试错法"不断调试细观参数,并将获得的模拟结果和试验结果作对比,最终拟定一组与室内试验结果较接近的细观力学参数,表 5.1 列出了标定后的细观力学参数,随后,基于该组校正参数进行了一系列模拟试验,最后,获得不同加载条件下完整砂岩的应力-应变曲线,如图 5.4 所示。对比数值模拟与试验结果可知,虽然模拟结果从加载开始便进入弹性阶段,即没有出现室内试验结果的孔裂隙压密变形阶段,主要是由于试样在初始静水压力作用下,孔隙与颗粒骨架之间分布均匀,且在轴向作用力施加之前颗粒之间已经处于应力平衡状态。但从二者的力学强度和破坏模式可知,除了初始加载阶段外,其他力学参数如峰值应力及峰值应力对应的应变基本一致,说明细观力学参数选取的合理性,也进一步表明数值模拟结果具有一定的参考价值。

表 5.1　砂岩数值模型细观参数校正结果

矿物组分	参数	量值	参数	量值
方解石(28.9%)	密度,$(\rho_1)/(\text{kg/m}^3)$	2670	最小粒径,$(R_{1\min})/\text{mm}$	0.2
	平行黏结摩擦系数(μ_1)	1.5	最大粒径,$(R_{1\max})/\text{mm}$	0.4
	平行黏结模量,$(E_{1p})/\text{GPa}$	3.6	拉伸强度,$(\sigma_{c1})/\text{MPa}$	16.64
	接触模量,$(E_{1c})/\text{GPa}$	2.7	内聚力,$(c_1)/\text{MPa}$	16.64
	法向与切向刚度比(k_{n1}/k_{s1})	2.5	内摩擦角,$\varphi(°)$	45
	平行黏结半径因子	1.1	颗粒间摩擦系数	0.7
长石(29.4%)	密度,$(\rho_2)/(\text{kg/m}^3)$	2670	最小粒径,$(R_{2\min})/\text{mm}$	0.2
	平行黏结摩擦系数,(μ_2)	1.5	最大粒径,$(R_{2\max})/\text{mm}$	0.4
	平行黏结模量,$(E_{p2})/\text{GPa}$	6.48	拉伸强度,$(\sigma_{c2})/\text{MPa}$	36.6
	接触模量,$(E_{2c})/\text{GPa}$	4.86	内聚力,$(c_2)/\text{MPa}$	36.6
	法向与切向刚度比,(k_{n2}/k_{s2})	2.5	内摩擦角,$(\varphi)/(°)$	45
	平行黏结半径因子	1.1	颗粒间摩擦系数	0.7
石英(41.7%)	密度,$(\rho_3)/(\text{kg/m}^3)$	2380	最小粒径,$(R_{3\min})/\text{mm}$	0.2
	平行黏结摩擦系数,(μ_3)	0.7	最大粒径,$(R_{3\max})/\text{mm}$	0.4
	平行黏结模量,$(E_{3p})/\text{GPa}$	5.04	拉伸强度,$(\sigma_{c3})/\text{MPa}$	21.96
	接触模量,$(E_{3c})/\text{GPa}$	3.78	内聚力,$(c_3)/\text{MPa}$	21.96
	法向与切向刚度比,(k_{n3}/k_{s3})	2.0	内摩擦角,$(\varphi)/(°)$	45
	平行黏结半径因子	1.1	颗粒间摩擦系数	0.7
石膏	密度,$(\rho_3)/(\text{kg/m}^3)$	900	最小粒径,$(R_{3\min})/\text{mm}$	0.2
	平行黏结摩擦系数,(μ_3)	0.35	最大粒径,$(R_{3\max})/\text{mm}$	0.4
	平行黏结模量,$(E_{3p})/\text{GPa}$	0.72	拉伸强度,$(\sigma_{c3})/\text{MPa}$	4.8
	接触模量,$(E_{3c})/\text{GPa}$	0.54	内聚力,$(c_3)/\text{MPa}$	4.8
	法向与切向刚度比,(k_{n3}/k_{s3})	1.0	内摩擦角,$(\varphi)/(°)$	45
	平行黏结半径因子	1.1	颗粒间摩擦系数	0.7

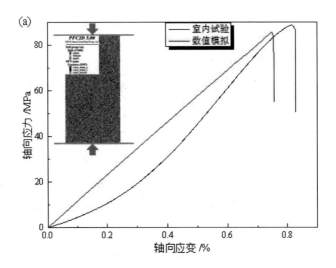

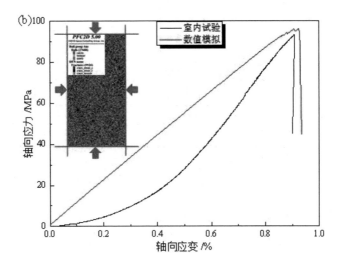

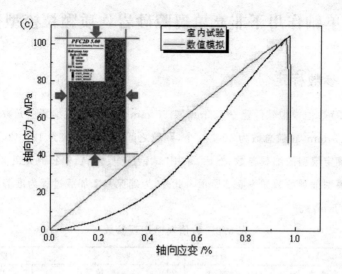

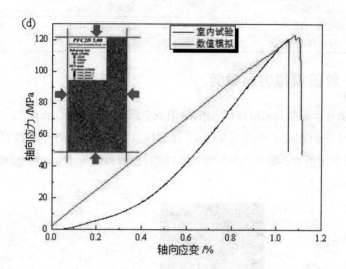

图 5.4　不同侧压下完整砂岩的试验与模拟校正结果

(a)0 MPa;(b)2.5 MPa;(c)5 MPa;(d)10 MPa

5.4 单轴作用下非充填裂隙砂岩均质颗粒模型分析

5.4.1 参数标定

基于 PFC2D 数值模拟软件建立 75 mm×150 mm（宽×高）二维离散元数值模型，颗粒直径为 0.2～0.3 mm，颗粒总数为 50 705 个，颗粒之间的接触个数为 132 439。首先，基于物理试验结果确定模型的细观参数，然后，采用"试错法"反复调试，得到最终模拟所需的细观参数。数值模型细观参数如表 5.2 所示。此外，为确保整个加载过程为准静态加载，墙体加载速率为 0.05 m/s。

表 5.2 数值模型细观参数

参数	量值	参数	量值
颗粒密度/（kg/m³）	2470	颗粒粒径比	1.5
摩擦系数	0.7	最小粒径/mm	0.2
平行黏结模量/GPa	4.8	最大粒径/mm	0.3
接触模量/GPa	4.8	法向刚度/MPa	30
法向与切向刚度	2.5	切向刚度/MPa	30

5.4.2 数值模拟方案设计

典型的数值计算模型几何结构示意图，如图 5.5 所示。预制裂纹长度 $2a$ 为 14 mm，岩桥长度 $2b$ 为 16 mm，裂纹宽度为 1.5 mm。详细模拟方案为：(1)预制裂隙倾角 α 固定不变，岩桥倾角 β 依次为 0°、30°、60°、90°、120°和150°；(2)岩桥倾角 β 固定不变，裂隙倾角 α 依次为 15°、45°和75°。

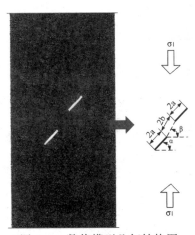

图 5.5 数值模型几何结构图

5.4.3 结果分析与讨论

(1)应力－应变曲线

图 5.6(a)、(b)和(c)分别为裂隙倾角为15°、45°和75°时轴向应力－应变曲线。从图 5.6 得知,与完整试样的应力－应变曲线相比,含预制裂隙试样的应力－应变曲线均位于其下方。此外,试样在应力峰前和峰后均出现不同程度的波动现象,而完整试样的应力－应变曲线未出现该现象。该现象的主要原因是由于含预制裂隙试样在加载过程中裂纹尖端易形成高应力积聚区,而且煤岩体属于非均质材料。当加载作用力超过其最大拉伸应力时,导致试样局部破断失稳。随着加载的继续,新的承载体出现,从而使试样的承载能力再次增加。从图中还可得知,完整试样的峰值应力和峰值应变均高于裂隙试样。

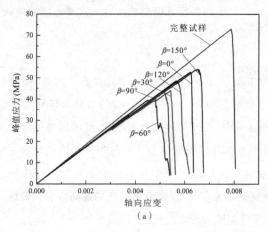

（a）

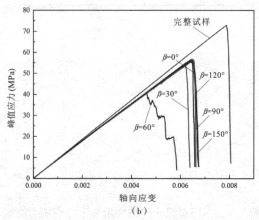

（b）

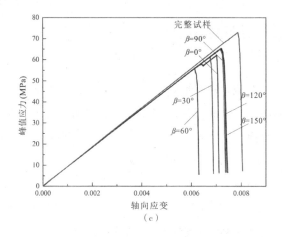

图 5.6 不同裂隙几何结构组合下应力－应变曲线

(a)α＝15°；(b)α＝45°；(c)α＝75°

(2)强度和变形特征

通过获得不同裂隙工况下应力－应变曲线中应力的最大值,得到不同裂隙几何结构组合下峰值应力变化规律如图 5.7 所示。由图 5.7 可知,砂岩试样的峰值应力与裂隙倾角和岩桥倾角密切相关。总体来说,随着岩桥倾角的增加,峰值应力呈现出先降低后增加的变化趋势。此外,当岩桥倾角为 60°时,峰值应力达到最小值。该现象的主要原因为常规岩石单轴压缩时剪切破裂角为 $45°+\varphi/2$,并且该岩样的内摩擦角为 34°,因此,该试样的剪切破裂角为 62°。再加上试样预制裂纹的存在,裂纹尖端形成局部高应力积聚区。该区域的裂纹扩展速度要高于其他区域,导致裂隙尖端裂纹最先发育。

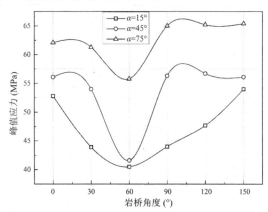

图 5.7 不同裂隙几何结构组合下峰值应力曲线

同时,不同裂隙倾角组合下峰值应力对应的峰值应变,如图 5.8 所示。由图 5.8 可知,峰值应变的变化趋势与峰值应力相似。随着岩桥倾角的增加,峰值应变呈现出先降低后增加的变化趋势。同一裂隙倾角下,岩桥倾角为 60°时,峰值应变取得最小值。对应的最小峰值应变分别为 0.004 81,0.004 63 和 0.006 12。

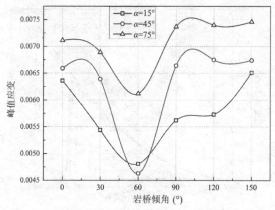

图 5.8　不同裂隙几何结构组合下峰值应变曲线

（3）应变能演化规律

通过调用 PFC2D 软件中应变能计算命令，得到整个加载过程中试样应变能的演化规律，不同裂隙几何结构组合下应变能演化规律如图 5.9 所示。由图 5.9 可知，初始加载阶段，不同裂隙几何结构组合下应变能呈现出向下凹的非线性变化趋势。该现象的主要原因为试样内含有大量的初始孔隙、微裂隙等，由于孔隙、微裂隙的闭合，加载初期较小的作用力会产生较大的变形量。此外，完整试样的应变能均大于不同裂隙几何结构下的应变能。由于应变能的计算原理是基于应力－应变曲线所围成面积的积分，因此，从应力－应变曲线图中可以定性地获得应变能的大小。与试样的应力－应变曲线相对应，三种不同裂隙倾角下应变能最小值均在岩桥倾角为 60°时获得。另外，从图中还可得知裂隙倾角为 45°时，不同岩桥倾角的应变能演化规律接近。

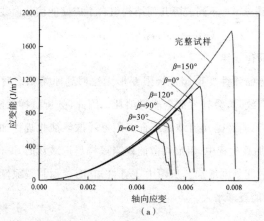

（a）

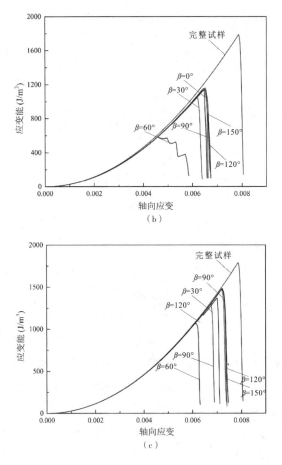

图 5.9 不同裂隙几何结构组合下应变能演化曲线

(a)α＝15°;(b)α＝5°;(c)α＝75°

(4)阻尼耗散能演化规律

众所周知,当物体的弹性变形超过极限变形无法回到原始状态时,会导致机械能的损失,尤其当物体产生裂纹时,会有大部分能量消耗。因此,分析试样的阻尼耗散能有助于理解其断裂破坏机制。不同裂隙几何结构组合下阻尼耗散能演化规律如图 5.10 所示。从图 5.10 可以看出,整个加载过程中,阻尼耗散能仅当试样趋近破坏时才开始出现,尤其在试样破裂的瞬间,阻尼耗散能急剧增加。从图中还可得知,随着预制裂隙倾角的增加,不同岩桥倾角对应的阻尼耗散能逐渐增大。

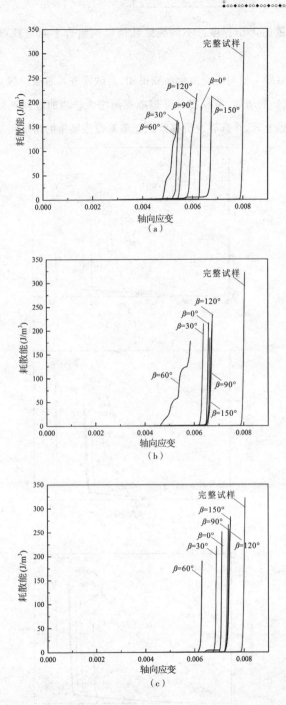

图 5.10　不同裂隙几何结构组合下阻尼耗散能演化曲线

(a)$\alpha = 15°$;(b)$= \alpha = 45°$;(c)$\alpha = 75°$

(5)滑移摩擦演化规律

滑移摩擦能是表征试样加载过程中产生裂纹时所消耗的能量,该参数能够间接地反应加载过程中裂纹数量的大小程度。不同裂隙几何结构组合下阻尼耗散能演化规律,如图 5.11 所示。

从裂纹滑移摩擦能与轴向应变演化曲线得知,当试样进入屈服阶段后,其裂纹滑移摩擦能逐渐出现,随着变形的增加,裂纹滑移摩擦能逐渐增大。当曲线接近峰值应力时,裂纹滑移摩擦能呈直线趋势上升,并且裂纹滑移摩擦能随着裂隙倾角的增加而增加。

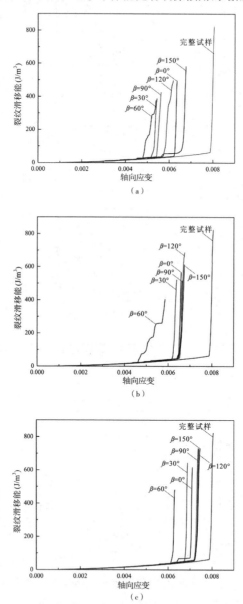

图 5.11　不同裂隙几何结构组合下裂纹滑移摩擦能演化曲线

(a)$\alpha=15°$;(b)$\alpha=45°$;(c)$\alpha=75°$

5.4.4 裂隙砂岩裂纹扩展特征分析

由于室内试验只能借助高速相机摄像技术捕捉某个时刻试样的宏观裂纹特征,而对试样内部细观微裂纹无法定量获取。从细观机理上分析岩石的损伤演化有助于更全面地理解岩石的宏观断裂失稳机制。而PFC2D数值模拟能够定量地表征整个加载过程中宏细观裂纹产生的位置及数量,因此,采用数值模拟方法对裂隙试样的损伤断裂演化过程进行表征显得非常必要。

(1)裂纹扩展演化过程分析

为了分析岩体内部微裂纹与宏观应力—应变曲线之间的对应关系,限于篇幅,本文选取一组典型试样的裂纹演化过程进行分析。轴向应力、累积总裂纹、拉伸裂纹和剪切裂纹—应变的演化规律如图5.12所示。不同应力时刻对应的裂纹起裂、扩展和贯通演化过程如图5.13所示。从图5.12可以看出,拉伸裂纹先于剪切裂纹出现,加载前期,未出现任何类型的裂纹,当荷载增至峰值应力的68%时,拉伸裂纹开始缓慢的增加,直到接近峰值应力,剪切裂纹才出现。此外,整个加载过程中,拉伸裂纹起到了非常重要的角色,拉伸裂纹占总裂纹的89.08%。

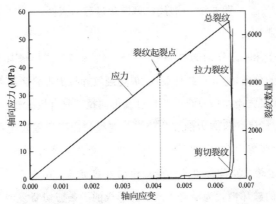

图5.12 轴向应力、累积裂纹—应变演化过示意图

从图5.13可以看出,裂纹的萌生位置出现在预制裂隙尖端,并以拉伸裂纹的形式出现。该现象主要是由于试样内晶粒位错和断裂等微损伤产生的。通过对比图5.12和图5.13,发现试样的宏观断裂过程与其微裂纹—应变曲线一一对应。随着荷载的增加,宏观裂纹的扩展长度逐渐增大,新的剪切裂纹沿着预制裂隙的方向扩展。当加载至峰值应力时,上预制裂隙右端剪切裂纹的扩展程度相对于拉伸裂纹较大,当应力降至峰后$0.98\sigma_c$时,上预制裂隙左端剪切裂纹开始扩展。随着变形继续增加,岩桥区域被拉伸裂纹和剪切裂纹连接贯通。当应力降至峰后$0.40\sigma_c$时,裂纹的数量及扩展程度进一步增加,宏观裂纹贯穿整个试样。

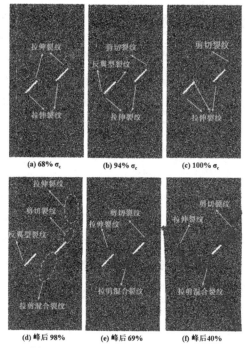

(a) 68% σc   (b) 94% σc   (c) 100% σc

(d) 峰后 98%   (e) 峰后 69%   (f) 峰后 40%

图 5.13　裂纹扩展演化过程示意图

（2）岩桥贯通模式分析

图 5.14(a)，(b) 和(c)分别为裂隙倾角 15°、45°和 75°试样破坏模式示意图。基于 Wong[6]对裂纹类型的分类,主要有拉伸裂纹、剪切裂纹和拉剪混合裂纹等。从图 5.14(a)和 (b)可知,试样的破坏模式由拉剪复合向剪切过渡再向拉剪复合模式转换。该破坏模式能够 间接的解释图 5.6 中试样峰值应力的变化趋势。裂纹的起裂位置发生在预制裂隙尖端,并 且试样的断裂区域主要集中在岩桥区域,试样的破坏模式主要为拉剪复合形式。随着岩桥 角度的增加,岩桥贯通模式由间接贯通逐渐转化为直接贯通。由图 5.14(c)可知,当岩桥倾 角小于 120°时,试样的破坏模式为沿着预制裂隙形成的一条剪切断裂带。由此可推断,当裂 隙倾角增至一定程度时,诱发试样断裂失稳的裂纹类型中剪切裂纹占比例逐渐增加。该现 象也能够解释裂隙倾角与其对应的峰值应力之间的联系。此外,岩桥贯通模式不同于 15°和 45°工况,贯通模式由直接贯通变为间接贯通。

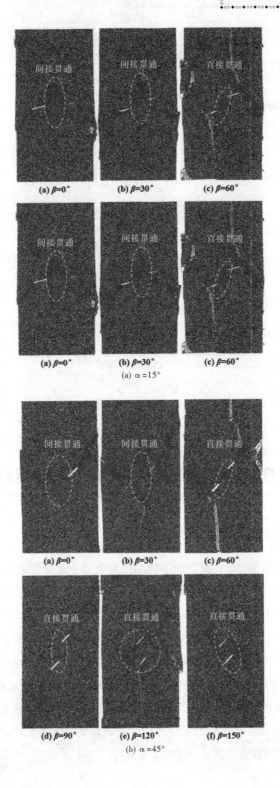

(a) β=0°   (b) β=30°   (c) β=60°

(a) β=0°   (b) β=30°   (c) β=60°

(a) α=15°

(a) β=0°   (b) β=30°   (c) β=60°

(d) β=90°   (e) β=120°   (f) β=150°

(b) α=45°

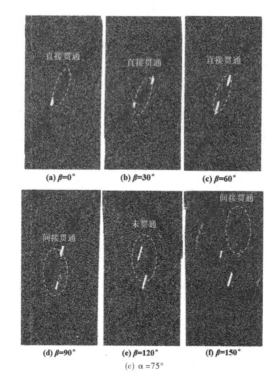

(a) $\beta=0°$ (b) $\beta=30°$ (c) $\beta=60°$

(d) $\beta=90°$ (e) $\beta=120°$ (f) $\beta=150°$

(c) $\alpha=75°$

图 5.14   不同裂隙工况下试样破坏模式

(a)$\alpha=15°$;(b)$\alpha=45°$;(c)$\alpha=75°$

5.5   单轴作用下非充填裂隙砂岩非均质颗粒模型分析

5.5.1   非充填裂隙砂岩力学特性

基于上述校正的细观力学参数,对不同裂纹几何配置下非充填裂隙砂岩开展模拟研究,图 5.15 给出了典型非充填裂隙砂岩的应力-应变曲线特征。从图 5.15 可明显看出,当裂隙倾角较小时,诸如 15°和 45°,模拟结果较好地再现了试验中的应力跌落现象。同时,当裂隙倾角增至 75°时,从应力-应变曲线得知,不同岩桥角度工况下,其峰值应力对应的应变较吻合。此外,还观察到峰前阶段未出现明显的应力降现象,与完整试样的断裂变形行为较接近。然而,对于初始压密阶段来说,模拟结果不同于室内试验具有明显的非线性演化特征,加载开始应力-应变曲线便进入线性阶段,还发现模拟得到的斜率略微不同于室内试验结果,但从整体的峰值应力和峰值应力对应的应变及断裂贯通模式来看,二者的吻合度较高,说明该模拟结果从某种程度上具有一定的参考意义。

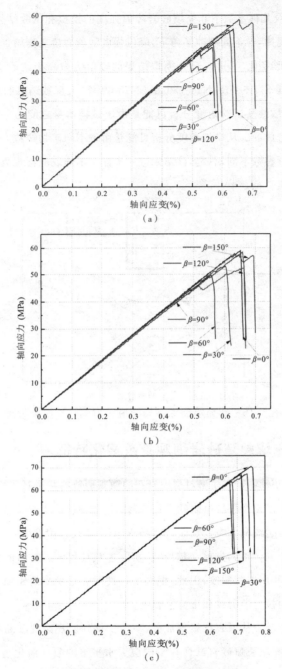

图 5.15 非充填裂隙砂岩应力－应变曲线

(a)$\alpha=15°$；(b)$\alpha=45°$；(c)$\alpha=75°$

为验证细观参数选取的合理性,不仅从力学参数上对模拟结果和试验结果进行对比,而且从整个裂纹破裂演化过程及断裂模式上也进一步探究分析。通过提取不同裂纹几何工况下应力－应变曲线的峰值应力,获得不同裂纹几何参数下砂岩峰值强度的演化规律。图

5.16 给出了不同裂纹几何参数下非充填砂岩峰值强度的模拟和试验结果。整体来说，二者呈现出一致的演化规律，在不同裂隙倾角下，峰值强度随着岩桥角度增加表现出先降低后增加的规律，即为"U"形变化。另外，部分模拟结果的峰值应力高于或低于相应的试验结果，通过计算发现除试样 SN15-60、SN15-150 和 SN75-60 外，大多数结果的误差小于 5%，试样的离散性较小，该离散性从试验角度分析可能是由于试样本身之间的差异性以及实验过程中主观操作等因素造成的。从模拟角度分析可能是由于不同矿物颗粒之间发生随机分布导致局部区域颗粒力学参数不同，总之，该结果进一步证实了选取的细观力学参数能够反演宏观力学强度这一本质特征。

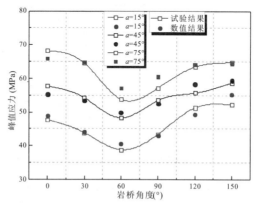

图 5.16　非充填裂隙砂岩峰值应力试验与模拟对比

5.5.2　非充填裂隙砂岩细观裂纹演化特征

众多学者基于 PFC 颗粒流模型对裂隙岩石的微观裂纹特征进行了大量研究，并获得对理解岩石类材料断裂演化及失稳机制的大量结论。但先前研究大都把微裂纹笼统地划分为拉伸微裂纹和剪切微裂纹两大类。然而，实际岩石受外荷载作用发生断裂破坏时，岩样内的裂纹特征是十分复杂的。正如先前文献所述，实际加载过程中岩样内的裂纹类型包括张拉微裂纹、拉剪微裂纹和压剪微裂纹，因此，根据平行键断裂时承受的作用力和失效机制将剪切裂纹进一步划分为拉剪微裂纹和压剪微裂纹。

为深入探究裂隙砂岩从微裂纹聚集成核、萌生扩展到宏观裂纹破断贯通的一系列演化过程，给出了典型非充填裂隙砂岩试样在不同应力水平下的裂纹演化过程，如图 5.17～图 5.19 所示。根据裂纹演化特征，整个加载变形过程可分为微裂纹压密阶段(OA)、裂纹萌生阶段(AB)、裂纹缓慢扩展阶段(BC)、裂纹快速扩展阶段(CD)和裂纹加速扩展阶段(DE)。从图 5.17 可知，当荷载增至 31.07 MPa 时(A 点)，在预制裂纹中间或周围区域出现微观拉伸破断，该现象的主要原因为试样的拉伸断裂韧度小于压剪断裂韧度，当施加在试样上的作用力超过其拉伸强度时，拉伸裂纹最先萌生起裂。随着荷载的增加，裂纹长度逐渐变长，并沿着轴向加载方向进一步扩展。另外,从上述裂纹断裂演化过程及裂纹扩展模式来看,模拟结果与室内图像监测结果一致,进一步表明颗粒流数值方法研究岩石裂纹扩展演化的可靠性。此外,从曲线中还观察到拉剪裂纹数＞拉伸裂纹数＞压剪裂纹数。当荷载增至 47.37 MPa 时(C 点),压剪裂纹逐渐萌生扩展,并在试样表面观察到零散的压剪裂纹。当荷载增至峰值应力时(D 点),裂纹总数(Total crack_num)、拉伸裂纹数(Crack_tension_num)、拉剪裂纹数(Crack_shearT_num)和压剪裂纹数(Crack_shearC_num)分别为 459、155、269 和 35,仅仅从裂纹数量来说,峰前阶段试样内的累积裂纹数仍相对较少。但当荷载进入峰后阶段(E 点),累积裂纹总数(Total crack_num)、拉伸裂纹数(Crack_tension_num)、拉剪裂纹数(Crack_shearT_num)和压剪裂纹数(Crack_shearC_num)分别为 2551、1209、1093 和 249,从裂纹数演化曲线可明显看出,拉伸裂纹、剪切裂纹和拉剪混合裂纹均急剧增加。另外,从裂纹萌生的先后顺序得知拉伸裂纹(crack_tension)与拉剪裂纹(crack_shearT)几乎同时萌生扩展,压剪裂纹萌生起裂较晚。

图 5.18 为典型试样(SN45-0)断裂演化过程图。从图 5.18 可知,裂纹萌生起裂位置不同于图 5.17,当荷载增至 41.26 MPa 时(A 点),仍是拉伸断裂最先萌生起裂,但起裂位置由裂纹尖端开始萌发发育。在较低应力水平时,应力阶段 C 点之前,预制裂隙尖端高应力集中区的微裂纹主要以拉伸断裂为主。随着应力水平的增加,预制裂隙尖端区域的拉伸裂纹密度和长度均逐渐增加。当荷载增至 52.99 MPa 时(C 点),剪切裂纹开始萌生扩展。随后,当荷载增至峰值强度时(D 点),裂纹总数(Total crack_num)、拉伸裂纹数(Crack_tension_num)、拉剪裂纹数(Crack_shearT_num)和压剪裂纹数(Crack_shearC_num)分别为 466、157、255 和 54。当荷载跌至 E 点时,裂纹数和裂纹密度均急剧增加,其中,裂纹总数(Total crack_num)、拉伸裂纹数(Crack_tension_num)、拉剪裂纹数(Crack_shearT_num)和压剪裂纹数(Crack_shearC_num)分别为 3458、1755、1344 和 359,大量的微裂纹进一步扩展贯通为宏观裂纹。

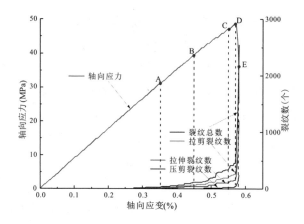

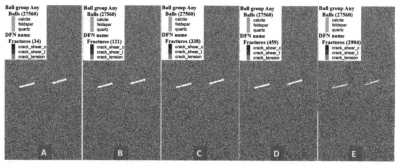

图 5.17　典型非充填裂隙砂岩试样的裂纹演化过程(SN15-0)

图 5.19 为典型试样(SN75-0)的裂纹断裂演化过程图。从图中裂纹起裂模式可知,该工况与图 5.18 类似,均在较低应力水平时,裂纹的起裂位置从预制裂隙尖端萌生。但与图 5.17 和 5.18 不同的是,对于图 5.19 来说,当荷载增至状态 C 时,从应力－应变曲线上观察到一个局部应力跌落现象,该现象可能是由于试样局部区域微裂纹密度大于其临界失稳状态导致的。除了裂隙尖端观察到裂纹外,从试样表面远离裂隙尖端的区域也观察到大量微裂纹,该结论进一步说明随着裂隙倾角的增加,预制裂隙对裂纹贯通扩展影响逐渐减小,且该结论与试验结果较一致。随着荷载的增加,不断有新的微裂纹萌生扩展。当荷载跌至 E 点时,预制裂隙周围微裂纹密度急剧增加,大量的微裂纹相互连接贯通形成一条倾斜的宏观断裂带。另外,对比 5.17、图 5.18 和图 5.19 可知,三种工况相同之处为:均在岩桥区域发生间接贯通。不同之处体现在:随着裂隙倾角的增加,除了裂纹萌生位置由预制裂隙周围逐渐向裂隙尖端转移外。从裂纹萌生应力水平还可得知,不仅峰值应力出现增加,而且拉伸和剪切裂纹萌生应力水平均随着裂隙倾角的增加而增加,且裂纹数也随着裂隙倾角的增加而增加。

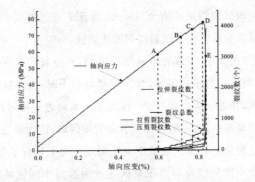

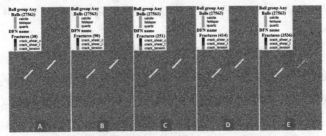

图 5.18 典型非充填裂隙砂岩试样的裂纹演化过程（SN45-0）

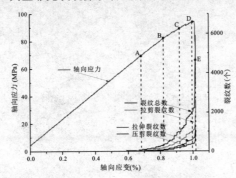

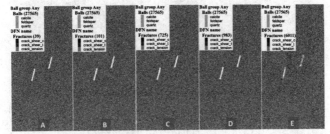

图 5.19 典型非充填裂隙砂岩试样的裂纹演化过程（SN75-0）

5.5.3 非充填裂隙砂岩极限破坏模式

图 5.20 为单轴作用下含不同裂纹几何配置的非充填裂隙砂岩最终断裂模式图。通过对比模拟结果（图 5.20）与室内试验结果（图 2.18）可知，除极个别试样工况外，数值模拟得

到的最终破断模式与室内试验结果较吻合,进一步验证了数值模拟中细观力学参数选取的可靠性,另外,从细观模拟角度验证了试验结果的正确性。

详细地,无论裂隙倾角大小,随着岩桥角度的增加,其断裂模式均由间接贯通向直接贯通转换。此外,从裂纹萌生起裂模式得知,当裂隙倾角较小时,大多数试样在预制裂纹的尖端或中间区域萌生起裂,并进一步扩展贯通。随着裂隙倾角进一步增加,预制裂纹中间区域出现萌生起裂的概率逐渐减小,并逐渐转移至裂隙尖端区域,该现象进一步证实了裂隙面的应力积聚作用具有一定的角度效应。该结论也从细观机理上解释了裂隙面的转移机制,即裂隙倾角的增加将导致裂隙周围高应力积聚区逐渐由裂隙中间区域向裂隙尖端转移。然而,对于个别试样(譬如 SN75-90 和 SN75-120)未出现明显的贯通连接外,其他工况下的贯通破坏模式均类似。

另外,从图 5.20 中不同裂纹几何参数下裂纹密度演化规律观察可知,拉伸裂纹密度占比最大,即,从细观模拟角度和声发射微裂纹角度上均证明单轴加载工况下试样变形破断过程中以拉伸裂纹占主导。该结论与室内声发射波形主频带方法获得的微裂纹演化结果一致(表 6.5),也进一步验证了数值模型中划分不同类型微观裂纹断裂机制的正确性。

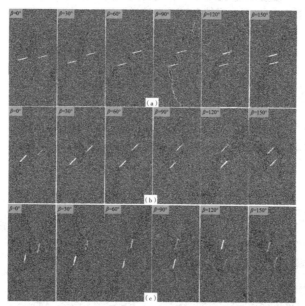

图 5.20　不同裂纹几何配置非充填裂隙砂岩最终断裂模式图

(a)$\alpha=15°$;(b)$\alpha=45°$;(c)$\alpha=75°$

5.6　单轴作用下石膏充填裂隙砂岩均质颗粒模型分析

随着浅部资源枯竭以及深地工程快速发展,地下工程岩体将面临"三高一扰动"的复杂地质力学环境。再加上煤岩体自身的非均质性较高,大量节理裂隙赋存于煤岩体中,使其力学强度发生了不同程度的弱化降解。众所周知,灌浆充填对提高瓦斯抽采孔的稳定性和降低裂隙周围应力积聚起到了非常重要的作用。因此,对灌浆充填裂隙煤岩体的强度特征及断裂演化过程进行表征和预测是非常重要的。

国内外学者对张开裂隙岩石的力学行为及断裂机制取得了较多有意义的结论。然而,工程实践中煤岩体常常包含岩石碎屑、矿物颗粒及黏土等。为了定量评价充填物对裂隙岩体力学强度及断裂行为的影响,在室内试验方面,研究得到翼型裂纹和次生裂纹的断裂演化特征,并发现其力学参数与裂隙倾角具有一定的相关性。由于预制裂隙制备过程中易出现不同程度的损伤,从而导致试验结果误差较大,此外,物理试验很难捕捉裂隙的细微观损伤演化过程。因此,众多学者借助数值模拟方法对不同岩石材料的细微观扩展演化特征和贯通机制进行研究。

基于上述研究发现,众多学者仅考虑非充填裂纹对煤岩体断裂失稳机制的影响。尽管少数学者对充填裂隙煤岩体的裂纹扩展过程及断裂机理进行了相关的研究,研究结果主要侧重宏观裂纹的断裂特征。然而,关于细微观机理方面的研究甚少。因此,本文对灌浆裂隙岩石的力学强度、细微观裂纹扩展演化及贯通机制进行了详细的研究。研究结果为含灌浆裂隙岩体的裂纹发育及断裂演化机制提供了相应的借鉴意义。

5.6.1 平行黏结模型原理

本文采用 PFC2D 数值模拟软件,结合平行黏结模型(BPM)模拟颗粒之间的运动与变形行为,该平行黏结键不仅能在颗粒间能够传递力和向量,而且也能够在接触点处产生接触力。因此,本文采用平行黏结模型模拟裂隙岩样的强度、变形及断裂演化特征。平行键模型如图 5.21 所示。

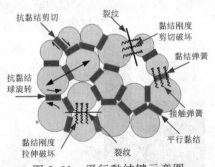

图 5.21 平行黏结键示意图

PFC2D 模型中,应力是通过作用在每个颗粒上的平行黏结力与接触的方法获得,平均应力向量的计算公式如式(5.7)所示。

$$\sigma_{ij} = \left(\frac{1-n}{\Sigma_{N_p} V^{(P)}} \right) \sum_{N_p} \sum_{N_c} \mid x_i^{(C)} - x_i^{(P)} \mid n_i^{(C,P)} F_j^{(C)}$$

(5.7)

式中:N_p 为球的质心;N_c 为球的接触;n 为孔隙度;$V^{(P)}$ 为颗粒体积;$x^{(C_i)}$ 和 $x^{(C_i)}$ 分别

为颗粒质心和接触的位置；$n_i^{(C,P)}$接触的单位法向量；$F_j^{(C)}$接触作用力。

5.6.2　参数标定

基于PFC2D离散元数值模拟软件建立75 mm×150 mm（宽×高）的二维数值计算模型，其中，基质颗粒直径为0.2～0.3 mm，充填物颗粒直径为0.1～0.15 mm，颗粒总数为51 257个，颗粒间的接触个数为129 360。

表5.3　数值模型细观参数

力学参数	砂岩	充填物
颗粒密度/(kg/m³)	2470	2070
阻尼系数	0.7	0.7
平行黏结模量/GPa	4.8	0.5
接触模量/GPa	4.8	0.5
法向与切向刚度比	1.5	1.0
颗粒粒径比	1.5	1.5
最小粒径/mm	0.2	0.1
最大粒径/mm	0.3	0.15
法向刚度/MPa	30	0.5
切向刚度/MPa	20	0.3

基于宏观物理试验结果，通过反复调试的方法确定数值计算模型的细观参数。数值模型细观参数如表5.3所示。此外，为确保整个加载过程为准静态加载，墙体加载速率为0.05 m/s。

数值计算模型及几何结构示意图如图5.22所示。图中蓝色颗粒表示岩石基质，绿色颗粒表示充填物。预制裂纹长度$2a$为14 mm，岩桥长度$2b$为16 mm，裂纹宽度为1.6 mm。详细模拟方案为：(1)当预制裂隙倾角α固定不变时，岩桥倾角β依次为0°、30°、60°、90°、120°和150°；(2)当岩桥倾角β固定不变时，裂隙倾角α分别为15°、45°和75°。

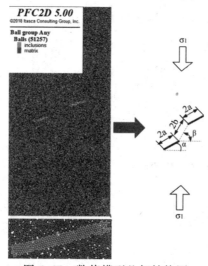

图5.22　数值模型几何结构图

5.6.3 裂隙煤岩强度及变形特征

(1)应力—应变曲线

图 5.23(a)、(b)和(c)依次为裂隙倾角 15°、45°和 75°时的轴向应力—应变曲线。

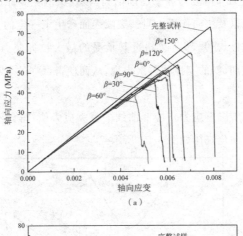

（a）

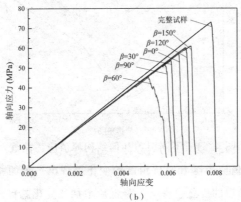

（b）

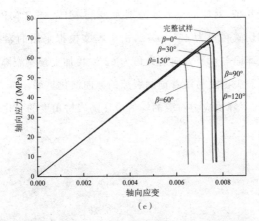

（c）

图 5.23 不同裂隙倾角的应力—应变曲线

(a) $\alpha=15°$；(b) $\alpha=45°$；(c) $\alpha=75°$

由图 5.23 可知,与完整试样的应力－应变曲线相比,充填裂隙试样的直线斜率、峰值应力及其对应的应变均小于完整试样。总体来说,裂隙几何结构参数与应力－应变行为之间具有密切的相关性。当裂隙倾角为 15°时,应力－应变曲线在峰值附近出现不同程度的波动现象。当裂隙倾角增至 75°时,波动现象逐渐消失,该现象的主要原因为充填物与岩石基质表面之间的摩擦力作用以及法向作用力对其裂隙表面产生了一定的支撑作用。并且煤岩类材料具有较强的非均质性,当局部荷载超过其承受的最大拉伸应力时,试样会发生局部破坏。随着轴向力继续增加,新的支撑体再次出现,从而使得试样的承载能力再次增加。

(2)力学强度参数

通过获取不同裂隙工况下应力－应变曲线的最大应力值,得到不同裂隙几何结构下峰值应力随着岩桥角度的演化规律如图 5.24 所示。

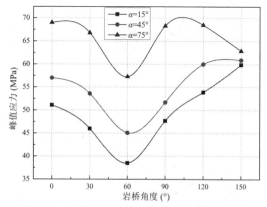

图 5.24　不同裂隙几何结构峰值应力曲线

由图 5.24 可知,峰值应力随着岩桥角度的变化呈现出一定的相关性。不同裂隙倾角下,峰值应力随着岩桥角度的变化呈现出先降低后增加的变化趋势。并且峰值应力均在岩桥倾角为 60°时达到最小值,对应的应力值分别为 38.5 MPa、45.1 MPa 和 57.3 MPa。该现象的主要原因,岩石剪切破裂角为 $45°+\varphi/2$,由于本文模拟采用的岩样内摩擦角为 34°,因此,得到试样的剪切破坏面与水平方向的夹角为 62°。再加上预制裂隙试样的裂隙尖端为高应力积聚区,试样的断裂失稳更易沿着预制裂隙的方向演化扩展。

不同裂隙几何结构下峰值应力对应的峰值应变随岩桥角度的变化规律如图 5.25 所示。

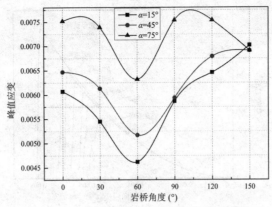

图 5.25　不同裂隙几何结构峰值应变曲线

总体来说,从图 5.25 可以看出,峰值应变的变化规律与其对应的峰值应力一致。不同裂隙几何结构下,峰值应变呈现出先降低后增加的变化趋势。当岩桥倾角不变时,峰值应变随着裂隙倾角的增加而增加。岩桥倾角为 60°时,峰值应变取得最小值。对应的最小峰值应变分别为 0.004 62,0.005 17 和 0.006 32。

(3)应变能演化规律

通过调用 PFC2D 软件中应变能计算模块,得到整个加载过程中试样应变能的演化规律,不同裂隙几何结构组合下应变能演化规律如图 5.26 所示。

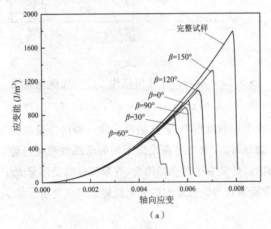

(a)

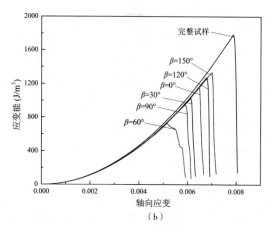

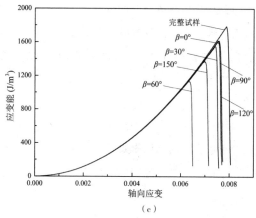

图 5.26 不同裂隙几何结构下应变能演化曲线

(a)$\alpha=15°$;(b)$\alpha=45°$;(c)$\alpha=75°$

由图 5.26 可知,整个加载过程中,岩样的应变能－轴向应变曲线与应力－应变曲线的演化规律一致。初始加载时,应变能呈现出向下凹的非线性变化趋势。该现象的主要原因为加载初期岩样内部的初始微裂纹及孔隙闭合,导致试样的变形量大于试样的承载作用力。随着变形的增加,应变能表现为线性增加的变化趋势。当应变增至峰值应变时,应变能曲线急剧跌落。

此外,从图中还可得知,峰值应变能的变化规律与峰值应力一致,均在岩桥倾角为 60°时取得最小值。当岩桥倾角不变时,峰值应变能随着裂隙倾角的增加而增加。当裂隙倾角为 15°时,不同岩桥倾角对应的峰值应变能分别为 964.46 J/m³,791.64 J/m³,554.09 J/m³,888.73 J/m³,1088.03 J/m³ 和 1324.27 J/m³。当裂隙倾角为 45°时,不同岩桥倾角对应的峰值应变能分别为 1154.55 J/m³,1028.68 J/m³,729.13 J/m³,948.11 J/m³,1277.85 J/m³ 和 1334.96 J/m³。当裂隙倾角为 75°时,不同岩桥倾角对应的峰值应变能分别为 1616.12 J/m³,1552.88 J/m³,1139.72 J/m³,1614.26 J/m³,1619.47 J/m³ 和 1374.54 J/m³。此外,当岩桥倾角为 0°、90°和 120°时,应变能演化规律一致。

(4)滑移摩擦能演化规律

不同裂隙几何结构下滑移摩擦能演化规律如图 5.27 所示。

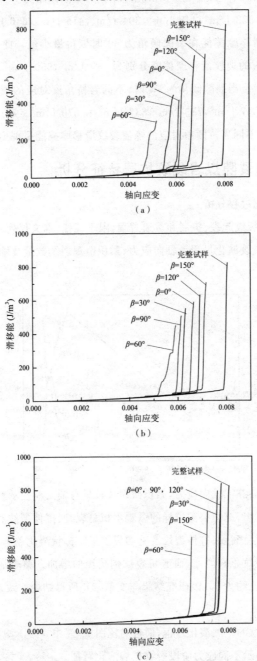

（a）

（b）

（c）

图 5.27　不同裂隙几何结构下裂纹滑移摩擦能演化曲线

（a）$\alpha=15°$；（b）$\alpha=45°$；（c）$\alpha=75°$

由图 5.27 得知，试样的滑移摩擦能从弹性阶段开始逐渐增加。当轴向应变接近峰值时,大量的宏观裂隙出现并伴随着滑移能的急剧增加。另外,从裂纹滑移能－轴向应变曲线的特征也能间接地获得试样的整个损伤演化过程。当裂隙倾角为 15°时,不同岩桥倾角对应的滑移摩擦能分别为 532 J/m³,443 J/m³,304 J/m³,416 J/m³,656 J/m³ 和 663 J/m³。与其他力学参数相似,滑移摩擦能在裂隙倾角为 60°时取得最小值。此外,当裂隙倾角为 45°时,不同岩桥角度对应的裂纹滑移摩擦能分别为 589 J/m³,550 J/m³,449 J/m³,506 J/m³,631 J/m³ 和 704 J/m³。当裂隙倾角为 75°时,不同岩桥角度对应的裂纹滑移摩擦能分别为 718 J/m³,793 J/m³,517 J/m³,733 J/m³,837 J/m³ 和 670 J/m³。对比裂隙倾角 15°和 45°,当裂隙倾角为 75°时,不同岩桥倾角对应的峰值裂纹滑移摩擦能呈现出不同程度的增加。

5.6.4　充填裂隙煤岩裂纹扩展特征分析

(1)裂纹扩展演化过程分析

为了详细地分析裂纹起裂、扩展和贯通过程,限于篇幅,本文仅列举裂隙倾角为 45°和岩桥角度为 60°工况的裂纹演化过程。轴向应力,累积微观裂纹数量及轴向应变演化示意图如图 5.28 所示。

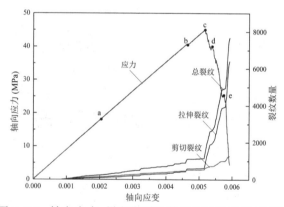

图 5.28　轴向应力,累积微裂纹数量与轴向应变示意图

从图 5.28 可以看出,充填裂隙试样的微观累积总裂纹、拉伸裂纹和剪切裂纹同时萌生,随着应变的增加,累积总裂纹、拉伸裂纹及剪切裂纹呈阶梯状演化趋势。当试样接近峰值应力时,总裂纹和拉伸裂纹急剧增加,而剪切裂纹则缓慢的增加。整个加载过程中,试样微观拉伸裂纹与剪切裂纹比约为 6。该研究结果与文献[21]所得结论一致,进一步说明该模拟试验中所取参数较合理。

为了详细分析裂纹的扩展演化过程,通过对比图 5.28 中 a,b,c,d 和 e 点处试样的裂纹形态演化规律,从而揭示不同应力阶段裂纹扩展演化特征。

从图 5.29(a)可以看出,充填物颗粒间出现大量新生裂纹,而砂岩基质颗粒仍保持着初始的完整性。当荷载增加至 40.5 MPa 时[图 5.29(b)],新的翼型拉伸裂纹从砂岩基质预制裂隙尖端萌生扩展。当荷载逐渐的增至峰值应力时,除了翼型裂纹的范围逐渐变大外,岩桥区域的累积损伤增加导致岩样贯通联结[图 5.29(c)]。随着变形继续增加,当轴向应力降至峰后 40.4 MPa 时,此时,宏观裂纹贯通整个试样,试样的左上端出现了远场裂纹,此外,预制裂隙左下端处萌生反翼型裂纹。随着变形继续增加,预制裂隙右上端出现拉剪混合裂纹,试样表面裂纹数量增加,并且试样的贯通破坏程度更严重。

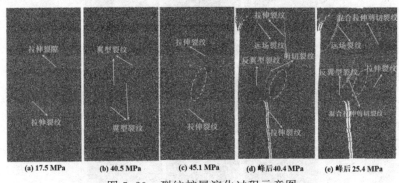

| (a) 17.5 MPa | (b) 40.5 MPa | (c) 45.1 MPa | (d) 峰后 40.4 MPa | (e) 峰后 25.4 MPa |

图 5.29 裂纹扩展演化过程示意图

(2)试样破坏模式分析

通过设置相关程序命令得到峰后 10% 应力的试样最终断裂形态图,不同裂隙几何结构试样破坏模式如图 5.30 所示。

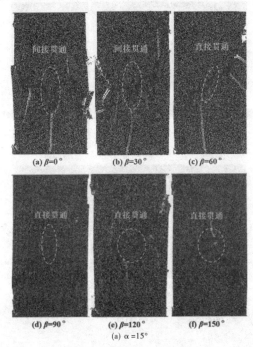

(a) β=0°   (b) β=30°   (c) β=60°

(d) β=90°   (e) β=120°   (f) β=150°

(a) α=15°

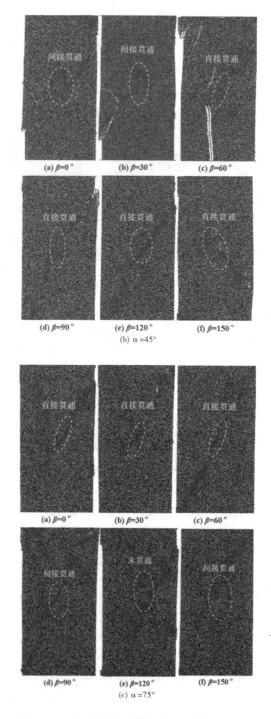

图 5.30　不同裂隙几何结构下试样破坏模式

(a)α＝15°；(b)α＝45°；(c)α＝75°

从图 5.30(a)可以看到,随着岩桥倾角的增加,岩桥的贯通类型从"V"形到"S"形再到

"O"形变化。另外,从岩桥的贯通模式分析得知,随着岩桥角度的增加,岩桥贯通模式由间接贯通逐渐变为直接贯通。因次,裂隙岩样的贯通模式及贯通类型与岩桥倾角紧密相关。

总体来说,当裂隙倾角为 45°时,随着岩桥倾角的增加,岩桥的贯通类型从倒"V"形到"S"形再到"O"形演化。不同于图 5.30(a),当岩桥倾角为 0°和 30°时,岩桥贯通类型为倒"V"形。由此可知,裂隙倾角对岩桥贯通类型也有一定程度的影响。此外,岩桥贯通模式仍是从间接贯通逐渐变为为直接贯通。

从图 5.30(c)可知,岩桥贯通类型不同于图 5.30(a)和(b),当裂隙倾角增至到一定程度时,岩桥的贯通模式主要为沿 75°方向斜向剪切贯通。试样的破坏模式由张拉剪切混合模式过渡为剪切破坏。

5.7　单轴作用下石膏充填裂隙砂岩非均质颗粒模型分析

5.7.1　石膏充填裂隙砂岩力学特性

为分析充填物作用下裂隙砂岩从微裂纹聚集萌生到宏观裂纹失稳贯通的一系列断裂演化过程,图 5.31 给出了不同裂纹几何配置下石膏充填裂隙砂岩的应力－应变曲线。从图 5.31 可知,与非充填工况类似,在较低裂隙倾角时,裂隙试样的应力－应变曲线也出现不同程度的应力降现象。当裂隙倾角增至 75°时,加载过程中不但没有出现应力降现象,而且峰后应力－应变曲线也呈现出明显的脆性行为,该现象的主要原因是在较小裂隙倾角时,试样内局部区域"锁固体"承受的拉伸作用力超过其断裂韧度,导致局部区域最先破裂,同时,该现象也表明预制裂隙周围的高应力积聚区逐渐由裂隙中间或周围区域逐渐向裂隙尖端转移。

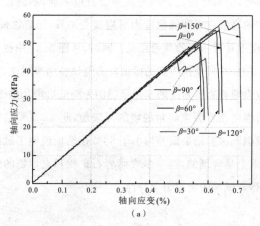

(a)

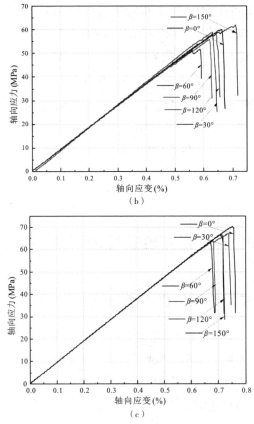

图 5.31 石膏充填裂隙砂岩应力－应变曲线

(a)α＝15°、(b)α＝45°和(c)α＝75°

此外，从图中还发现，随着裂隙倾角的增加，应力－应变曲线的斜率相差越来越小。详细地，在较小裂隙倾角时，应力－应变曲线进入屈服阶段之前，不同岩桥角度的曲线逐渐发生分离。总之，由整体的峰值应力和峰值应力对应应变来看，二者之间的吻合度较高，说明该模拟结果从某种程度上具有一定的参考意义。同时，从图 5.31 中提取不同裂纹工况下应力－应变曲线的峰值应力，并将模拟得到的峰值应力与试验结果对比，绘制于图 5.32。当裂隙倾角不变时，峰值应力随着岩桥角度的变化呈现出先降低后增加的变化趋势。详细地，当岩桥角度不变时，峰值强度随着裂隙倾角的增加而增加，此外，试验结果与模拟结果吻合度较高，通过计算发现模拟和试验结果误差均小于 5％，该结论说明了试样内充填物及岩石基质在细观力学参数选取上是合理的，进一步表明岩石矿物和充填物的细观力学属性在一定程度上能反映出室内砂岩试样的宏观力学特性。

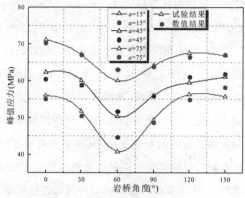

图 5.32　试验与模拟石膏充填裂隙砂岩峰值应力结果对比

5.7.2　石膏充填裂隙砂岩裂纹演化特征

为详细分析充填物作用下,细微观裂纹萌生成核前、扩展连接中以及失稳贯通等整个演化过程,与非充填工况类似,考虑到篇幅,仅选取典型试样(SG15-0、SG45-0 和 SG75-0)为例展开分析。图 5.33~5.35 为典型石膏充填裂隙砂岩在不同应力阶段的裂纹断裂演化过程。根据裂纹演化特征可知,裂纹扩展过程中的几个关键特征点(A、B、C、D 和 E)将整个加载变形过程分为微裂纹闭合阶段(OA)、裂纹萌生阶段(AB)、裂纹缓慢扩展阶段(BC)、裂纹快速扩展阶段(CD)和裂纹急剧扩展阶段(DE)。图 5.13 为典型试样(SG15-0)的裂纹断裂演化过程图。当荷载增至 36.31 MPa 时(状态 A),观察到试样表面预制裂纹周围区域拉伸裂纹最先起裂,该现象的主要原因是由于试样的拉伸断裂韧度小于压剪断裂韧度,当施加在裂纹周围的作用力超过其拉伸强度时,拉伸裂纹最先起裂扩展。随着荷载的增加,裂纹长度逐渐变长,并沿着轴向加载方向进一步延伸扩展。此外,从曲线中还可观察到拉剪裂纹数＞拉伸裂纹数＞压剪裂纹数。当荷载增至 51.34 MPa 时(状态 C),拉剪裂纹逐渐萌生扩展,并在试样表面观察到零散的压剪裂纹。当轴向作用力达到峰值应力时(状态 D),裂纹总数(Total crack_num)、拉伸裂纹数(Crack_tension_num)、拉剪裂纹数(Crack_shearT_num)和压剪裂纹数(Crack_shearC_num)分别为 634、213、351 和 70。当荷载进入峰后阶段时(状态 E),从裂纹演化曲线可明显看出,拉伸裂纹、剪切裂纹和拉剪混合裂纹扩展速率急剧增加并导致试样破裂贯通失稳。

图 5.34 为典型试样(SG45-0)的裂纹断裂演化过程图。当荷载增至 37.81 MPa 时(A点),裂纹开始萌生扩展。状态 C 之前,预制裂隙附近的微裂纹主要以拉伸断裂为主。随着荷载水平的增加,预制裂隙尖端区域的微裂纹密度和长度均逐渐增加。当荷载增至 57.65 MPa 时(C 点),剪切裂纹开始萌生扩展。当荷载增至峰值强度时(D 点),裂纹总数(Total crack_num)、拉伸裂纹数(Crack_tension_num)、拉剪裂纹数(Crack_shearT_num)和压剪裂纹数(Crack_shearC_num)分别为 392、95、247 和 50。当应力跌落至 E 点时,对应的

裂纹总数(Total crack_num)、拉伸裂纹数(Crack_tension_num)、拉剪裂纹数(Crack_shearT_num)和压剪裂纹数(Crack_shearC_num)分别为 3196、1610、1221 和 365。

图 5.35 为典型试样(SG75-0)的裂纹断裂演化过程图。在较低应力水平时,裂纹的萌生位置仍然出现在预制裂隙尖端。与图 5.33 和 5.34 不同的是,当裂隙倾角增至 75°时,裂纹的断裂失效除了在预制裂隙尖端孕育发生外,在远离裂隙尖端的区域也观察到大量微裂纹。另外,对比非充填工况(SN75-0)还发现,充填物作用后,峰前阶段不仅未出现应力跌落现象,而且试样的变形断裂行为受预制裂隙的影响更小,其断裂贯通模式与完整试样更接近。随后,随着荷载的增加,不断有新的微裂纹萌生扩展。当荷载跌至 E 点时,虽然右端预制裂隙周围的微裂纹密度急剧增加,但大量微裂纹并未在岩桥区域连接贯通。

对比图 5.33、图 5.34 和图 5.35 还发现,无论裂隙倾角变化如何,对应的张拉裂纹数(Crack_tension_num)最大,拉剪裂纹数(Crack_shearT_num)次之,压剪裂纹数(Crack_shearC_num)最小。此外,峰前阶段的裂纹密度数相对峰后阶段来说较少,该结论与非充填工况类似。不同之处,随着裂隙倾角的增加,裂纹起裂贯通位置由预制裂隙中间或周围逐渐向裂隙尖端转移,另外,从裂纹萌生应力水平得知,微裂纹起裂应力水平均随着裂隙倾角的增加而增加,且裂纹数也随着裂隙倾角的增加而增加。

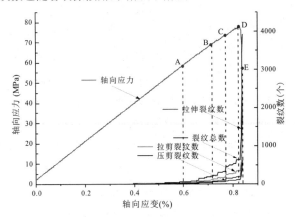

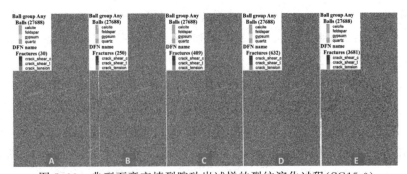

图 5.33　典型石膏充填裂隙砂岩试样的裂纹演化过程(SG15-0)

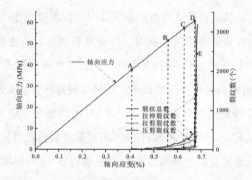

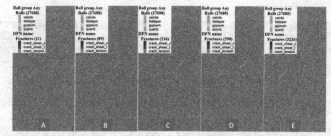

图 5.34　典型石膏充填裂隙砂岩试样的裂纹演化过程（SG45-0）

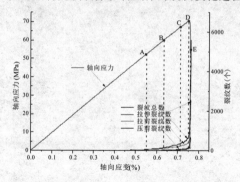

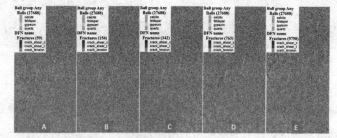

图 5.35　典型石膏充填裂隙砂岩试样的裂纹演化过程（SG75-0）

5.7.3　石膏充填裂隙砂岩极限破坏模式

图 5.36 给出了不同裂纹几何配置下石膏充填裂隙砂岩最终断裂模式图。通过与室内试验结果对比（图 3.10），数值模拟获得的断裂模式与室内试验结果较一致，无论裂隙倾角大

小,随着岩桥角度的增加,其断裂模式均由间接贯通向直接贯通转变。同时,从图5.36还发现,随着裂隙倾角的增加,预制裂隙的存在对试样贯通模式的影响逐渐减小,该结论与室内试验结果(图3.10)类似。总之,同一裂纹几何参数下试样的断裂模式与非充填工况类似,当裂隙倾角较小时,岩桥贯通模式由间接贯通向直接贯通转变。当裂隙倾角较大时,发现个别试样的最终断裂模式受预制裂纹影响较小。另外,对比典型非充填裂隙试样(SN15-60 和SN15-90)与典型充填试样(SG15-60 和 SG15-90)的极限断裂模式可知,充填物作用后,预制裂隙周围的宏观裂纹由预制裂隙中间部位向裂隙尖端转移,进一步揭示了加载过程中充填物起到应力传递和转移作用。

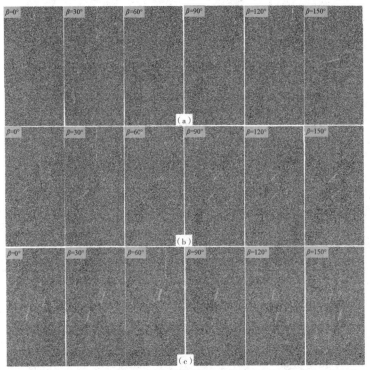

图5.36　不同裂纹几何参数石膏充填裂隙砂岩断裂模式图

$(a)\alpha=15°;(b)\alpha=45°;(c)\alpha=75°$

由极限断裂形态图进一步发现,当裂隙倾角较小时,大多数试样在预制裂纹尖端和周围附近区域均出现宏观裂纹。随着裂隙倾角的增加,预制裂纹周围的宏观裂纹逐渐消失,且主要集中在裂隙尖端区域,该现象证实了裂隙面的应力积聚作用具有一定的角度效应,随着裂隙倾角的增加,预制裂隙附近的高应力积聚区由裂隙周围向尖端转移。此外,从断裂模式演化还可观察到,对于裂隙倾角 $\alpha=75°$ 而言,该工况下不仅宏观力学强度较其他裂隙角度大,而且个别试样($\beta=90°$ 和 $\beta=120°$)的预制裂纹之间未出现明显的贯通,从裂隙倾角对岩桥贯通模式的影响规律可知,随着裂隙倾角的增加其影响逐渐减小。因此,进一步推断出当裂隙

倾角 $\alpha=75°$ 时,裂隙砂岩的力学行为更接近完整试样。

5.8　双轴作用下石膏充填裂隙砂岩细观机制分析

5.8.1　模拟与试验结果对比

为分析不同侧压大小对石膏充填裂隙砂岩变形行为和断裂机制的影响,考虑到篇幅,仅列出了不同侧压作用下裂纹几何参数为 $\alpha=45°$ 以及六种不同岩桥角度($\beta=0°$、$30°$、$60°$、$90°$、$120°$ 和 $150°$)结果,图 5.37 和 5.38 分别给出了裂隙倾角为 $45°$ 工况时不同侧压作用下石膏充填裂隙砂岩的模拟与室内试验应力—应变曲线结果。从图 5.37 可以看出,与单轴工况类似,加载开始应力—应变曲线便进入线性变形阶段。而对于试验结果来说(图 5.38),应力—应变曲线的初始加载阶段呈现出明显的非线性演化特征。此外,对比模拟与实验结果可知,模拟获得的应力—应变曲线斜率不同于试验结果,但从整体的峰值应力和峰值应力对应的应变来看,吻合度仍然较高,说明该模拟结果在某种程度上具有一定的参考意义。

从图 5.37 和 5.38 中分别提取不同工况下室内试验与数值模拟曲线中的峰值强度,得到不同侧压作用下含不同裂纹几何配置石膏充填裂隙砂岩峰值应力的演化规律,如图 5.39 所示。从图 5.39 可知,模拟得到的裂隙砂岩峰值强度和室内试验结果较接近,模拟和试验结果的误差范围在 7% 以内。另外,同一种侧压作用下,峰值应力随岩桥角度的变化呈现出先降低后增加的趋势,该结论与单轴加载工况一致。从图中还可观察到,当岩桥角度相同时,侧压从 2.5 MPa 增至 5 MPa 其峰值应力增量较 5 MPa 增至 10 MPa 时小,该现象从侧压增量的大小就可以很显然地理解其对应峰值应力的增量。

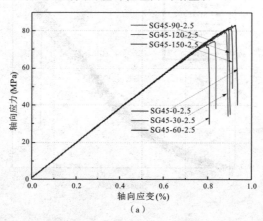

（a）

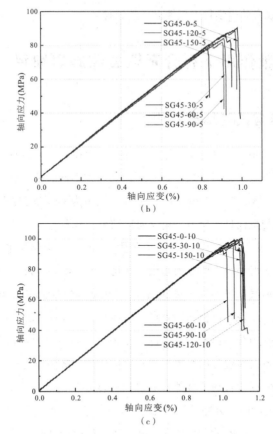

图 5.37　不同侧压作用裂隙砂岩应力－应变曲线

(a)2.5 MPa；(b)5 MPa；(c)10 MPa

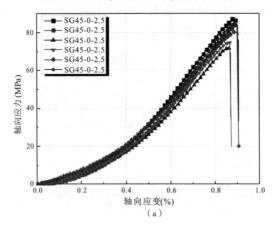

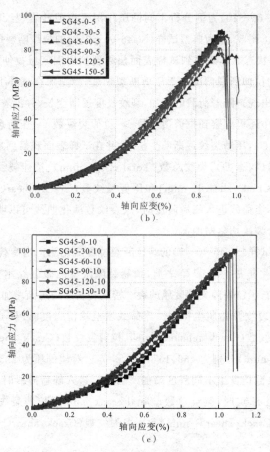

图 5.38　不同侧压作用裂隙砂岩试验结果

（a）2.5 MPa；（b）5 MPa；（c）10 MPa

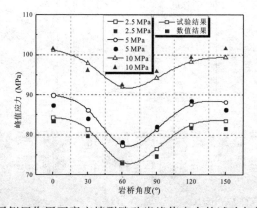

图 5.39　不同侧压作用石膏充填裂隙砂岩峰值应力的试验与模拟结果对比

5.8.2　侧压对裂隙砂岩细观裂纹演化过程的影响

为分析侧压对裂隙砂岩细观裂纹演化机制的影响,通过以典型岩样(SG45-60－2.5、

SG45-60－5 和 SG45-60－10)为例分析不同侧压作用下裂隙砂岩裂纹破断演化规律,如图5.40～图5.42所示。图5.40 为典型试样(SG45-60－2.5)的裂纹断裂过程演化图。当荷载增至 31.07 MPa 时(状态 A),观察到试样表面预制裂纹周围区域拉伸裂纹最先萌生,该现象主要是由于试样的拉伸断裂韧度小于压剪断裂韧度,当施加在试样上的作用力超过其拉伸强度时,拉伸裂纹出现。随着荷载的增加,裂纹长度逐渐变长,并沿着轴向加载方向扩展。此外,从曲线演化图中还可观察到拉剪裂纹数 ＞ 拉伸裂纹数 ＞ 压剪裂纹数。当荷载增至47.37 MPa 时(状态 C),压剪裂纹逐渐萌生扩展,并在试样表面观察到零散的压剪裂纹。当荷载达到峰值应力时(状态 D),裂纹总数(Total crack_num)、拉伸裂纹数(Crack_tension_num)、拉剪裂纹数(Crack_shearT_num)和压剪裂纹数(Crack_shearC_num)分别为 459、155、269 和 35,随后,当荷载进入峰后阶段时,从裂纹数演化曲线可以明显看出,拉伸裂纹、剪切裂纹和拉剪混合裂纹均急剧增加。

图 5.41 为典型试样(SG45-60－5)的裂纹断裂过程演化图。当荷载增至 41.26 MPa 时(A 点),裂纹开始萌生扩展。状态 C 之前,预制裂隙附近的微裂纹主要以拉伸破断为主。随着荷载水平的增加,预制裂隙尖端区域的裂纹密度和长度均逐渐增加。当荷载增至 52.99 MPa 时(C 点),剪切裂纹开始萌生扩展。当荷载增至峰值强度时(D 点),裂纹总数(Total crack_num)、拉伸裂纹数(Crack_tension_num)、拉剪裂纹数(Crack_shearT_num)和压剪裂纹数(Crack_shearC_num)分别为 466、157、255 和 54。对比侧压为 2.5 MPa 时(图 5.40),对应的不同种类裂纹数均发生不同程度增加。当试样进入峰后阶段时,三种微裂纹数急剧增加。当应力跌落至 E 点时,裂纹总数(Total crack_num)、拉伸裂纹数(Crack_tension_num)、拉剪裂纹数(Crack_shearT_num)和压剪裂纹数(Crack_shearC_num)分别为 3458、1755、1344 和 359。

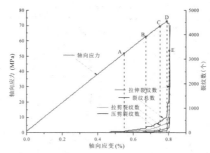

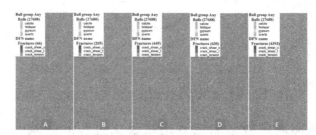

图 5.40 侧压为 2.5 MPa 典型石膏充填裂隙砂岩试样的裂纹演化过程

图 5.22 为典型试样(SG45-60－10)的裂纹过程断裂演化图。从图中可知,在较低应力

水平时,裂纹的萌生位置仍然从预制裂隙尖端萌生起裂。不同于侧压2.5 MPa和5 MPa(图5.40和图5.41),当荷载增至状态C时,裂纹总数是侧压为2.5 MPa和5 MPa的二倍之多,且从预制裂隙尖端观察到翼型裂纹(剪切裂纹)萌生扩展,该现象进一步说明,随着侧压的增加,试样内的剪切裂纹提前萌生起裂,且该结论与声发射波形结果一致。随着荷载继续增加,裂纹尖端和岩桥区域不断有新的微裂纹萌生扩展。当荷载跌至E点时,预制裂隙周围的微裂纹密度急剧增加,大量的微裂纹相互连接贯通形成一条倾斜的宏观断裂带。

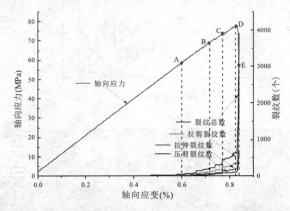

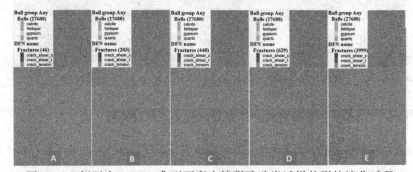

图5.41 侧压为5 MPa典型石膏充填裂隙砂岩试样的裂纹演化过程

对比图5.40、5.41和5.42可知,当侧压分别为2.5 MPa、5 MPa和10 MPa时,加载结束时对应的裂纹总数(Total crack_num)分别为4390、3411和5914;拉伸裂纹数(Crack_tension_num)分别为2143、1640和2623;拉剪裂纹数(Crack_shearT_num)分别为1607、1217和2212;压剪裂纹数(Crack_shearC_num)分别为640、554和1079。总体来说,随着侧压的增加,拉伸裂纹占比逐渐减小,而剪切裂纹占比逐渐增加。详细地,对应的拉伸裂纹占比分别为48.8%、48.1%和44.4%;拉剪裂纹占比分别为36.6%、35.7%和37.4%;压剪裂纹占比分别为14.6%、16.2%和18.2%。另外,试样的最终断裂贯通模式较类似,均在岩桥区域发生直接贯通,且整个加载过程微观裂纹演化规律一致,峰前阶段以拉剪裂纹占优。不同于侧压2.5 MPa和5 MPa,侧压为10 MPa时,观察到总拉伸裂纹数量减少,而剪切裂纹数量(拉剪裂纹和压剪裂纹数量)增加,该结论与室内结果一致。此外,从裂纹的萌生应力水平得知,拉伸和剪切裂纹萌生应力水平均随着裂隙倾角的增加而增加,且裂纹数也随着裂隙倾角的增加而增加。

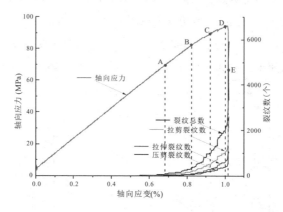

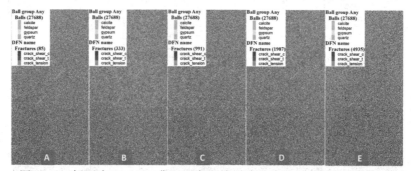

图 5.42　侧压为 10 MPa 典型石膏充填裂隙砂岩试样的裂纹演化过程

5.8.3　侧压对裂隙砂岩极限断裂模式的影响

通过对不同侧压工况下含不同裂纹几何配置石膏充填裂隙砂岩的最终断裂模式图进行归纳汇总,结果如图 5.43 所示。通过与室内试验结果对比发现,除了较大裂隙倾角工况未出现显著的挤压破断现象外,当侧压为 2.5 MPa 和 5 MPa 时,模拟结果与室内试验得到的断裂贯通模式较吻合。随着岩桥角度的增加,其断裂模式均由间接贯通向直接贯通转变。另外,从断裂形态图上观察发现,当裂隙倾角较小时,个别试样在裂纹尖端及周围附近区域均出现宏观裂纹,随着裂隙倾角的增加,预制裂纹周围的宏观裂纹逐渐消失,且主要集中在裂隙尖端区域,该现象证实了裂隙面的应力积聚作用具有一定的角度效应,即随着裂隙倾角的增加,预制裂隙附近的高应力积聚区由裂隙中间或周围区域向尖端转移。此外,对于裂隙倾角为 75° 而言,个别试样($\beta = 150°$)预制裂纹之间并未出现明显的贯通连接现象,即无论单轴或双轴工况,裂隙倾角对岩桥贯通模式的影响均随着裂隙倾角的增加而减小。因此,进一步推断出当裂隙倾角增至 75° 时,裂隙砂岩的力学行为更接近完整试样。另外,对比单轴作用下裂隙试样的裂纹演化特征可知,双轴作用时裂纹数明显高于单轴工况,主要是由于侧压作用致使试样预失效破断时需要外界提供更多的能量,从而导致试样内产生的裂纹数量明显多于单轴工况。

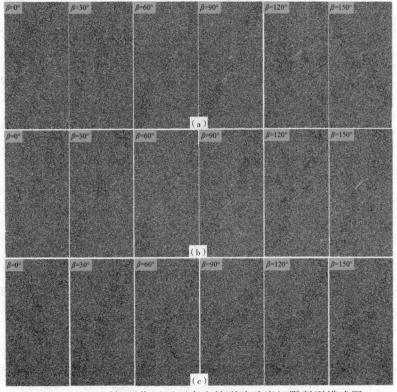

图 5.43 不同侧压作用下石膏充填裂隙砂岩极限断裂模式图

(a)2.5 MPa;(b)5 MPa;(c)10 MPa

5.9 裂隙砂岩应力场和位移矢量场演化机制分析

5.9.1 非充填和石膏充填裂隙砂岩应力场时空演化特征

上述章节基于 3D-DIC 和 AE 技术对裂隙砂岩加载过程中的变形行为和裂纹破裂过程开展了详细的研究,然而,裂隙周围应力分布以及充填物对裂隙周围应力演化的影响仍不能从现有的测试手段中直接获得。众所周知,应力场对于揭示岩石断裂失效机制至关重要,且现有的 PFC 颗粒流模块不能直接获取最大主应力场和剪切应力场的演化特征。为进一步探究裂隙岩石断裂过程中裂纹周围应力场的演化规律以及分析充填物和侧压对最大主应力场和剪切应力场的影响,故本节通过对整个试样布置测量圆的方法来揭示不同加载阶段应力场的演化规律,如图 5.44 所示。测量圆内颗粒平均应力、最大主应力和最大剪应力的计算公式如式(5.8)~式(5.10)所示。

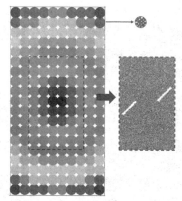

图 5.44 测量圆布置示意图

$$\sigma_{ij} = \left(\frac{1-n}{\sum_{N_p} V^{(P)}}\right) \sum_{N_p} \sum_{N_c} |x_i^{(C)} - x_i^{(P)}| n_i^{(C,P)} F_j^{(C)}$$

(5.8)

式中,σ_{ij} 为颗粒间平均作用力;N_p 为颗粒质心;N_c 为颗粒接触;V_p 为颗粒面积;n 为孔隙度。

$$\sigma_{max} = \frac{\sigma_x + \sigma_y}{2} + \sqrt{\left(\frac{\sigma_x + \sigma_y}{2}\right)2 + \tau_{xy}^2}$$

(5.9)

式中,σ_{max} 为最大主应力;σ_x,σ_y 分别为 x 和 y 方向正应力;τ_{xy} 为 x 方向剪应力。

$$\tau_{max} = \sqrt{\left(\frac{\sigma_x + \sigma_y}{2}\right)2 + \tau_{xy}^2}$$

(5.10)

式中,τ_{max} 为最大剪应力;σ_x,σ_y 分别为 x 和 y 方向正应力;τ_{xy} 为 x 方向剪应力。

图 5.45 对应图 5.7~图 5.9 中典型非充填裂隙砂岩在不同应力阶段下的最大主应力云图。为便于区分应力场的受力状态,拉伸应力积聚区和压缩应力积聚区分别用不同颜色曲线框表示,如图 5.45 所示。随着应力水平增加,拉伸积聚区范围和压缩积聚区范围均逐渐增大。此外,观察到拉伸应力积聚区分布形态呈近似条带状演化趋势,该现象与试验中最大主应变演化规律一致,进一步表明模拟获得的最大主应力结果是可靠的。详细地,从图 5.45(a)得知,不同加载阶段下,压应力峰值由 14.5 MPa 增至 32.0 MPa,峰后跌落至 31.4 MPa,同时,拉伸应力峰值由 6.5 MPa 增至 10.0 MPa,最终降至 9.8 MPa。对于 $\alpha = 45°$ 而言,从阶段 A 增至阶段 E 时,压应力峰值由 16.6 MPa 增至 23.4 MPa,峰后跌落至 19.8 MPa;对应的拉伸应力峰值由 5.7 MPa 增至 8.9 MPa。当裂隙倾角为 75°工况时,压应

力峰值由 7.4 MPa 增至 13.8 MPa,对应拉伸应力峰值由 2.80 MPa 增至 4.85 MPa。

对比图 5.45(a)、(b)和(c)可知,两条预制裂隙之间的区域均为压缩积聚区,该现象主要是由于三个典型试样的岩桥角度均为 0°,轴向加载方向与岩桥区域垂直,因此,岩桥区域始终处于受压状态。另外,该现象与试验章节中最大主应变场演化规律及试样断裂失效模式的裂纹演变机制一致,进一步证明测量圆方法获得应力场结果的正确性。另外,观察图 5.45(a)、(b)和(c)仍可发现,两条预制裂纹外尖端的压应力积聚区随着裂隙倾角的变化而变化。对于 $\alpha = 15°$ 和 45°来说,整个加载过程中拉伸积聚区和压缩积聚区的演化规律近似一致。不同于 15°和 45°,当裂隙倾角增至 75°时,拉伸积聚区和压缩积聚区均产生一定的变化,进一步表明不仅岩桥角度对拉伸积聚区和压缩积聚区产生影响,当裂隙倾角增至一定角度时,对最大主应力和剪切应力分布状态也会产生较大的影响。

同理,基于测量圆的方法对典型非充填裂隙砂岩试样内颗粒间的最大剪切应力进行计算处理得到不同应力阶段下最大剪切应力场的演化规律,结果如图 5.46 所示。与最大主应力场变化规律一致,均在岩桥和裂隙尖端区域产生高应力集聚作用,而在裂隙周围孕育低应力集聚区。总体来说,不同裂隙几何工况下,三个典型试样的最大剪切应力场既相似又有区别。相同之处,高剪切应力积聚区和低积聚区交替出现,且高剪切应力积聚区主要分布在岩桥区域和裂隙尖端,相反,低剪应力区主要分布在预制裂隙周围。不同之处为,较低剪应力积聚区范围随着裂隙倾角增加而减小,且从不同的加载阶段可看出,剪切应力低积聚的应力峰值逐渐增加。对比图 5.46(a)、(b)和(c)仍可发现,随着裂隙倾角增加,对应不同应力阶段下预制裂隙周围、岩桥区域及裂纹尖端的峰值剪切应力均逐渐增加。

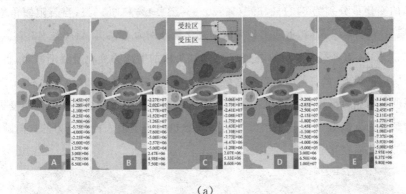

(a)

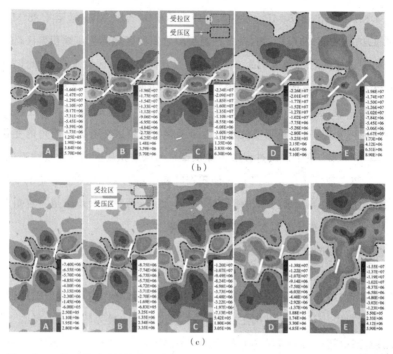

图 5.45 典型非充填裂隙砂岩在不同加载阶段下最大主应力演化规律：
(a)SN15-0；(b)SN45-0；(c)SN75-0

详细地,当 $\alpha = 15°$ 时,从阶段 A 增至阶段 E 时,最大和最小剪应力的变化量分别为 82.3%、88.5%、90.6%、91.0% 和 97.5%;对于 $\alpha = 45°$ 而言,从阶段 A 增至阶段 E 时,剪应力积聚区的变化量分别为 67.1%、69.1%、70.5%、71.4% 和 66.3%;当裂隙倾角增至 75° 时,从阶段 A 升至阶段 E 时,剪应力积聚区的变化量分别为 40.9%、41.6%、42.7%、43.5% 和 83.9%。总之,随着裂隙倾角的增加,不同加载阶段的剪应力变化量逐渐减小,也就是说不同加载阶段的最大、最小剪应力差值逐渐减小。另外,对比图 5.25(a)、(b)和(c)还发现,岩桥区域的剪切应力高积聚区随着裂隙倾角的增加,其高应力区域由两个逐渐演变为一个,更直观地解释为近似由"8"形转变为"0"形,该现象也暗示了最大剪切应力的方向随着预制裂隙倾角的变化而变化。

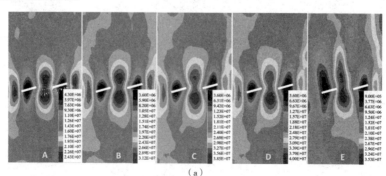

(a)

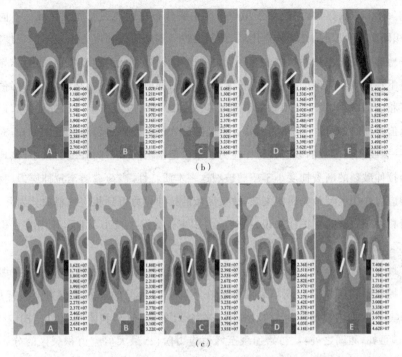

图 5.46 典型非充填裂隙砂岩在不同加载阶段下最大剪应力演化规律

(a)SN15-0;(b)SN45-0;(c)SN75-0

虽然上述章节通过室内试验的方法对充填物在裂隙岩石断裂扩展过程中所起的角色进行了定性和定量分析,但从应力场角度探究充填物对裂隙面应力传递机制的研究仍未涉及。因此,基于测量圆的方法对试样内所有颗粒最大主应力进行计算处理获得不同加载阶段下石膏充填裂隙砂岩最大主应力场分布规律。图 5.47 为图 5.43~图 5.45 中典型石膏充填裂隙砂岩在不同应力阶段的最大主应力云图。

总体来说,观察图 5.47(a)、(b)和(c)可知,预制裂隙尖端压应力积聚区的演化形态与非充填工况类似,仍有一定的角度相关性。从图 5.47(a)可知,压应力峰值由 13.5 MPa 增至 31.4 MPa,峰后跌落至 24.0 MPa。同时,拉伸应力峰值由 6.2 MPa 增至 9.2 MPa,最终降至 9.1 MPa。对于 $\alpha=45°$ 而言,压应力峰值由 12.0 MPa 增至 22.4 MPa,峰后跌落至 20.9 MPa;拉伸应力峰值由 4.25 MPa 增至 5.8 MPa。当裂隙倾角为 75°工况时,压应力峰值由 7.15 MPa 增至 11.9 MPa;拉伸应力峰值由 2.70 MPa 增至 5.45 MPa。此外,随着应力水平的增加,剪切应力积聚区分布形态呈椭圆状演化趋势,该现象与试验中最大剪切应变的演化规律一致,表明充填物作用后,最大主应力积聚区由长条带状向近似椭圆状转变,进一步暗示了该区域的作用力主导模式由拉伸应力向剪切应力转变。

通过图 5.45(a)与 5.47(a)、图 5.45(b)与 5.47(b)、图 5.45(c)与 5.47(c)两两对比可知,峰值应力阶段前,最大主应力的积聚范围和分布形态较类似,且压缩应力积聚区主要分布在裂隙尖端和岩桥区域,而拉伸作用积聚区主要分布在远离裂隙周围区域。不同之处主要有:在相同应力阶段时,充填物作用后,预制裂隙周围峰值拉伸应力出现不同程度降低,该现象较好地解释了充填物对裂隙面起到应力传递和转移的角色,即充填物作用后,导致同一应力水平下预制裂隙周围的拉伸应力积聚程度降低;同时,发现预制裂隙尖端的峰值压应力也发生了相应的减小,说明充填物能够对裂隙尖端的高压应力产生一部分抵消作用。当荷载增至峰值强度时,对比非充填和石膏充填裂隙砂岩的拉伸应力积聚区范围可知,充填物作用后,同一裂纹几何参数的砂岩其拉伸应力积聚区范围出现了不同程度的减小,该现象的主要原因为拉伸破裂的断裂韧度小于压剪破裂这一本质特性,当荷载增至拉伸应力门槛值时,对应拉伸应力作用区域最先屈服失效,故该区域的拉伸应力得到相应的释放。因此,非充填裂隙砂岩相对于石膏充填试样来说,拉伸应力积聚区会发生减小,相反,压缩应力积聚区出现增大。

除了最大主应力分布特征外,同样基于测量圆的方法对试样内所有颗粒的剪切应力进行计算并提取得到典型石膏充填裂隙砂岩在不同应力阶段的最大剪应力分布特征,如图5.48所示。通过两两对比图5.46(a)和图5.48(a)、图5.46(b)和图5.48(b)、图5.46(c)和图5.48(c)可知,相同之处:从初始加载至峰值应力阶段,最大剪应力积聚区的分布位置一致,即预制裂隙周围出现明显的低剪应力区,裂隙尖端和岩桥区域为高剪应力积聚区,且高低剪应力积聚区交替出现。

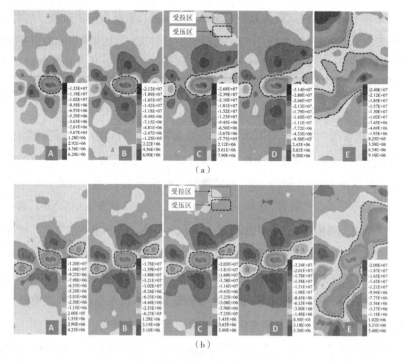

(a)

(b)

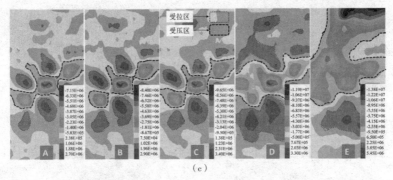

(c)

图 5.47　典型石膏充填裂隙砂岩在不同加载阶段下最大主应力演化规律
(a)SG15-0;(b)SG45-0;(c)SG75-0

　　不同之处主要包括:充填物作用后,同一加载阶段的最大剪切应力均出现不同程度的增加,且剪切应力积聚区的分布形态略微不同。详细地,对于 $\alpha=15°$ 而言,从阶段 A 增至阶段 D 时,最大剪切应力的变化量分别为 75.58%、150%、147.22% 和 166.67%;当 $\alpha=45°$ 时,从阶段 A 演变至阶段 E 时,最大剪切应力的变化量分别为 10.64%、29.41%、22.22% 和 31.82%;当裂隙倾角增至 $75°$ 时,最大剪切应力的变化量分别为 13.58%、11.70%、4.0% 和 2.96%。

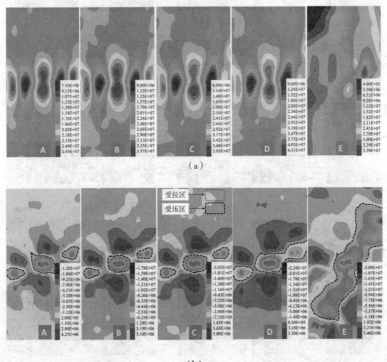

(a)

(b)

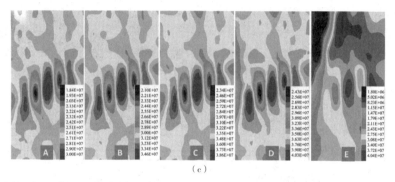

（c）

图 5.48　典型石膏充填裂隙砂岩在不同加载阶段下最大剪应力演化规律

（a）SG15-0；（b）SG45-0；（c）SG75-0

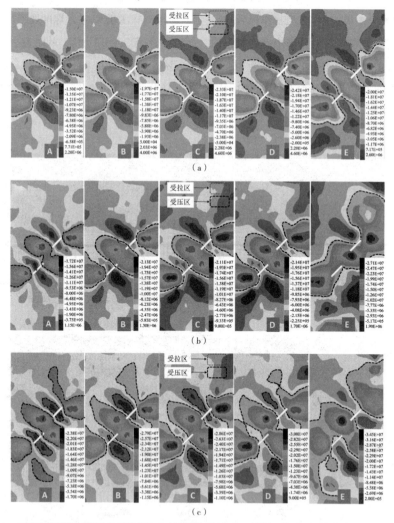

图 5.49　不同侧压作用下典型石膏充填裂隙砂岩在不同加载阶段最大主应力演化规律

（a）SG45-60－2.5；（b）SG45-60－5；（c）SG45-60－10

对比图 5.48(a)、(b)和(c)还发现,随着裂隙倾角的增加,岩桥区域剪切应力高积聚区的个数由两个逐渐演变为一个,该现象与非充填工况类似(图 5.46)。此外,远离预制裂隙周围区域的剪应力峰值逐渐增加,该现象说明了试样内发生剪切破坏的裂纹数量逐渐增多,进一步从宏观力学角度解释不同裂纹几何配置下砂岩强度的演化规律。另外,预制裂隙尖端剪切应力积聚区的分布形态与裂隙倾角也有一定的关联性。

为分析侧压对裂隙砂岩裂纹演化过程中应力场的影响,本节通过以典型裂隙倾角($\alpha=45°$)和岩桥角度($\beta=60°$)为例从细观角度分析不同侧压作用下裂隙砂岩应力场演化规律。图 5.49 为图 5.40～图 5.42 中典型充填裂隙砂岩在不同应力阶段的最大主应力演化特征。总体来说,不同侧压作用下,最大主应力场中的拉伸积聚区和压缩积聚区分布形态类似。不同之处为,同一应力水平下,随着侧压的增加,拉伸积聚区范围逐渐变小,而压缩积聚区范围逐渐变大,且对应的峰值压应力逐渐增加。另外,对比三种侧压作用下同一应力阶段 D 发现,峰值拉伸应力随着侧压的增加而减小,该现象的主要原因为高侧压作用时,即便试样达到峰值强度,由于高侧压挤压作用,试样大部分区域仍处于压缩状态,从而导致试样内拉伸裂纹断裂扩展时受到的抑制作用较大。相反,试样在低侧压作用下,当试样接近破断时,由于侧压的挤压作用力较小,导致试样内拉伸裂纹开裂扩展时受到的抑制作用较小。

除了最大主应力的演化外,同样基于测量圆的方法对整个试样的剪切应力进行计算处理得到典型石膏充填裂隙砂岩在不同应力阶段的最大剪应力分布特征,如图 5.50 所示。总体来说,从初始加载至峰值应力阶段,最大剪应力积聚区的位置一致,即预制裂隙周围出现明显的低剪切应力积聚区,裂隙尖端和岩桥区域为高剪切应力积聚区,且高低剪切应力积聚区交替出现。

详细地,对于裂隙倾角为 15°工况而言,从阶段 A 增至阶段 D 时,峰值剪切应力分别为 32.1 MPa、39.6 MPa、43.7 MPa 和 45.6 MPa,对应的最小剪应力分别为 8.2 MPa、9.8 MPa、10.5 MPa 和 10.8 MPa;当 $\alpha=45°$时,从阶段 A 演变至阶段 D 时,峰值剪切应力分别为 34.6 MPa、41.4 MPa、44.6 MPa 和 47.6 MPa,对应的最小剪应力分别为 8.5 MPa、10.2 MPa、10.7 MPa 和 11.8 MPa;当裂隙倾角增至 75°时,不同加载阶段对应的峰值剪切应力分别为 39.5 MPa、46.6 MPa、51.8 MPa 和 55.4 MPa,其最小剪应力分别为 9.7 MPa、10.8 MPa、11.2 MPa 和 11.6 MPa。另外,当侧压为 2.5 MPa 时,不同加载阶段的剪应力变化量分别为 74.45%、75.25%、75.97%和 76.32%;当侧压为 5 MPa 时,剪应力变化量分别为 75.43%、75.36%、76.00%和 75.21%;当侧压增至 10 MPa 时,剪应力的变化量分别为 75.44%、76.82%、78.38%和 79.06%。虽然最大与最小剪应力均随着侧压的增加而增加,但从其变化量可知,侧压大小对其影响不明显。

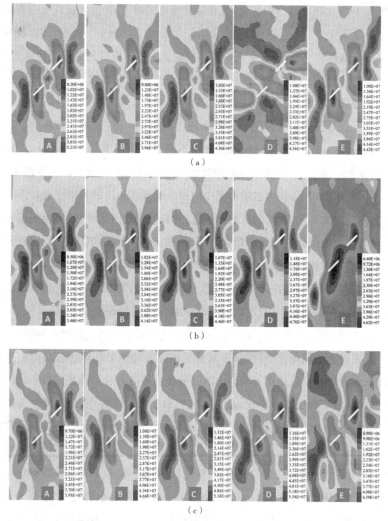

图 5.50　不同侧压作用下典型石膏充填裂隙砂岩在不同加载阶段最大剪应力演化规律
(a)SG45-60－2.5；(b)SG45-60－5；(c)SG45-60－10

5.9.2　非充填和石膏充填裂隙砂岩位移矢量场演化规律

　　当施加在颗粒之间的作用力大于其自身黏结强度时,颗粒之间的接触力键会发生断裂,且位移矢量场的大小和方向在很大程度上影响了裂纹的断裂扩展模式,因此,对位移矢量场的研究有助于更深入揭示裂隙岩石的断裂失稳机制。图 5.51 对应图 5.27 中典型非充填裂隙砂岩(SN15-0)在不同应力阶段的位移矢量场演化规律,其中,小箭头方向表示颗粒位移方向,箭头长短表示颗粒位移量级大小,大箭头表示颗粒矢量的相对运动方向。从图 5.51 可知,整个加载过程中,颗粒的拉伸扩张或剪切滑移会导致位移场发生明显的变化。当荷载增至 A 点时,左侧预制裂纹中间部位萌生出两条拉伸裂纹,且裂纹两侧区域的颗粒位移方向呈较小角度延伸扩展。同时,在右侧裂纹尖端区域观察到两条翼型张拉裂纹。另外,在岩桥区域观察到颗粒位移方向发生明显的交叉重叠现象,该现象在某种程度上抑制了裂纹的起裂扩展,也进一步推断出该区域将发生剪切滑移断裂。然而,在较低应力水平时,预制裂纹周围未出现拉剪裂纹或压剪裂纹,主要是由于岩石材料的压剪断裂韧度相对较大,当外荷载作用力未达到其阈值时,对应的剪切裂纹不会萌生扩展。当荷载由 A 点增至 B 点时,上一阶段的裂纹萌生区域接着以较大角度(大箭头扩展方向)沿荷载施加方向进一步延伸扩展。除了拉伸裂纹密度进一步增大外,在右侧预制裂纹区域还观察到零星压剪裂纹。

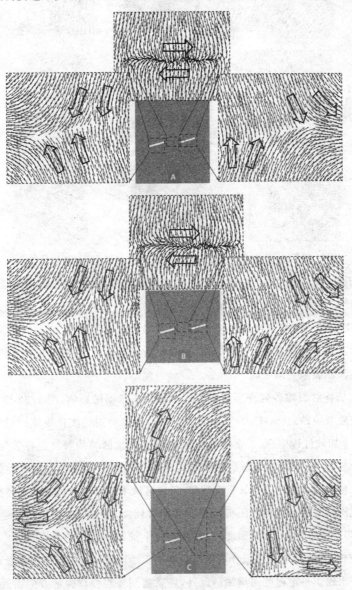

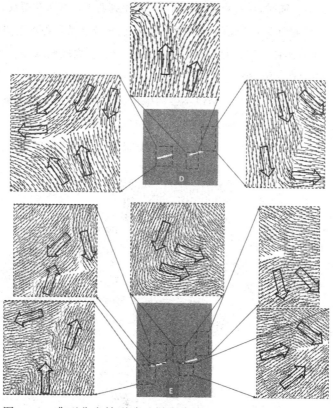

图 5.51　典型非充填裂隙试样在不同加载阶段位移矢量演化

当轴向荷载增至阶段 C 时，裂纹断裂区域相比前期较小应力阶段时，则以较大角度扩展。同时，对比阶段 A 和 B 发现，该加载阶段未出现新的压剪裂纹。当荷载增至峰值应力时（D 点），裂隙尖端压剪裂纹数量逐渐增加。当荷载跌至峰后阶段（E 点），颗粒位移矢量场随裂纹扩展贯通发生明显变化。此外，不仅总裂纹数量发生显著变化，而且岩桥区域的压剪裂纹密度高于预制裂隙尖端区域。

为分析充填物对裂隙砂岩变形破裂过程中位移矢量场的影响，图 5.52 给出了图 5.33 中典型石膏充填裂隙砂岩（SG15-0）在不同应力阶段的位移矢量演化规律。对比图 5.53 和 5.32 可知，整个加载过程中，除了充填物附近区域外，其他区域的颗粒位移矢量场演化规律一致。对于阶段 A 来说，预制裂隙区域位移矢量场的演化特征与岩桥区域类似，两个区域对应的颗粒位移均出现明显的交叉重叠现象，且该区域未观察到拉剪裂纹或压剪裂纹，主要是在较低加载阶段时岩石材料的压剪断裂韧度相对较大，当外荷载作用力未达到应力阈值时，对应的剪切裂纹未发育起裂，因此，在某种程度上抑制了裂纹的起裂扩展。当作用力由 A 点增至 B 点时，在远离岩桥区域和右侧预制裂隙尖端区域均观察到压剪裂纹萌生起裂，且拉伸裂纹密度出现了一定程度的增加。此外，还观察到颗粒位移矢量方向由近似垂直方向逐渐向水平方向呈一定角度演变。当荷载增至阶段 C 时，对比阶段 A 和阶段 B 可知，岩桥周围的颗粒位移矢量方向由交叉重叠变为朝向一个方向演变扩展。同时,在充填物内萌生出压剪裂纹。此外,除了裂隙尖端的拉伸裂纹密度显著增加外,在右侧预制裂纹区域还观察到压剪裂纹数量也逐渐增多。当荷载增至峰值阶段 D 时,该阶段接着上一阶段的裂纹扩展区域以较大角度(大箭头扩展方向)沿已有的裂纹断裂方向进一步扩展延伸。当轴向作用力跌至阶段 E 点时,颗粒位移矢量场的特征相对于前面几个阶段发生了显著的变化。在预制裂隙尖端和岩桥区域的颗粒位移矢量方向出现旋转。此外,充填物内压剪裂纹密度明显要高于拉伸裂纹密度,但岩桥周围和裂纹尖端的断裂贯通区域仍以拉伸裂纹占主导。

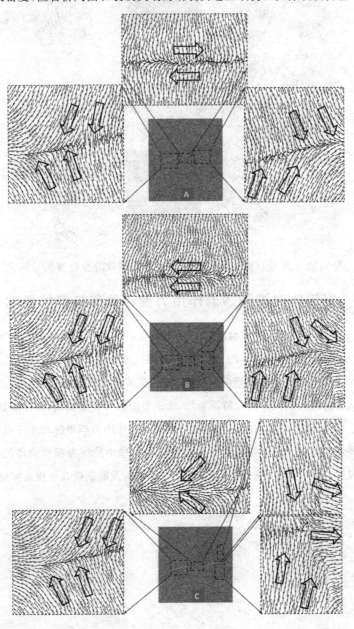

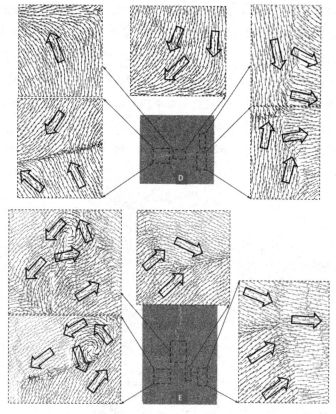

图 5.52　典型石膏充填裂隙试样在不同加载阶段位移矢量演化

5.9.3　充填物对裂隙砂岩作用力键和位移矢量的影响

图 5.53 为典型非充填和充填裂隙砂岩试样峰后 40％的平行黏结应力分布图。需要说明的是,图中蓝色区域代表压缩作用力键,绿色区域代表拉伸作用力键,试样表面的红色、黑色和灰色依次为加载过程中监测到的压剪微裂纹、拉剪微裂纹和拉伸微裂纹。对比非充填和充填裂隙试样的应力积聚区演化特征可知,无论裂隙倾角大小如何,非充填试样的拉伸应力区域均大于石膏充填试样。相反,非充填试样的压缩作用力积聚区均小于石膏充填试样,该现象的主要原因是由于充填物起到了传递剪应力和减小拉应力积聚的角色。此外,从力学参数及断裂模式来看,充填物作用后,试样的力学行为及断裂模式更接近完整试样。

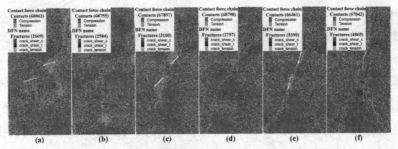

图 5.53　典型试样极限破坏时作用力分布规律

(a)SN15-60；(b)SG15-60；(c)SN45-60；(d)SG45-60；(e)SN75-60；(f)SG75-60

　　众所周知,位移矢量是表征裂纹行为及鉴别加载过程中裂纹断裂模式的一个重要指标。为进一步量化充填物对断裂过程及变形行为的影响,图 5.54 给出了非充填和充填裂隙砂岩峰后 40％典型颗粒的位移矢量演化特征。同时,表 5.4 列出了对应图 5.54 中最终破裂阶段的非充填和充填工况下典型颗粒位移矢量变化规律。需要说明的是,图中箭头方向与水平面之间的夹角为倾角(θ)。此外,大箭头指向方向为加载过程中颗粒的相对运动方向;小箭头方向为颗粒的速度方向,不同颜色的小箭头代表不同大小的位移量级。对于充填裂隙试样来说,由于加载过程中充填物和裂隙面之间的挤压作用导致在垂直于裂隙面方向产生支撑作用力,同时,沿着裂隙面产生滑移摩擦作用,因此,导致紧邻预制裂纹周围的颗粒朝向自由面方向移动并相互靠近。

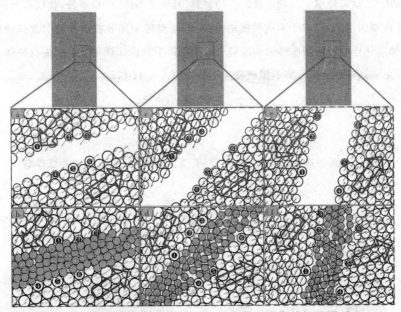

图 5.54　最终断裂时典型非充填与石膏充填位移矢量图对比

(a)SN15-60；(b)SG15-60；(c)SN45-60；(d)SG45-60；(e)SN75-60；(f)SG75-60

　　从图 5.54 可直观地看出,充填物作用后,预制裂隙下端面与水平方向之间的夹角减小,相反,预制裂隙上端面与水平方向之间的夹角增大。详细地,充填物作用后,预制裂隙上端面的典型颗粒平均位移矢量角度变化量分别为5°、5°和12.3°。与此同时,预制裂隙下断面的典型颗粒平均位移矢量角度变化量分别为5°、19°和25°,该现象的主要原因是由于充填物与裂纹面之间的相互作用,导致垂直于裂隙面法向方向和沿着裂隙面的切向方向产生作用力传递及转移作用。因此,位移矢量角的演化能够定性地阐述充填物在岩石加载断裂过程中起到的应力转移和摩擦作用,该结果也进一步证实了充填物能够抑制裂纹萌生且提高裂隙面轴向支撑力的作用机制。

表5.4 对应图5.54中非充填和充填裂隙砂岩的典型颗粒位移矢量倾角

编号	SN15-60/(°)	SG15-60/(°)	SN45-60/(°)	SG45-60/(°)	SN75-60/(°)	SG75-60/(°)
①	50	55	60	66	48	63
②	50	56	62	66	47	58
③	51	55	62	67	46	57
④	38	32	39	20	52	31
⑤	37	32	37	19	54	26
⑥	36	32	36	16	56	27

5.10 裂隙砂岩断裂锁固体理论

众所周知,煤岩体属于非均质性较高的材料,其生成条件、矿物组分、胶结程度的不同会造成岩样内部强度不均,对于不同尺度的结构体,强度较大部分控制着整个试样的稳定性。因此,从锁固体理论分析裂隙砂岩的断裂失稳过程即为其内部锁固体不断失稳破坏的过程。基于阿累尼乌斯方程得到砂岩的微破裂速度公式如式5.11所示。

$$v(t) = A_0 \exp\left(\frac{A_1 E \int_0^t \varepsilon \, dt - U_0}{kT}\right)$$

(5.11)

式中:v 为裂纹断裂速率;A_0,A_1 为常数;T 为岩体温度;k 为玻尔兹曼常数;U_0 为断裂活化能;$\overset{g}{\varepsilon}(t)$ 为应变率;E 为弹性模量。

为了计算方便,假设岩体加载过程为恒温过程,且加载速率为定值,则不同时刻 t 的累积微裂数为:

$$v(t) = \int_0^t v \, dt = \frac{kTA_0}{A_1 E \overset{g}{\varepsilon}} \exp\left(-\frac{U_0}{kT}\right) \left[\exp\left(\frac{A_1 E \overset{g}{\varepsilon} t}{kT}\right) - 1\right]$$

(5.12)

由式(5.12)可知,累积微裂数呈指数函数增加,结合图9分析发现,模拟加载过程中,试样累积微裂数—应变曲线的演化也呈现出指数函数增加。该公式从理论上也能够解释图11

中的现象,由于预制裂隙附近锁固体较其他区域先发育,因此,岩桥锁固体区域最先失稳破坏,导致试样断裂区域裂纹扩展速度大于其他区域。

5.11　本章小结

本章以室内实测砂岩矿物组分构建了考虑矿物非均质性的细观数值模型,对比研究了不同裂纹几何参数下单轴非充填和石膏充填裂隙砂岩的细观裂纹扩展过程、细观力学特性和极限断裂模式演化规律;同时,探讨了双轴压缩作用下裂隙岩石的断裂失效机制,揭示了裂隙砂岩变形破坏过程中的细观断裂机制,并与室内试验获得的宏观力学参数进行对比分析;最后,基于测量圆的方法对裂隙砂岩应力场、位移矢量场及充填物的应力传递和转移机制进行了量化表征,具体结论如下。

(1)预制裂隙砂岩力学参数及贯通破坏模式存在着明显几何非线性特征,随着裂隙倾角的增加,应力-应变曲线的波动程度逐渐减小,并且应力-应变曲线的直线段斜率逐渐增大。此外,峰值应力和峰值应变呈现出相同的演化规律,二者均随着岩桥角度的增加呈现出先降低后增加的趋势。

(2)充填物与岩石基质共同作用时,岩石的完整性及脆性均有一定程度的增加。此外,随着裂隙倾角的增加,相同岩桥角度裂隙砂岩的应变能和滑移摩擦能均有不同程度的增加。

(3)当预制裂隙倾角为15°和45°时,随着岩桥角度的增加,岩桥贯通模式由间接贯通向直接贯通转换。岩桥贯通类型从"V"形到"S"形再到"口"形变化。但当预制裂隙倾角为75°时,岩桥贯通模式全部为直接贯通。

① 对于单轴压缩工况来说,拉伸和剪切裂纹萌生应力水平均随着裂隙倾角的增加而增加,且裂纹数也随着裂隙倾角的增加而增加;对于双轴压缩工况来说,微裂纹数随着侧压的增加而增加,且拉伸裂纹占比降低,而剪切裂纹占比升高;对应的拉伸裂纹占比分别为48.8%、48.1%和44.4%,拉剪裂纹占比分别为36.6%、35.7%和37.4%,压剪裂纹占比分别为14.6%、16.2%和18.2%;另外,无论单轴工况还是双轴工况,通过与室内试验结果对比,发现不同裂纹几何参数下其力学强度均在允许的误差范围内。

② 对于最大主应力场来说,对比非充填和充填裂隙试样可知,相同之处为,峰值强度阶段前,最大主应力的积聚范围和分布形态类似,且压缩应力积聚区主要分布在裂隙尖端和岩桥区域,而拉伸作用积聚区主要分布在远离裂隙周围区域;不同之处为,充填物作用后预制裂隙周围峰值拉伸应力出现不同程度降低,该现象较好地解释了充填物的应力传递和转移机制;同时,裂隙尖端的峰值压应力发生了相应的减小,进一步证实了充填物起到高应力抵消作用;对于剪切应力场演化来说,无论充填与非充填裂隙试样,二者岩桥区域的剪切应力积聚区随着裂隙倾角的增加,对应的应力积聚区域由两个逐渐演变为一个,更直观地可解释

为近似由"8"形变为"0"形。

③ 对比非充填和石膏充填裂隙试样的作用力键及位移矢量场可知,同一裂纹几何工况下,含石膏充填裂隙周围的压缩黏结力区域较非充填时大,而拉伸黏结力区域变小;上预制裂纹典型颗粒平均位移矢量角的变化量分别为 5°、5°和 12.3°;另外,下预制裂纹典型颗粒变化量分别为 5°、9°和 25°。

6 裂隙砂岩声发射非线性响应特征研究

6.1 引言

上述章节虽然从宏—细观角度对裂隙岩石在加载破断过程中的变形局部化特征和细观力学机制等方面进行了详细探究,并取得了一系列理解裂隙岩石断裂失稳破坏的有益结论。但未量化裂隙岩石在变形破断过程中微观裂纹的特征,由于变形破断过程中每个阶段产生的微裂纹机制不同,研究从微裂纹萌生成核到局部化累积,再逐渐演变为小尺度裂纹损伤,最终到宏观裂纹贯通破坏的声发射响应特征有助于进一步从微裂纹失效机制的角度揭示宏观局部化破裂产生的本质。况且岩石在外荷载作用下产生的微破裂过程很难实时捕捉,因此,声发射技术便成为研究岩石微观裂纹断裂机制的重要手段。另外,声发射技术不仅可以连续、高频率地捕捉微裂纹的时—频—空演化特征,而且声发射参数还可作为断裂失稳的前兆因子从非线性响应特征角度揭示岩石破裂的早期预警信息。

目前,众多学者对裂隙岩石的声发射特征进行了大量的研究,但是,对裂隙砂岩在不同加载条件下的声发射非线性时序特征和频谱演化仍需进一步研究,尤其对于双轴荷载作用下裂隙岩石的微裂纹断裂演化机制方面仍较少。因此,本章首先从声发射非线性时序信号特征角度出发,结合 R/S 统计分析方法,对非充填和石膏充填裂隙砂岩变形破坏过程中的整体裂纹复杂程度进行量化表征。随后,基于多重分形方法,对不同应力水平下裂隙砂岩的裂纹特征开展详细分析。最后,基于 Matlab 编程对声发射原始波形频谱特征进行研究,获得不同加载条件下的非线性时—频演化特征,并根据主频带分布规律提出一种量化表征微观裂纹的方法。

6.2 声发射参数

由于岩石内部含有不同尺度的微孔隙、裂隙和孔洞等缺陷,因此,岩石受载作用时会产生不同频率及能量的弹性波。岩石破裂产生的声发射波形信号中包含了不同类型的特征参数,如图 6.1 所示。从图中可以看出,特征参数主要有:振幅、撞击、上升时间、持续时间、计数和能量等。振幅是指在一次声发射事件撞击过程中峰值信号的偏移量,单位为 dB;撞击是指超过阈值弹性波触发传感器接收的声发射信号。计数是指越过门槛值的震荡次数,该参数能够较好地反映信号强度和频度以及鉴别变形破坏过程中裂纹的应力水平;能量是指大于预设门槛值的声发射信号所围成封闭图形面积,单位为 mV·μs,是反映岩石内释放弹性能的重要特征参数;计数和能量参数也是众多学者在研究岩石断裂损伤演化时最常用的参数。同时,基于基本参数衍生的特征量诸如,AF 为计数与持续时间之比,RA 为上升时间与振幅之比,二者的演化规律可定性区分加载过程中微观裂纹类型。

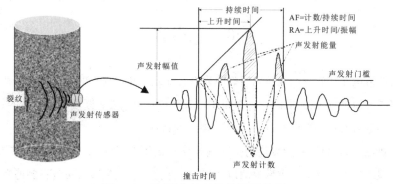

图 6.1　岩样瞬态声发射波形特征

6.3　裂隙砂岩声发射非线性时变单一分形特征

岩体损伤断裂破坏的不确定性及非线性,使得传统的研究方法存在明显的缺陷,因此,用非线性理论方法来揭示裂隙岩石破断现象是非常必要的。分形理论是研究裂隙岩体断裂复杂程度的有效工具。分形理论最初是由 Mandelbrot 研究流体湍流流动特性而提出的,它没有特征长度但具有较强自相似性及量化物体复杂程度的特点,并解决了数学、物理上的一些复杂问题。随后,被众多学者用于研究物体的复杂性和非线性特征,它能够揭示客观世界中客体大小同度量尺度的幂律关系,且不受特征长度影响,因此,该理论被众多交叉学科广泛使用。

6.3.1　单轴作用下裂隙砂岩声发射单一分形特征

基于先前研究得知,岩石变形和断裂过程中产生的声发射信号服从 R/S 统计规律,且 R/S 统计指数与分形维数呈线性关系。分形维数能够表征时间序列的不规则性和复杂性。分形维数越大,岩石内裂纹的变形断裂行为越复杂,反之,裂纹的断裂复杂程度较规则和简单,因此,本节采用分形方法来量化表征非充填和石膏充填裂隙砂岩的裂纹断裂复杂程度。图 6.2 给出了典型非充填和石膏充填裂隙砂岩的极限断裂形态图。首先,从图中可定性地看出石膏充填裂隙砂岩的裂纹特征较非充填工况简单。另外,通过观察非充填裂隙砂岩的宏观裂纹破断特征可知,随着裂隙倾角的增加,裂纹的起裂位置由预制裂隙中间部位向裂纹尖端转移,如图6.2(a)和(c)。同时,对比图6.2(a)和(b)发现,充填物作用后,即使在较小裂隙倾角时,宏观裂纹仍发生在裂隙尖端区域,其原因主要是由于充填物在加载过程中起到了传递剪切应力和减少预制裂隙附近或周围拉应力积累作用。

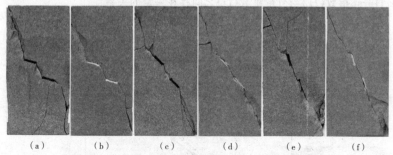

(a)　　　　(b)　　　　(c)　　　　(d)　　　　(e)　　　　(f)

图6.2　典型非充填和充填裂隙砂岩裂纹特征对比

(a)SN15-60;(b)SG15-60;(c)SN45-60;(d)SG45-60;(e)SN75-60;(f)SG75-60

由于岩石破断过程中捕捉到的声发射信号具有明显的非线性和不确定性特征,声发射信号的不规则程度可通过分形维数方法进一步量化。为量化对比非充填和石膏充填裂隙砂岩的裂纹演化特征,故采用R/S统计分析方法对裂纹断裂过程中的时间序列进行分析。声发射信号时间序列首先被定义为$\{x(t),t=1,2,\cdots,N\}$,然后,时间序列被划分为N个连续的等间距,每个间隔长度为k,对应子区间$<X>_k$的平均值可由下式得到:

$$<X>_k=\frac{1}{k}\sum_{i=1}^{k}x(t)$$

$$(6.1)$$

另外,累积偏差定义为:

$$X(n,k)=\sum_{i=1}^{n}x(i)-<X>_k,1\leqslant n\leqslant k$$

$$(6.2)$$

子序列的取值范围为:

$$R(k)=\max_{1\leqslant n\leqslant k}X(n,k)-\min_{1\leqslant n\leqslant k}(n,k)$$

$$(6.3)$$

标准偏差的计算方法为:

$$S(k)=\sqrt{\frac{1}{k}\sum_{i=1}^{k}\left[x(t)-<X>_k\right]^2}$$

$$(6.4)$$

最终,$R(k)/S(k)$统计规律为:

$$\frac{R(k)}{S(k)}\sim(k)^H$$

$$(6.5)$$

对式(6.5)取对数并转换得到:

$$H = d\log(R(k)/S(k))/d\log(k)$$

(6.6)

另外,Hurst 指数(H)与分形维数(D)之间存在一定的关系:

$$D = 2 - H$$

(6.7)

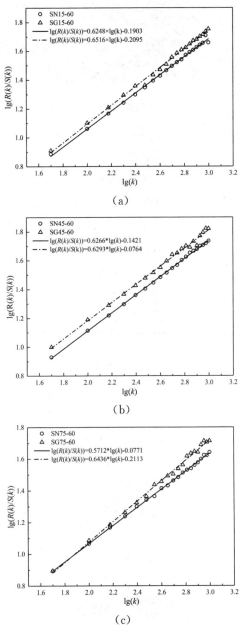

(a)

(b)

(c)

图 6.3 典型裂隙砂岩试样声发射信号 R/S 统计规律

图 6.3 为典型裂隙砂岩试样声发射信号的 R/S 统计分析结果,其对应的分形维数结果,如图 6.4 所示。从图 6.3 可知,无论裂纹几何配置如何,充填试样的 Hurst 指数大于非充填试样。另外,对比裂纹断裂形态图(图 6.2)与分形维数结果图(图 6.4)可知,裂纹复杂程度与分形维数呈正相关关系。此外,无论非充填或充填裂隙试样,分形维数和裂隙几何配置之间并无明显的线性关系。详细地,对于非充填裂隙砂岩来说,当裂隙倾角由 15°增至 75°时,Hurst 指数在 0.571~0.652 之间,对应的分形维数在 1.348~1.429 之间;对于石膏充填裂隙试样来说,当裂隙倾角由 15°增至 75°时,Hurst 指数在 0.629~0.652 之间,对应的分形维数在 1.371~1.348 之间。从图 6.4 还可看出,在相同裂纹几何参数下,非充填裂隙砂岩的分形维数大于石膏充填裂隙砂岩,该结论进一步验证了非充填裂隙砂岩的裂纹整体特征较石膏充填裂隙砂岩复杂(图 6.3)。

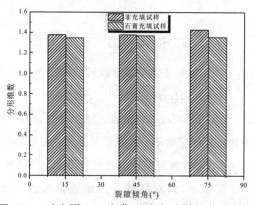

图 6.4　对应图 6.3 中典型砂岩试样的分形维数

6.3.2　双轴作用下裂隙砂岩声发射单一分形特征

由上述章节结论得知,岩石在单轴压缩或低侧压作用下的裂纹断裂机制主要以拉伸裂纹破断为主,但在高侧压作用时,试样内裂纹断裂的主导模式由拉伸破坏模式向压剪破坏模式转变。除了对上述典型非充填与石膏充填裂隙砂岩在单轴作用下的声发射信号分析外,本节还对不同侧压作用下石膏充填裂隙砂岩声发射信号的单一分形特征展开详细分析,以便揭示侧压大小与裂纹复杂特征之间的量化关系。首先,基于 R/S 统计分析方法,并结合最小二乘法对双轴作用下裂隙砂岩的单一分形特征进行分析计算,最后得到 Hurst 指数(H)值以及对应的分形维数值。

图 6.5(a)为双轴作用下典型裂隙砂岩试样的 R/S 统计结果。从图中拟合结果可直观看到,H 值在 0.585~0.652,且相关性系数大于 0.99,证明裂隙砂岩断裂过程中声发射时间序列特征符合 R/S 统计规律。另外,根据以往研究结果得知,当 $0.5 < H < 1$ 时,声发射信号时间序列与加载水平呈正相关关系,且该序列呈增强趋势,对应的典型裂隙砂岩试样在不同侧压作用下的分形维数,如图 6.5(b)所示。从图中可知,分形维数值与侧压呈负相关关系,

该现象的主要原因是高侧压作用抑制了砂岩内裂纹的扩展和增长,因此,致使岩样内整体声发射信号特征相对单一,该结果也进一步证实了试验中岩样的裂纹断裂特征(图4.11)。此外,该结论与先前研究者对砂岩在常规三轴压缩下进行CT扫描获得的分形维数结果较一致,进一步证明该方法对于表征双轴作用下试样内裂纹复杂程度仍适用。

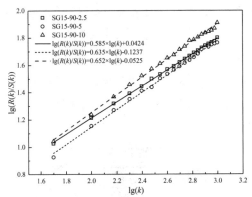

图 6.5　不同侧压下典型裂隙砂岩试样 R/S 统计特征

(a)Hurst 指数;(b)分形维数

为揭示不同侧压作用下含不同裂纹几何配置裂隙砂岩的 Hurst 指数以及分形维数演化规律,故采用类似计算方法得到相应的 Hurst 指数及分形维数结果,如表 6.1 所示。总体而言,在相同裂纹几何配置下,分形维数与侧压呈负相关关系。详细地,对于侧压为 2.5 MPa 而言,当岩桥角度从 0°增至 150°时,对应的分形维数依次为 1.4157、1.4135、1.4134、1.4148、1.3974 和 1.4769,平均值为 1.4220;当侧压为 5 MPa 时,对应的分形维数分别为 1.4049、1.4006、1.3893、1.3651、1.3526 和 1.3595,平均值为 1.3847;当侧压增至 10 MPa 时,对应的分形维数分别为 1.3205、1.4856、1.4000、1.3479、1.3195 和 1.3691,平均值为 1.3738。总之,从分形维数的演化规律进一步得知,随着侧压的增加,加载过程中生成裂纹的复杂程度逐渐减小,虽然个别试样出现离散结果,这可能是由于岩样之间的差异性以及探头粘贴效果不佳致使试样的声发射信号丢失,从而导致结果出现离散性。

表 6.1　不同侧压下裂隙砂岩声发射信号分形结果

侧压(MPa)	试样编号	Hurst 指数(H)	分形维数(D)	相关性系数(R²)
2.5	SG15-0－2.5	0.5843	1.4157	0.9991
	SG15-30－2.5	0.5865	1.4135	0.9996
	SG15-60－2.5	0.5866	1.4134	0.9996
	SG15-90－2.5	0.5852	1.4148	0.9996
	SG15-120－2.5	0.6026	1.3974	0.9994
	SG15-150－2.5	0.6231	1.4769	0.999

续表

侧压(MPa)	试样编号	Hurst 指数(H)	分形维数(D)	相关性系数(R²)
5	SG15-0—5	0.5951	1.4049	0.9979
	SG15-30—5	0.5994	1.4006	0.9982
	SG15-60—5	0.6107	1.3893	0.992
	SG15-90—5	0.6349	1.3651	0.9973
	SG15-120—5	0.6474	1.3526	0.9979
	SG15-150—5	0.6041	1.3959	0.994
10	SG15-0—10	0.6795	1.3205	0.9979
	SG15-30—10	0.5144	1.4856	0.9969
	SG15-60—10	0.6	1.4	0.9988
	SG15-90—10	0.6521	1.3479	0.9896
	SG15-120—10	0.6805	1.3195	0.9918
	SG15-150—10	0.6309	1.3691	0.9989

6.4 裂隙砂岩声发射非线性时变多重分形特征

6.4.1 多重分形理论

在外荷载作用下,多孔介质材料(煤、混凝土及岩石)断裂演化过程具有典型的非线性和自相似性特征,其裂纹发育释放的声发射信号在时域和空间也呈现出典型的多重分形特征。虽然上述章节借助单一分形方法对加载过程中的声发射时间序列进行了量化表征,但单一分形方法仅仅揭示了裂纹断裂的整体特征,而不能对单个应力阶段的裂纹特征进行表征。因此,本节借助多重分形方法对不同应力水平作用下的裂纹演化特征进行探究。

分形理论是根据物体自身的自相似性和尺度不变性等特点进行分析,众多学者提出了多种计算分形谱函数的方法,如配分函数法、分形插值法、多重分形涨势降落法、经验模态分解法和小波变换极大值法。在众多的谱函数计算方法中,盒维数方法可以避开中间繁杂的计算过程,因此,论文采用盒覆盖法对声发射信号的概率分布特征进行计算,并利用统计物理学方法对声发射信号的多重分形特征进行分析。

首先,对声发射时间序列进行定义$\{x(t); t=1,2,3,\cdots,N\}$,并对其分成连续的 N 等份,每一份长度为 M,每个区间的归一化概率定义为:

$$P_t = \frac{S_t}{\sum_{t=1}^{N}}, t=1,2,\cdots,N$$

(6.8)

式中,P_t 为归一化概率密度,S_t 为第 t 区间累积和。

配分函数 $x(q,M)$ 定义为:

$$x(q,M) = \sum_{t=1}^{N} P_t^q$$

$$(6.9)$$

式中,q 为统计矩顺序,它表示多重分形维数的不均匀程度;M 为标度长度。

对于不同 q 值,配分函数与 M 之间的幂律关系为:

$$x(q,M) \propto M^{\delta(q)}$$

$$(6.10)$$

通过不断地改变标度长度 M,并重复计算,从 $\ln[X(q,L)]$ 和 $\ln(M)$ 拟合曲线上取双对数函数的斜率可得到 Hurst 指数 $\delta(q)$。如果对于任何一个 q 值,使得 $\delta(q)$ 不变,表明声发射时间序列具有单一性规律;相反,如果变量 $\delta(q)$ 随 q 变化,则声发射时间序列具有多重分形特征。

归一化测度 $\mu_i(q,M)$ 的单参数簇定义为:

$$\mu_i(q,M) = \frac{[P_i(L)]^q}{\sum_{j=1}^{N}[P_i(L)]^q}$$

$$(6.11)$$

式中,$P_i(L)$ 为概率分布函数。

通过幂指数加权处理,多重分形维数可按不同程度划分为多个区域,并经过 Legendre 变换,分形谱函数 $f(q)$ 和平均奇异强度 $\alpha(q)$ 的计算过程如下式:

$$f(q) = -\lim_{N \to \infty} \frac{1}{\ln N} \sum_{t=1}^{N} \mu_t(q,M) \ln[\mu_t(q,L)]$$

$$(6.12)$$

$$a(q) = -\lim_{N \to \infty} \frac{1}{\ln N} \sum_{t=1}^{N} \mu_t(q,M) \ln[P_t(L)]$$

$$(6.13)$$

最后,获得多重分形谱 $f(\alpha)-\alpha$ 之间的关系式,该式可表征加载过程中声发射信号的不均匀分布程度。另外,多重分形维数具有三个典型特征:频谱宽度($\Delta\alpha$)、最大与最小信号频率测度子集(Δf)和频谱形貌($\Delta\alpha_0$)。

频谱宽度 $\Delta\alpha$ 计算如下:

$$\Delta\alpha = \alpha_{max} - \alpha_{min}$$

$$(6.14)$$

式中,α_{max} 为奇异性指数最大值,α_{min} 为奇异性指数最小值。另外,$\Delta\alpha$ 表征概率子集的不均匀程度。

频谱测度子集 Δf 计算如下:

$$\Delta f = f[q(\alpha_{max})] - f[q(\alpha_{min})]$$

$$(6.15)$$

式中，$q(\alpha_{max})$是指当$\alpha = \alpha_{max}$时的q值，同理，$q(\alpha_{min})$是指当$\alpha = \alpha_{min}$时的q值。另外，Δf反映大、小测度子集(岩石破裂不均匀程度)出现的概率，Δf越大表明大破裂尺度事件占比越大，Δf越小表明小破裂尺度信号占比越大。详细地，Δf表示主导拉伸裂纹扩展的弱微观机制占优，$\Delta f > 0$表示主导摩擦和滑移裂纹的强微观机制占优。

频谱有三种分布形态：对称分布、右偏态分布和左偏态分布，其中，右偏态分布表示弱信号裂纹的扩展占主导作用，表现为小裂纹事件占优；左偏态分布意味着强信号事件对裂纹演化起主导作用，表现为较大破裂尺度。

$$\Delta\alpha_0 = \alpha_{max} + \alpha_{min} - 2\alpha_p \begin{cases} <0, \text{左偏态分布} \\ =0, \text{对称分布} \\ >0, \text{右偏态分布} \end{cases}$$

(6.16)

式中，$\Delta\alpha_0$为频谱形貌，反映加载过程中声发射信号的差异程度；α_p为峰值$f_{max}(\alpha)$对应的α值。

6.4.2　单轴作用下裂隙砂岩声发射多重分形特征

根据式(6.8)~(6.16)得到典型非充填裂隙砂岩声发射信号在不同加载阶段的多重分形谱演化规律，如图6.6所示。对应的多重分形参数($\Delta\alpha$、$\Delta\alpha_0$和Δf)结果，如图6.7所示。由图6.7得知，当应力水平位于$0.6 \sim 0.8\sigma_c$时，频谱宽度$\Delta\alpha$达到最小，而对于整个加载阶段来说，频谱宽度达到最大值。对比图6.6(a)、(b)和(c)发现，无论整个加载阶段，还是单个不同应力阶段，其多重分形谱形貌均呈现出类似的演化规律，也间接表明岩石在变形加载过程中产生的声发射信号具有明显的多重分形特征。

由图6.7可知，随着应力水平的增加，除试样SN75-150之外，频谱宽度$\Delta\alpha$整体上呈现出先降低后增加的趋势。频带宽度差$\Delta\alpha_0$的演化特征不同于$\Delta\alpha$，当应力水平由初始加载增至$0.6\sigma_c$时，三个典型试样的平均频带宽度差$\Delta\alpha_0$由0.382降至0.212。此时，$\Delta\alpha_0$大于零，该阶段主要以弱声发射信号机制占优。当应力水平从$0.6\sigma_c$增至峰值应力甚至峰后阶段时，三个典型试样的平均频带宽度差$\Delta\alpha_0$由-0.145降为-0.216，$\Delta\alpha_0$呈逐渐减小趋势，说明从该阶段开始，试样内的声发射信号特征逐渐由弱信号主导向强信号主导转变。而当应力水平由$0.6\sigma_c$增至$0.8\sigma_c$时，$\Delta\alpha_0$由正值逐渐变为负值，也表明该阶段为小尺度破裂向大尺度破裂转变的临界阶段，且随着荷载的增加，$\Delta\alpha_0$急剧减小，表明试样内的声发射事件主要以大尺度的剪切滑移为主。

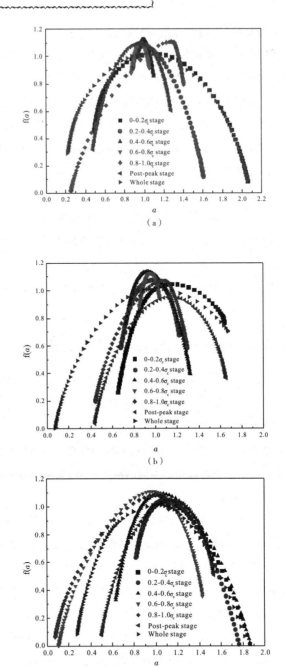

图 6.6 典型非充填裂隙砂岩声发射信号多重分形谱演化

(a)SN15-150;(b)SN45-150;(c)SN75-150

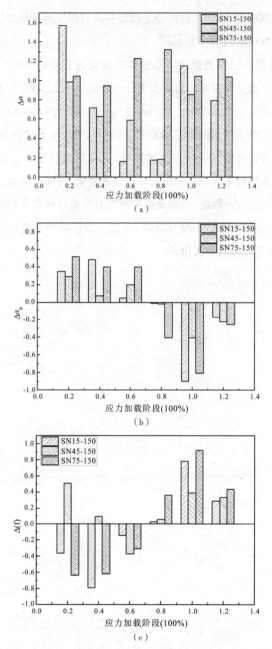

图 6.7 典型非充填裂隙砂岩声发射信号多重分形参数的变化

(a)$\Delta\alpha$;(b)$\Delta\alpha_0$;(c)Δf

对比图 6.7(b)和(c)可知,$\Delta\alpha_0$ 与 Δf 呈相反演化趋势。对于多重分形谱参数 Δf 来说,当应力水平由初始加载至 $0.6\sigma_c$ 时,Δf 大体上在小于零的范围变化,Δf 平均值在 -0.442 和 -0.164 之间变化,进一步表明在较低应力水平时,岩样内产生的声发射信号主要以微裂纹闭合滑移为主。然而,当应力水平大于 $0.6\sigma_c$ 时,频谱参数 Δf 由 0.151 增至 0.349,此时

Δf 由负值逐渐向正值转变,表明从该阶段之后岩石内的声发射信号特征主要以强信号机制占主导,即以较大破裂尺度的信号为主。

为进一步详细分析不同应力阶段下裂纹扩展演化过程中声发射信号多重分形演化特征,通过对其他工况石膏充填裂隙砂岩的多重分形参数($\Delta \alpha$、$\Delta \alpha_0$ 和 Δf)进行计算并统计,结果汇总于表 6.2。其中,$0-0.2\sigma_c$、$0.2-0.4\sigma_c$、$0.4-0.6\sigma_c$、$0.6-0.8\sigma_c$、$0.8-1.0\sigma_c$ 和 post−peak stage 分别对应阶段Ⅰ、阶段Ⅱ、阶段Ⅲ、阶段Ⅳ、阶段Ⅴ和阶段Ⅵ。从表中得知,不同应力水平下,除极个别试样的结果出现离散性外,大多数试样整体上呈现出类似的演化规律,主要原因是在外载作用下岩石变形破裂过程非常复杂,再加上砂岩是由于长期地质构造作用形成的一种沉积类岩石,因此,个别试样的声发射结果出现奇异性的不规则特征。而多重分形谱参数基本上呈现出类似的变化规律,也进一步说明用多重分形谱参数表征不同应力阶段的裂纹特征具有一定的参考价值。

表 6.2 不同应力水平下非充填裂隙砂岩多重分形谱参数

Table 6.2 Values of spectrum parameters for non-filled sandstone samples at different stress level

试样编号	阶段I			阶段II			阶段III			阶段IV			阶段V			阶段VI		
	$\Delta\alpha$	$\Delta\alpha_0$	Δf	$\Delta\alpha$	$\Delta\alpha_0$	Δf	$\Delta\alpha$	$\Delta\alpha_0$	Δf	$\Delta\alpha$	$\Delta\alpha_0$	Δf	$\Delta\alpha$	$\Delta\alpha_0$	Δf	$\Delta\alpha$	$\Delta\alpha_0$	Δf
SN15-0	2.033	0.554	-0.329	0.182	0.002	-0.008	0.241	0.054	-0.148	0.294	-0.086	0.238	0.882	-0.159	0.374	3.389	1.366	0.184
SN15-30	0.199	0.199	-0.479	1.086	0.311	-0.141	0.329	0.014	0.048	0.142	-0.017	0.055	0.986	-0.856	0.355	2.681	-0.710	0.087
SN15-60	0.855	0.034	-0.005	0.372	0.234	-0.528	0.311	0.129	-0.436	0.172	-0.032	0.111	1.105	-0.501	0.522	1.043	-0.254	0.435
SN15-90	0.907	0.011	-0.038	0.971	0.793	-0.860	0.605	-0.314	0.573	0.447	-0.838	0.790	0.835	-0.818	1.089	-	-	-
SN15-120	1.829	0.582	-0.010	0.889	0.381	-0.301	0.329	0.008	0.034	1.068	-0.828	0.730	0.998	0.116	-0.227	1.489	0	0
SN15-150	1.569	0.345	-0.363	0.716	0.478	-0.794	0.164	0.045	-0.142	0.180	-0.012	0.035	1.153	-0.900	0.780	0.797	-0.172	0.286
SN45-0	1.269	0.468	-0.189	0.867	0.579	-0.899	0.745	0.438	-0.807	0.909	-0.188	0.278	1.237	-0.358	0.276	-	-	-
SN45-30	1.351	0.125	-0.013	0.709	0.231	-0.333	0.387	0.091	-0.172	0.387	0.248	-0.560	0.859	-1.137	1.023	2.069	-0.516	0.318
SN45-60	1.138	0.066	-0.734	0.785	0.308	-0.438	1.498	0.169	-0.167	0.388	0.051	0.131	1.118	0.407	0.394	0.761	-0.765	1.046
SN45-90	1.629	0.128	-0.045	0.585	0.034	-0.242	1.843	0.619	-0.167	1.080	-0.593	0.859	0.871	-0.812	0.813	0.764	-0.122	0.236
SN45-120	1.167	0.425	-0.544	1.062	0.498	-0.779	0.681	0.086	-0.163	1.066	-0.007	0.216	0.448	-0.114	0.219	0.389	-0.042	0.100
SN45-150	0.987	0.288	0.507	0.628	0.069	0.091	0.591	0.193	-0.371	0.187	-0.021	0.062	0.854	-0.407	0.387	1.217	-0.223	0.328
SN75-0	1.689	0.229	0.076	0.839	0.237	-0.466	1.349	0.391	-0.451	0.603	0.023	-0.090	0.515	-0.206	0.334	0.297	-0.030	0.088
SN75-30	0.587	0.039	0.881	1.521	-0.192	0.257	0.739	0.288	-0.531	0.395	0.071	-0.169	0.471	0.309	-0.428	-	-	-
SN75-60	1.239	0.400	-0.481	1.581	0.315	-0.166	1.086	0.289	-0.419	0.679	-0.278	0.617	0.910	-0.168	0.130	1.606	0.032	0.035
SN75-90	1.059	0.452	-0.595	0.707	0.177	-0.435	1.438	-0.115	-0.518	0.779	-1.099	0.763	0.537	-0.635	0.904	0.939	-0.352	0.515
SN75-120	1.417	0.061	0.352	0.907	0.419	-0.723	0.499	-0.007	-0.016	0.295	-0.074	0.179	0.744	-0.028	0.131	-	-	-
SN75-150	1.042	0.512	-0.636	0.944	0.395	-0.622	1.232	0.398	-0.309	1.322	-0.403	0.356	1.044	-0.807	0.917	1.036	-0.251	0.432

图 6.8 为不同应力水平作用下典型石膏充填裂隙砂岩声发射信号多重分形演化特征。与非充填工况类似(图 6.6),石膏充填裂隙砂岩声发射信号也呈现出多重分形特征。此外,从图中还明显地观察到,当应力水平位于 $0.6 \sim 0.8\sigma_c$ 时,频谱参量 $\Delta\alpha$ 达到最小;当应力水平位于峰后阶段时(post−peak stage),频谱宽度达到最大值,除了图 6.8(c)外,表明该阶段为小尺度破裂向大尺度破裂转变的临界阶段。

典型石膏充填裂隙砂岩声发射多重分形参量 $\Delta\alpha$、$\Delta\alpha_0$ 和 Δf 结果,如图 6.9 所示。与非充填裂隙砂岩多重分形特征类似,石膏充填裂隙砂岩的声发射信号也具有多重分形特征。随着应力水平的增加,频谱宽度 $\Delta\alpha$ 呈现出先降低后增加的趋势。由初始加载至 $0.2\sigma_c$ 时,声发射信号多重分形谱演化特征较明显,该阶段的声发射主要呈零散状态分布,主要由初始孔裂隙闭合导致。随着应力水平进一步增加,当应力水平在 $0.6 \sim 0.8\sigma_c$ 时,此时 $\Delta\alpha$ 在 0.2 左右变化,该阶段的分形特征接近简单分形,说明该阶段的声发射信号线性特征较好。另外,多重分形谱参数 $\Delta\alpha_0$ 和 Δf 均在零附近变化,该结论也进一步证实该阶段的声发射特征接近简单分形。详细地,当应力水平由 $0.2\sigma_c$ 增至 $0.8\sigma_c$ 时,平均频宽 $\Delta\alpha$ 由 1.331 逐渐降至 0.286,该现象的主要原因是由于在裂纹闭合阶段,岩石的非线性变形特征较明显,不仅包括原始孔裂隙闭合也包含大量微裂纹发育成核。当应力水平由 $0.8\sigma_c$ 增至 $1.2\sigma_c$ 时,分形谱参数 $\Delta\alpha$ 由 0.286 增至 1.088,主要原因为从该阶段至加载结束,岩石的变形和断裂呈现出极大的非线性和不规则性特征,从而导致分形谱参数再次出现增大现象。而当应力水平由 $0.8\sigma_c$ 增至 $1.0\sigma_c$ 时,$\Delta\alpha$ 又突然增加,主要是由于试样内产生了密度且幅值较大的声发射信号造成。

对于 $\Delta\alpha_0$ 来说,从初始加载至 $0.6\sigma_c$ 时,平均频宽差 $\Delta\alpha_0$ 大于零;当应力水平高于 $0.6\sigma_c$ 时,平均频宽差 $\Delta\alpha_0$ 逐渐趋于零,且随着应力水平进一步增加,平均频宽差 $\Delta\alpha_0$ 小于零。具体地,从初始加载至 $0.6\sigma_c$ 时,平均频宽差 $\Delta\alpha_0$ 由 0.346 逐渐降至 0.108;当应力水平由 $0.6\sigma_c$ 增至加载结束时,平均频宽差 $\Delta\alpha_0$ 由 -0.027 降至 -0.263。对于 Δf 来说,随着应力水平增加,其变化规律与 $\Delta\alpha_0$ 相反,即从初始加载至 $0.8\sigma_c$ 时,Δf 基本上小于零。当应力水平由 $0.8\sigma_c$ 增至加载结束时,平均频宽差 $\Delta\alpha_0$ 由负值向正值转变,该结果进一步表明由初始加载至 $0.8\sigma_c$ 时,试样内的小破裂尺度信号占主导。当应力水平大于 $0.8\sigma_c$ 时,试样内主要以较大破裂尺度的 AE 信号占优。

表 6.3 给出了不同裂纹几何配置下石膏充填裂隙砂岩的多重分形参数($\Delta\alpha$、$\Delta\alpha_0$ 和 Δf)结果。从表中得知,除个别试样的结果出现离散性外,大多数应力阶段的声发射多重分形参数仍呈现出较好的演化规律,该现象的主要原因是岩石变形破裂是一个非常复杂的过程,导致个别试样在某一应力阶段的声发射多重分形特征也呈现出不规则的变化趋势,也进一步说明采用多重分形谱参数表征不同应力阶段的裂纹特征具有一定的参考价值。

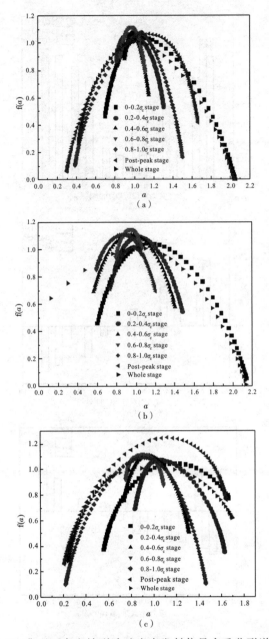

图 6.8 典型石膏充填裂隙砂岩声发射信号多重分形谱特征

(a)SG15-150;(b)SG45-150;(c)SG75-150

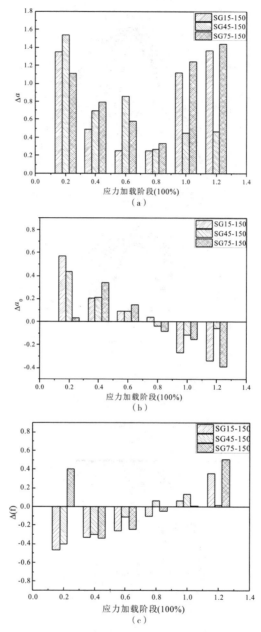

图 6.9　典型石膏充填裂隙砂岩声发射信号多重分形参数的变化

(a)$\Delta\alpha$；(b)$\Delta\alpha_0$；(c)Δf

表 6.3 不同应力水平下石膏充填裂隙砂岩多重分形谱参数

Table 6.3 Values of spectrum parameters for gypsum-infilled sandstone samples at different stress levels

试样编号	阶段I			阶段II			阶段III			阶段IV			阶段V			阶段VI		
	$\Delta\alpha$	$\Delta\alpha_0$	Δf	$\Delta\alpha$	$\Delta\alpha_0$	Δf	$\Delta\alpha$	$\Delta\alpha_0$	Δf	$\Delta\alpha$	$\Delta\alpha_0$	Δf	$\Delta\alpha$	$\Delta\alpha_0$	Δf	$\Delta\alpha$	$\Delta\alpha_0$	Δf
SG15-0	1.160	0.171	-0.044	1.617	0.318	0.169	1.384	0.549	-0.533	0.709	-0.085	-0.013	0.832	-0.116	0.101	2.488	-0.934	0.344
SG15-30	1.599	0.437	-0.288	1.462	0.076	0.016	1.355	0.385	-0.600	0.708	0.125	-0.240	0.487	-0.115	0.313	2.776	0.493	0.365
SG15-60	0.905	0.025	-0.023	1.122	0.029	-0.089	0.536	0.256	-0.566	0.139	0.011	-0.034	1.034	-0.599	0.291	0.726	-0.769	1.054
SG15-90	1.595	0.076	-0.454	1.404	0.057	-0.011	0.870	0.080	-0.136	0.513	-0.005	0.016	0.466	0.351	0.692	1.143	-0.747	0.519
SG15-120	1.646	0.208	-0.193	1.132	0.417	-0.609	1.089	0.774	-0.746	0.369	-0.072	0.147	0.525	-0.228	0.685	0.865	-0.107	0.191
SG15-150	1.349	0.567	-0.463	0.490	0.203	-0.334	0.252	0.087	-0.263	0.256	0.037	-0.107	1.116	-0.271	0.059	1.363	-0.339	0.356
SG45-0	1.679	0.421	-0.254	1.316	0.150	-0.023	0.475	0.182	-0.383	0.522	0.132	-0.256	1.383	-0.299	0.065	0.811	-0.606	0.758
SG45-30	0.068	0.191	-0.664	1.105	0.008	0.055	0.958	0.406	-0.519	0.512	0.299	-0.602	1.054	-0.703	0.691	1.829	0.218	0.231
SG45-60	0.585	0.159	-0.414	0.796	0.699	1.002	1.641	0.579	-0.269	0.507	0.227	-0.434	1.384	-0.325	0.059	1.095	-0.512	0.648
SG45-90	1.595	0.076	-0.454	1.404	0.057	-0.011	0.870	0.080	-0.136	0.513	-0.005	0.016	0.466	0.351	0.692	1.152	-0.003	0.103
SG45-120	0.491	-0.491	-0.913	1.635	0.614	-0.208	0.937	0.267	-0.329	0.262	0.023	-0.059	1.005	-0.510	0.723	1.409	-0.078	0.049
SG45-150	1.536	0.438	-0.406	0.698	0.211	-0.298	0.853	0.089	-0.111	0.267	-0.039	0.061	0.447	-0.115	0.135	0.465	-0.059	0.016
SG75-0	0.421	0.265	-0.565	1.368	0.216	-0.388	1.252	0.227	-0.623	1.283	0.028	-0.134	0.494	-0.219	0.301	1.206	-0.521	0.414
SG75-30	0.846	0.245	0.946	1.034	0.406	0.509	1.034	0.069	0.088	0.731	-0.124	0.259	1.194	-0.389	0.213	1.337	-0.387	0.225
SG75-60	1.176	0.044	-0.149	1.695	0.403	-0.222	1.012	-0.525	0.700	0.876	-0.479	0.763	0.586	-0.597	0.964	-	-	-
SG75-90	1.128	0.075	-0.384	1.615	0.143	-0.094	0.973	0.247	-0.506	0.246	-0.068	0.212	1.451	-0.421	0.109	2.685	0.599	0.253
SG75-120	1.094	0.106	-0.171	0.982	0.221	0.120	0.940	0.459	-0.777	0.744	0.071	0.224	0.587	0.095	0.317	2.334	0.836	0.031
SG75-150	1.107	0.034	0.399	0.794	0.341	-0.336	0.576	0.147	-0.249	0.335	-0.079	-0.051	1.239	-0.154	0.006	1.435	-0.389	0.504

6.4.3 双轴作用下裂隙砂岩声发射多重分形特征

图 6.10 为不同侧压作用下典型石膏充填裂隙砂岩在不同应力阶段声发射多重分形谱演化规律,对应的多重分形谱量($\Delta\alpha$、$\Delta\alpha_0$ 和 Δf)结果,如图 6.11 所示。从图 6.10 可明显看出,与单轴工况类似,双轴作用下不同应力水平的频谱特征呈现出明显的多重分形行为。当应力水平位于 $0.6 \sim 0.8\sigma_c$ 时,频谱宽度达到最小值,进一步表明该阶段试样内的声发射信号分布较均匀。随着荷载进一步增加,当应力水平增至峰后阶段时(post-peak stage),频谱宽度达到最大值,主要原因为该阶段的裂纹尺度大小不一,故声发射信号幅度也相差较大,对应的变形和断裂行为也呈现出明显的非线性特征,再加上测试岩石具有明显的脆性行为,从峰值应力至加载结束这段时间间隔极短。

由图 6.11 可知,对于频谱宽度 $\Delta\alpha$ 来说,随着应力水平的增加,$\Delta\alpha$ 呈现出先降低后增加的趋势。具体地,当应力水平由 $0.2\sigma_c$ 增至 $0.6\sigma_c$ 时,平均频宽 $\Delta\alpha$ 由 1.322 逐渐降至 0.577,该现象的主要原因为初始孔裂隙闭合致使试样内产生的声发射信号呈现出明显的非线性特征,因此,声发射信号特征的不规则性较大。当应力水平由 $0.8\sigma_c$ 增至 $1.2\sigma_c$ 时,平均频宽 $\Delta\alpha$ 由 0.576 增至 1.632。对于 $\Delta\alpha_0$ 来说,从初始加载至 $0.8\sigma_c$ 时,平均频宽差 $\Delta\alpha_0$ 大于零;当应力水平高于 $0.8\sigma_c$ 时,平均频宽差 $\Delta\alpha_0$ 逐渐趋于零,且随着应力水平进一步增加,平均频宽差 $\Delta\alpha_0$ 逐渐变为负值。从初始加载至 $0.6\sigma_c$ 时,平均频宽差 $\Delta\alpha_0$ 由 0.346 逐渐降至 0.108;当应力水平由 $0.6\sigma_c$ 增至加载结束时,平均频宽差 $\Delta\alpha_0$ 由 -0.027 降至 -0.263。对于多重分形参数 Δf 来说,随着应力水平增加,其变化规律与 $\Delta\alpha_0$ 相反,即从初始加载至 $0.6\sigma_c$ 时,前三个应力阶段的 Δf 均小于零。当应力水平由 $0.8\sigma_c$ 增至加载结束时,平均频宽差 $\Delta\alpha_0$ 由负值逐渐向正值转变,该结果进一步暗示初始加载至 $0.8\sigma_c$ 时,试样内以小破裂尺度信号为主;当应力水平大于 $0.8\sigma_c$ 后,试样内的声发射事件主要以较大破裂尺度信号占优。

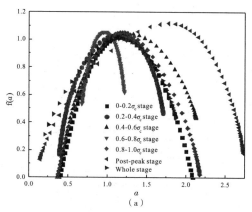

(a)

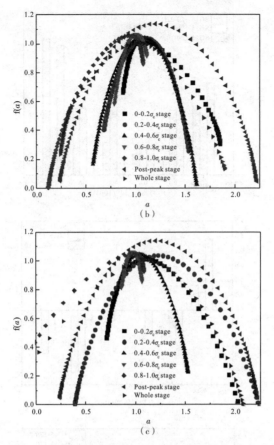

图 6.10　不同侧压下典型石膏充填裂隙砂岩声发射信号多重分形谱特征

(a)SG15-60-2.5；(b)SG15-60-5；(c)SG15-60-10

　　为深入认识不同侧压作用下含不同裂纹几何配置裂隙砂岩的声发射信号多重分形特征,通过对其他工况下石膏充填裂隙砂岩的多重分形参量($\Delta \alpha$、$\Delta \alpha_0$ 和 Δf)进行计算并统计,结果汇总于表 6.4。从表中得知,不同应力阶段下,除少数试样在某一阶段的多重分形参数出现离散结果外,大多数分形参量的变化规律较一致,该现象同单轴工况类似,主要原因为岩石变形破裂是一个非常复杂的过程,从而导致个别试样的声发射行为呈现出复杂的不规则特征。但是,多重分形谱参数仍呈现出类似的变化规律。另外,对比单轴非充填和充填裂隙试样的多重分形结果可知,多重分形参量基本上呈现出一致的变化规律。

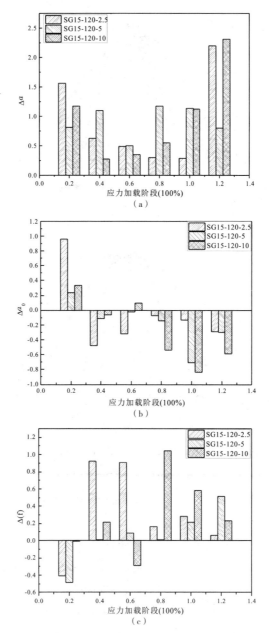

图 6.11　不同侧压下典型石膏充填裂隙砂岩声发射信号多重分形参数的变化

$(a)\Delta\alpha;(b)\Delta\alpha_0;(c)\Delta f$

表 6.4 不同应力水平下石膏充填裂隙砂岩多重分形谱参数

Table 6.4 Values of spectrum parameters for gypsum-infilled sandstone samples at different stress level

试样编号	阶段I			阶段II			阶段III			阶段IV			阶段V			阶段VI		
	$\Delta\alpha$	$\Delta\alpha_0$	Δf	$\Delta\alpha$	$\Delta\alpha_0$	Δf	$\Delta\alpha$	$\Delta\alpha_0$	Δf	$\Delta\alpha$	$\Delta\alpha_0$	Δf	$\Delta\alpha$	$\Delta\alpha_0$	Δf	$\Delta\alpha$	$\Delta\alpha_0$	Δf
SG15-0-2.5	2.179	1.536	-0.382	0.692	0.162	-0.396	0.746	-0.163	0.416	0.479	0.098	0.250	1.031	-0.647	0.175	4.389	0.608	0.104
SG15-30-2.5	1.719	0.302	-0.036	1.729	0.209	-0.006	1.441	0.617	-0.361	0.646	0.343	0.656	1.104	-0.744	0.055	2.587	-0.673	0.047
SG15-60-2.5	0.314	1.832	-0.426	0.897	0.362	-0.471	0.936	0.123	-0.305	0.539	-0.035	0.081	1.056	-0.731	0.155	1.156	-0.407	0.134
SG15-90-2.5	1.661	0.067	-0.338	1.350	0.649	0.719	1.137	0.323	-0.505	1.286	-0.375	0.093	0.354	-0.102	0.228	3.401	-1.431	0.212
SG15-120-2.5	1.572	0.956	-0.406	0.627	-0.477	0.928	0.487	-0.321	0.904	0.304	-0.068	0.165	0.289	-0.129	0.287	2.207	-0.289	0.065
SG15-150-2.5	0.533	0.097	-0.247	0.780	0.528	-0.739	0.511	0.007	-0.037	0.787	-0.629	0.793	0.538	-0.144	0.122	2.083	0.507	0.503
SG15-0-5	2.154	1.517	-0.393	0.601	0.046	-0.107	0.857	0.139	-0.263	0.449	0.055	0.119	1.054	-0.712	0.605	4.090	1.223	0.249
SG15-30-5	1.671	0.455	-0.535	1.319	0.202	0.304	1.424	0.289	0.305	1.201	-0.136	0.189	1.059	-1.214	0.155	1.349	-1.893	0.034
SG15-60-5	0.978	0.590	-0.356	0.854	0.015	-0.146	1.044	0.044	-0.146	0.325	-0.110	0.329	0.961	-0.681	0.858	1.917	-0.007	0.213
SG15-90-5	0.534	0.630	-0.810	2.203	0.396	-0.001	1.645	0.591	-0.505	1.144	-0.697	0.877	2.522	-0.049	0.059	1.886	0.041	0.008
SG15-120-5	0.813	0.239	-0.484	1.097	-0.106	0.013	0.506	-0.022	0.089	1.174	-0.138	0.006	1.143	-0.708	0.217	0.808	-0.303	0.514
SG15-150-5	1.219	0.667	-0.521	0.948	0.214	-0.228	0.464	0.076	-0.221	0.424	0.258	0.614	0.523	-0.237	0.343	1.332	-0.586	0.593
SG15-0-10	2.212	1.571	-0.408	0.701	0.127	-0.282	0.729	0.040	-0.144	0.437	0.091	0.259	1.042	-0.674	0.184	1.693	0.309	0.271
SG15-30-10	0.426	0.068	-0.188	1.712	0.501	-0.144	0.299	0.062	-0.153	0.148	-0.035	0.162	2.187	-0.269	0.756	-	-	-
SG15-60-10	1.315	0.521	-0.439	1.837	0.156	-0.014	0.688	0.292	-0.581	0.204	-0.019	0.041	1.051	-0.844	0.441	1.823	-0.052	0.369
SG15-90-10	2.212	1.571	-0.408	0.701	0.127	-0.282	0.729	0.040	0.144	0.437	0.091	0.259	1.042	-0.674	0.184	1.692	0.309	0.271
SG15-120-10	1.177	0.335	-0.009	0.281	-0.064	0.213	0.356	0.098	-0.282	0.548	-0.535	1.044	1.133	-0.836	0.586	2.314	-0.589	0.235
SG15-150-10	1.019	0.791	-0.768	0.473	0.002	-0.034	0.848	-0.459	0.631	0.266	-0.174	0.490	0.978	-0.797	0.688	1.883	-0.132	0.222

6.5 裂隙砂岩声发射非线性时－频特征

岩石宏观失稳断裂之前,其内必定会出现大量的微观破裂事件。为深入研究加载过程中裂纹的断裂模式和裂纹演化特征,故对微观裂纹失效机制的理解是非常必要的。声发射波形信号特征与声发射源密切相关,其内包含着非常重要的裂纹信息,诸如:裂纹的类型和破裂尺度。岩石失效是一个非常复杂的过程,微观破裂产生的弹性波是由多种不同主频带信号组成。为探究声发射波形信号的主频特征,首先借助 MATLAB 程序采用快速傅里叶的方法将单个离散的时域波形信号转化为连续的频域信号,图 6.12 给出了典型试样 SG15-90 中一个随机波形信号的转换过程。

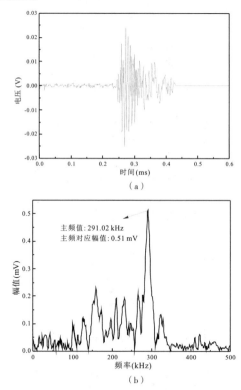

图 6.12 典型波形信号的主频及主频振幅提取过程

通过对声发射波形信号的主频特征值提取发现,声发射主频特征值的范围主要分布在 0～350 kHz 之间,为详细探究声发射信号的波形特征,将主频带以 10 kHz 作为一个子频带区间对整个加载过程中的主频特征值依次划分为连续不同的子区间,因此,整个加载过程的波形信号共划分为 35 个子频带区间。根据以往的文献综述,众多学者对声发射主频带的划分方法不一。从某种程度上来说,主频带区间的划分具有一定主观性,但仍可量化解释微裂纹演化特征。另外,需要说明的是,声发射仅仅可监测到频带较高的声发射信号,对于小于

20 kHz 的机械环境噪声几乎监测不到。因此,被监测到的声发射信号主要集中在 20～350 kHz。

综述先前研究,学者们通常采用声发射矩张量特征值的方法来判别微观裂纹的断裂模式,震源矩阵特征值可分为剪切分量(X)、偏分量(Y)和流体静力分量(Z)。根据先前文献的定义,裂纹门槛可按该下式 $\dfrac{X}{X+Y+Z}<0.4$、$0.4\leqslant\dfrac{X}{X+Y+Z}\leqslant0.6$ 和 $\dfrac{X}{X+Y+Z}>0.6$ 进行划分,依次对应微观拉伸裂纹、微观拉伸剪切混合裂纹和剪切裂纹。因此,本研究也采用类似的划分方法将声发射波形主频值对应的低、中和高频带依次划分为微观拉伸裂纹、微观拉伸剪切混合裂纹和微观剪切裂纹。详细地划分步骤为:低频带(L-waveform)范围从第 2 个主频带到第 14 个主频带;中频带(M-waveform)范围区间为从 14 个至第 21 个;高频带 (H-waveform)区间范围从第 21 个到第 35 个。此外,由文献研究结果可知,研究者对声发射波形信号的主频特征值分布在低频和高频区间的裂纹事件分别定义为拉伸裂纹和剪切裂纹。然而,通过分析单轴和双轴作用下裂隙砂岩的主频带分布特征发现,两种加载状态下的主频带分布特征不同于巴西劈裂或直接拉伸试验,故本研究根据主频带的分布特征将主频区间划分为低频带、中频带和高频带三种,对应的裂纹机制分别为微观拉伸裂纹、拉剪混合裂纹和剪切裂纹。

6.5.1 单轴作用下裂隙砂岩声发射时—频特征

众所周知,声发射优势频域特征与岩石内部裂纹的破裂尺度密切相关,且不同尺度的裂纹对应着不同频带特征。因此,声发射主频特征信号可以较好反演岩石内部微裂纹尺度的变化规律。为揭示整个变形破断过程中岩石内部的声发射频谱特征,首先,基于快速傅里叶函数提取各个事件的幅值和对应的主频特征值,然后绘制典型裂隙砂岩的主频、幅值和时间之间的演化关系,如图 6.13 所示。在较低应力水平时,岩石内部的原始孔裂隙受压闭合,这些晶格尺度的微破裂产生低频低幅值声发射信号。随着荷载的增加,高频带信号占比逐渐增大,并且伴随有零星的高频幅值事件,主要是由于荷载诱导预制裂隙周围微裂纹密度急剧增加,该过程也常常被称为裂纹起裂前的"锁固体"孕育阶段。随后,低、中和高频声发射事件均出现显著增加,对应的幅值也逐渐变大,此时"锁固体"开始扩展贯通形成宏观断裂。当应力—应变曲线中出现应力跌落时,高幅值声发射事件明显增加,该现象的主要原因是由于预制裂纹周围大量微裂纹以指数形式急剧增加导致其附近宏观裂纹贯通,且从各个主频带的占比可知,该裂纹特征表现为试样受拉起裂形成翼型拉伸破断。随着裂纹尺度的增大,即亚破裂至宏观主破裂这一过程中,主频带信号密度急剧增加。

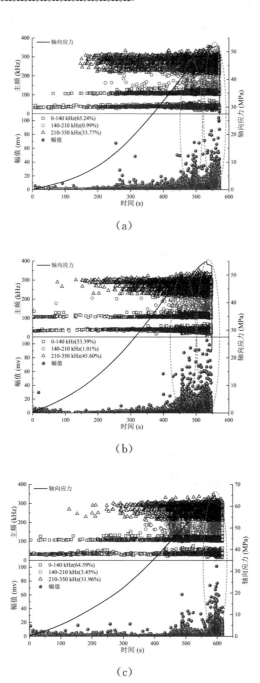

（a）

（b）

（c）

图 6.13　典型非充填裂隙砂岩频域时变演化特征

（a）SN15-150；（b）SN45-150；（c）SN75-150

通过对其他剩余工况下非充填裂隙砂岩的主频值进行统计计算获得三种主频带区间的比例，如表 6.5 所示。表中，"L""M"和"H"分别指低频带、中频带和高频带；"AE sumL"

"AE sumM""AE sumH"和"AE sumT"分别表示低频带声发射事件累积和、中频带声发射事件累积和、高频带声发射事件累积和及总声发射事件累积和。从表中可知,低(L-type)、中(M-type)和高(H-type)频带占比与裂纹几何参数密切相关,总体来说,低频带(L-type)占比高于中频带(M-type)和高频带(H-type)。详细地,当 $\alpha=15°$ 时,低、中和高频带平均占比分别为 59.79%、2.35% 和 37.86%;当 $\alpha=45°$ 时,低、中和高频带平均占比分别为 63.62%、1.64% 和 34.57%;当 $\alpha=75°$ 时,低、中和高频带平均占比分别为 53.62%、2.59% 和 43.62%,该结论表明,随着裂隙倾角的增加,试样内剪切裂纹占比越来越高,但整个断裂变形过程主要以拉伸裂纹为主。从表中还发现,个别工况结果中出现高频带占比大于低频带,该现象很大程度上是由于试样之间的差异性导致的。

表 6.5　不同裂纹几何配置下非充填裂隙砂岩主频带占比

试样编号	L(%)	AE sumL	M(%)	AE sumM	H(%)	AE sumH	AE sumT
SN15-0	61.36	25417	2.06	853	36.58	15152	41422
SN15-30	47.19	15109	0.80	256	52.01	16653	32018
SN15-60	65.53	20028	3.57	1092	30.90	9443	30563
SN15-90	61.83	29367	2.62	1246	35.55	16884	47497
SN15-120	57.61	26373	4.07	1863	38.32	17540	45776
SN15-150	65.24	27606	0.99	420	33.77	14288	42314
SN45-0	47.78	9651	1.20	243	50.02	10307	20201
SN45-30	64.52	19683	2.74	835	32.74	9989	30507
SN45-60	67.91	25043	1.04	385	31.04	11447	36875
SN45-90	64.27	38521	2.81	1684	32.92	19733	59938
SN45-120	83.83	22610	1.05	283	15.12	4078	26971
SN45-150	53.39	25346	1.01	479	45.60	21649	47475
SN75-0	54.48	13601	4.60	1149	40.92	10224	24983
SN75-30	40.02	12855	1.15	368	58.83	18898	32121
SN75-60	50.41	9209	0.87	159	48.72	8900	18286
SN75-90	61.13	19105	3.30	1031	35.57	11117	31253
SN75-120	52.08	21781	2.21	923	45.71	19025	41819
SN75-150	64.59	24427	3.45	1304	31.96	12086	37817

同样,为揭示充填物作用下裂隙砂岩声发射时—频演化规律,采用傅里叶变换法提取各个声发射事件的幅值和对应的主频特征,绘制典型石膏充填裂隙砂岩的主频、幅值和时间之间的演化关系,如图 6.14 所示。与图 6.13 类似,在较低应力水平时,由于试样内晶粒位错和孔裂隙闭合作用导致捕捉到的声发射信号主频和幅值均较小,主要原因为试样受单轴压缩作用,其内破断模式主要以张拉裂纹为主,同时伴随有少量的拉剪混合裂纹。当微裂纹积聚成核形成较小的局部微裂纹积聚区时,中、高频带占比逐渐增加。随着微破裂积聚区逐渐扩展,低、中和高频带占比越来越大,高频幅值事件逐渐增多。另外,对比图 6.13 和 6.14 可知,高主频带的分布特征与裂隙倾角密切相关。无论非充填或充填试样,在较低应力水平时,试样内均未捕捉到高频声发射信号,表明在较低应力水平时,试样内的声发射特征主要

以低频低幅值信号为主。随着裂隙倾角的增加，对应的峰值强度逐渐增大，同时，捕捉到的声发射高频高幅值事件逐渐增多。因此，根据声发射信号主频带的演化特征，可作为判断裂隙岩石发生主破裂断裂的前兆信息。

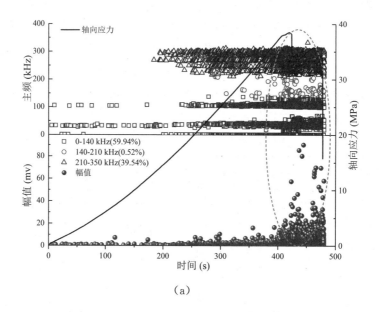

（a）

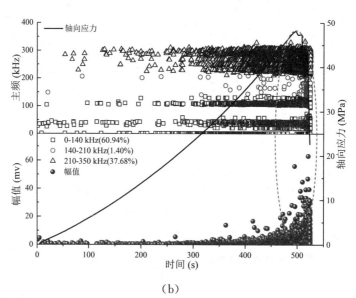

（b）

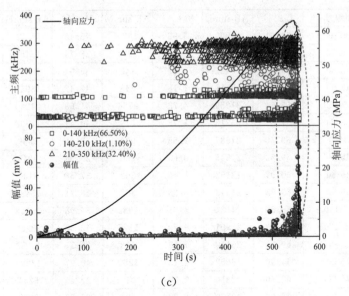

(c)

图 6.14　典型石膏充填裂隙砂岩频域时变演化特征：

(a)SG15-60;(b)SG45-60;(c)SG75-60

通过对不同裂纹几何配置下含石膏充填裂隙砂岩声发射主频特征进行统计计算获得了三种主频带区间比例,如表 6.6 所示。表中,"L""M"和"H"分别指低频带、中频带和高频带;"AE sumL""AE sumM""AE sumH"和"AE sumT"分别指低频带声发射事件累积和、中频带声发射事件累积和、高频带声发射事件累积和及加载过程中声发射事件累积总和。从表 6.6 可知,与非充填裂隙试样结果类似(表 6.5),石膏充填作用时,试样内仍然是低频带(L-type)信号占比最高,高频带(H-type)次之,中频带(M-type)最小。具体地,当裂隙倾角为 15°时,低、中和高频带平均占比分别为 54.85%、2.95%和 52.20%;当 α＝45°时,低、中和高频带平均占比分别为 61.94%、2.46%和 35.61%;对于裂隙倾角为 75°而言,低、中和高频带平均占比分别为 60.22%、2.90%和 36.77%。对比表 6.6 中裂隙倾角为 45°和 75°工况可知,平均高频带占比均出现不同程度的增加,而低频带占比减小,该现象的主要原因是由于充填物作用致使预制裂隙周围的裂纹除了拉伸破断外,还伴随有大量的压剪破坏,且充填物起到传递支撑作用力和增大裂隙面间的剪切滑移作用,导致砂岩的变形破裂机制更接近完整试样。因此,在某种程度上,试样内出现的剪切裂纹比例逐渐增大,同时,拉伸裂纹占比出现降低现象。因此,从声发射主频特征方面也能够间接解释岩石的宏观力学特性。此外,当裂隙倾角为 15°时,低和高频带占比不同于裂隙倾角工况为 45°和 75°,但不难发现低频带占比仍然大于高频带,该结论进一步表明,单轴作用时,预制裂隙无论充填与否,变形断裂过程中试样内的断裂机制主要以拉伸裂纹为主,并伴有拉剪裂纹和压剪裂纹。

表 6.6   不同裂纹几何配置下石膏充填裂隙砂岩三种主频带占比

试样编号	L（%）	AE sumL	M（%）	AE sumM	H（%）	AE sumH	AE sumT
SG15-0	50.61	16999	3.93	1320	45.46	15271	33590
SG15-30	55.70	19346	5.56	1931	38.74	13457	34734
SG15-60	59.94	16421	0.52	142	39.54	10833	27396
SG15-90	51.39	15117	1.18	348	47.42	13949	29414
SG15-120	53.64	31239	4.73	2754	41.63	24246	58239
SG15-150	57.81	25316	1.78	779	40.41	17698	43793
SG45-0	69.36	24587	2.55	903	28.09	9959	35449
SG45-30	69.52	21545	0.65	200	29.84	9248	30993
SG45-60	60.92	13152	1.40	303	37.68	8135	21590
SG45-90	60.03	23943	1.26	502	38.71	15439	39884
SG45-120	58.35	24724	4.68	1982	36.98	15668	42374
SG45-150	53.43	23901	4.20	1877	42.38	18956	44734
SG75-0	59.00	20110	1.83	623	39.17	13353	34086
SG75-30	54.90	16602	4.13	1250	40.97	12388	30240
SG75-60	66.50	12816	1.10	211	32.40	6244	19271
SG75-90	70.94	19570	2.28	628	26.78	7387	27585
SG75-120	60.70	25176	4.07	1688	35.23	14611	41475
SG75-150	49.29	20151	4.01	1638	46.07	19092	40881

6.5.2   双轴作用下裂隙砂岩声发射时－频特征

为研究不同侧压作用下裂隙砂岩声发射时－频演化特征,选取 3 组典型砂岩试样展开详细分析。总体而言,随着侧压的增加,低频带波形信号占比减小。相反,高频带波形信号占比增加。此外,中频带波形信号所占比例相对低频带型和高频带型较小,该结论与先前研究结果较一致,进一步说明主频带区间划分的可靠性。对比图 6.15(a)、(b)和(c)不难发现,无论侧向作用力大小如何,高频带型信号所占比例范围均较大。然而,在直接拉伸或巴西劈裂试验中发现低频带型信号(微观拉伸裂纹)占比例较大。此外,双轴作用下试样的主频带特征呈现出几个典型的集中区域,说明双轴压缩条件下裂纹的产生机制与直接(间接)拉伸加载工况截然不同,其主要原因是巴西劈裂或直接拉伸试验中试样的破坏主要以拉伸断裂为主,并伴随有部分剪切破断。而双轴加载时,试样的破坏主要以挤压剪切破坏为主,但拉伸破坏或拉剪混合破断裂纹占比较小,对应的断裂失稳机制较巴西劈裂或直接拉伸更复杂。

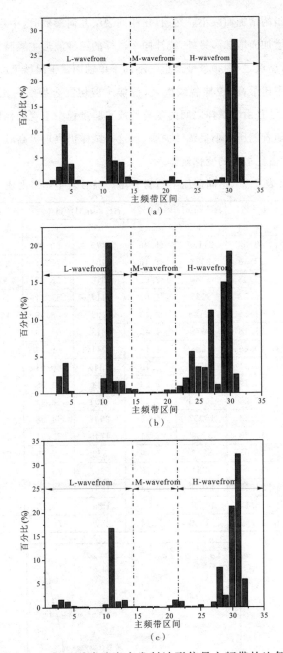

图 6.15 典型裂隙砂岩声发射波形信号主频带的比例：

(a)SG15-90-2.5;(b)SG15-90-5;(c)SG15-90-10

通过对其他工况下裂隙砂岩的主频特征值统计分析获得不同裂纹几何配置下三种主频带占比,如表 6.7 所示。表中,"L""M"和"H"分别指低频带、中频带和高频带;"AE sumL""AE sumM""AE sumH"和"AE sumT"分别指低频带声发射事件累积和、中频带声发射事件累积和、高频带声发射事件累积和及加载过程中声发射事件累积总和。由表 6.7 可知,低频带型占比随着侧压的增加而减小。然而,在相同裂纹几何参数时,中频带型和高频带型占比随着侧向压力的增加而增加。另外,统计同一试样的三种波形主频特征占比可知,高频带型占比最高,低频带型次之,中频带型最小。不同于单轴加载工况结果(表6.5和表6.6),双轴作用下剪切裂纹占比最高,拉伸裂纹次之,拉伸—剪切混合裂纹占比最小。需要说明的是,个别结果的离散性是由于试样之间的差异性或实验过程中主观操作因素造成的,致使各个主频带占比并非随着侧压大小呈线性关系,但这些试样仍表现出高频带型占比最高,低频带型次之,中频带型占比最小的变化规律。

表6.7　不同侧压下石膏充填裂隙砂岩主频带占比

试样编号	L(%)	AE sumL	M(%)	AE sumM	H(%)	AE sumH	AE sumT
SG15-0-2.5	48.93	13357	5.11	1395	45.96	12546	27298
SG15-30-2.5	48.03	21139	1.08	475	50.89	22397	44011
SG15-60-2.5	27.38	8572	1.45	454	71.17	22280	31306
SG15-90-2.5	42.08	6988	2.05	340	55.87	9279	16608
SG15-120-2.5	40.52	9025	1.87	417	57.61	12832	22274
SG15-150-2.5	41.35	12144	2.46	722	56.19	16502	29368
SG15-0-5	31.18	5678	4.49	818	64.33	11715	18211
SG15-30-5	10.45	2288	1.11	241	88.44	19360	21891
SG15-60-5	34.41	16932	5.18	2549	60.41	29725	49206
SG15-90-5	33.19	4960	2.23	344	64.68	9666	14944
SG15-120-5	30.23	10923	3.02	1091	58.34	21080	36133
SG15-150-5	31.23	16937	4.79	2597	54.98	29817	54233
SG15-0-10	19.88	8239	4.21	1745	75.91	31459	41443
SG15-30-10	20.05	5243	2.19	573	77.76	20336	26152
SG15-60-10	20.03	5831	4.78	1392	75.19	21889	29111
SG15-90-10	24.49	13076	2.43	1297	73.06	39009	53394
SG15-120-10	25.45	10307	3.77	1527	70.78	28664	40498
SG15-150-10	21.59	11559	5.24	2806	73.17	39177	53543

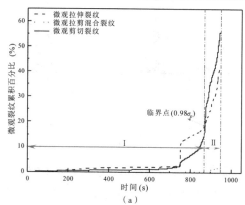

(a)

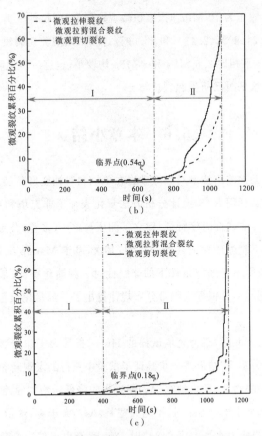

图 6.16 典型裂隙砂岩试样微观裂纹累积的百分比

(a)SG15-90-2.5；(b)SG15-90-5；(c)SG15-90-10

图 6.16 为加载过程中典型石膏充填裂隙砂岩试样在不同侧压作用下累积微裂纹百分比演化规律。总体来说，无论侧压大小，微观剪切裂纹在整个加载过程中占比较大。另外，微观剪切裂纹主导的归一化应力水平随着侧压的增加而降低，反之，微观拉伸裂纹主导的归一化应力水平随着侧压的降低而增加。即微观剪切裂纹主导的裂纹萌生应力水平与侧压呈反比。具体地，当侧压为 2.5 MPa 时，累积微观拉伸裂纹、拉伸—剪切混合裂纹和剪切裂纹占比分别为 42.08％、2.05％和 55.87％。从图 6.16(a)还可看出，在较低应力水平时，累积微观拉伸裂纹占比略大于累积剪切裂纹。当荷载趋近峰值应力时，累积剪切裂纹数量明显高于拉伸裂纹。此外，从图中还发现，累积微观裂纹演化与应力—应变曲线中累积声发射响应规律一致。微观拉伸裂纹急剧增加的原因主要是由于预制裂隙尖端"锁固体"区域的拉伸断裂造成，且该突增点对应了宏观应力—时间曲线上一个明显的应力降现象，该结论从微观裂纹及宏观力学角度进一步证实了主频带区间划分的可靠性。

当侧向作用力增至 5 MPa 时，微观拉伸裂纹、拉剪混合裂纹和剪切裂纹占比分别为 33.19％、2.23％和 64.68％。微观剪切裂纹主导的归一化应力水平为 $0.54\sigma_p$ 要小于侧压为

2.5 MPa 的工况。当侧压为 10 MPa 时,累积微观拉伸裂纹、拉伸－剪切混合裂纹和微观剪切裂纹的占比分别为 24.29%、2.43% 和 73.06%,同时,微观剪切裂纹主导的归一化应力水平为 $0.18\sigma_\mathrm{p}$,该应力水平相比 2.5 MPa 和 5 MPa 均较小,也进一步说明随着侧压增加,微观剪切裂纹在较低应力水平时已萌生起裂。

6.6　本章小结

本章基于声发射无损监测技术对裂隙砂岩在单轴和双轴变形断裂过程中的声发射信号特征开展了研究,首先,利用 R/S 统计分析方法量化表征了非充填和石膏充填裂隙砂岩加载过程中的声发射信号非线性时序特征,建立了侧压与单一(多重)分形维数之间的关系式,揭示了不同加载条件下裂隙砂岩内在断裂机制;其次,基于 Matlab 编程对声发射原始波形频谱特征进行分析,获得不同加载条件下的非线性时－频演化特征;最后,对声发射微裂纹演化机制进行了详细分析,并根据主频带分布规律提出了一种量化表征微观裂纹的方法,具体结论如下。

(1)相同裂纹几何工况时,石膏充填试样的 Hurst 指数大于非充填试样,且 Hurst 指数随侧压增加呈正相关关系,该结果进一步验证了试验中获得的宏观断裂特征。

(2)随着应力水平的增加,平均频宽($\Delta\alpha$)呈现出先降低后增加的趋势,临近破裂时,分维值明显降低;当应力水平小于 $0.8\sigma_c$ 时,平均频宽差($\Delta\alpha_0$)大于零,预示着试样内主要以小破裂尺度信号为主。而当应力水平大于 $0.8\sigma_c$ 时,$\Delta\alpha_0$ 逐渐由正值变为负值,预示着试样内以大破裂尺度信号为主,该参数可视为岩石损伤破裂的临界预警值。另外,分形谱参数 Δf 与 $\Delta\alpha_0$ 呈现出相反的趋势。

(3)无论裂隙充填与否,随着裂隙倾角的增加,高频带信号第一次出现的应力水平逐渐减小。随着微破裂积聚区逐渐扩展,低、中和高频声发射信号越来越多,高幅值事件逐渐增多。另外,与双轴加载下声发射主频特征相比,同一裂纹几何配置下单轴作用时低频带占比大于双轴加载工况;相反,单轴作用时低频带占比小于双轴加载工况。

(4)由微观裂纹机制分析表明,加载过程中微裂纹占比与侧压大小紧密相关,累积微观拉伸裂纹占比随侧压增加而降低;相反,累积微观剪切裂纹和拉剪混合裂纹占比随着侧压的增加而增加。此外,随着侧压的增加,试样内裂纹的断裂机制由拉伸裂纹主导向剪切裂纹过渡,且对应的应力水平逐渐减小。

7 裂隙砂岩破裂前兆信息识别研究

7.1 引言

准脆性固体材料的失效模式主要有渐进式损伤破裂和灾变式破裂,其中灾变式破裂在自然界和实际工程中较为常见。通常情况下,工程岩体的断裂失稳需经历一个由大量无序随机分布的自组织微裂纹萌生到变形局部化损伤再到有序宏观裂纹破断贯通的过程,该破断失效规律遵循了由量变到质变,从局部化损伤到突变的不可逆过程,且给工程实践带来了极大挑战。针对脆性岩石破裂失稳的灾变性和无明显前兆这一特点,众多学者基于大量不同的表征方法对室内岩石类材料破断失稳的前兆信息开展了大量研究,例如,重整化群法、幂律指数法和统计法等。因此,从声发射参数特征角度研究裂隙岩石的破裂前兆信息,对于预测预警外载作用下裂隙岩石的破断失稳具有重要意义。

本章首先分析声发射 b 值作为前兆因子的演化特征,并识别变形破断过程中的关键特征点信号。随后,对声发射事件率与加载破坏逆向时间的关系绘制于双对数坐标系,得到裂隙砂岩声发射参数率与大森－乌苏(Omori－Utsu)时间反演定律之间的关系。再者,基于临界慢化理论研究声发射计数、能量和上升时间(RT)的方差和自相关性系数演化特征,进一步识别裂隙岩石裂纹扩展失效过程中的关键特征点。最后,基于反向神经网络(BPNN)模型获得考虑裂隙岩石裂纹几何参数、加载状态、充填工况和局部化带特征等参量的破裂失稳时间经验关系式,并探讨输入变量对模型相对重要性的影响程度。

7.2 基于声发射参数的前兆判定研究

7.2.1 基于声发射 b 值的失稳前兆判定

图 7.1 显示了三个典型缺陷试样的 AE 计数,累积 AE 计数和轴向应力与加载时间的曲线。为了系统分析加载过程中不同阶段的 AE 和力学行为,不同加载阶段的轴向应力曲线分别用字母 A、B、C、D 和 E 表示。一般而言,累积 AE 的变化与加载时间有关的变化在第一次应力下降发生之前趋于平稳,并且在 C 点处显著增加。此外,在峰前和峰后阶段,在有缺陷的砂岩表面观察到宏观裂纹,导致大量弹性能量被释放并发生应力下降。也可以得出

结论,在相对较低的水平载荷下,释放的 AE 能量往往可以忽略不计,而大量的 AE 能量在较高的应力水平下迅速释放。根据加载过程中的 AE 特性,整个加载过程可分为四个阶段,这与经典的岩石力学是一致的。第一阶段从初始加载开始到点 A,即压实阶段。在此阶段,在相对较低的负载水平下监视较少的 AE 事件。这种现象可归因于初级孔隙和裂缝的成核和再活化。此外,轴向应力随时间变化的曲线显示出向下凹陷的趋势,无论缺陷倾角如何。第二阶段的范围从 A 点到 B 点,B 点被定义为弹性变形阶段。在此阶段,产生的 AE 信号相对较少。因此,累积的 AE 能量的斜率几乎保持不变。随着外加力的逐渐增大,砂岩内裂纹诱导的 AE 事件逐渐增大。从 B 点到 C 点的第三阶段被命名为稳定的裂纹增长阶段。在此阶段,在应力下降时记录的 AE 事件的相对较大幅度与断裂过程区向宏观裂纹的传播相对应。随后的阶段是不稳定的裂纹扩展阶段,范围从 D 点到 E 点。在这个阶段,大量的宏观裂纹逐渐连接和穿透。此外,累积的 AE 计数通常会增加,并且相应的斜率会急剧上升。

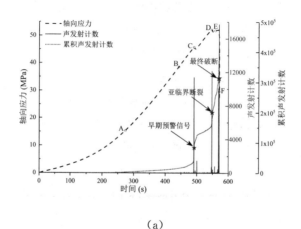

（a）

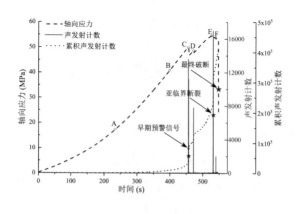

（b）

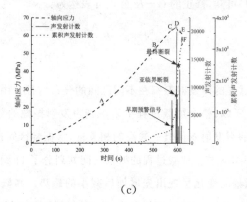

（c）

图 7.1 典型砂岩试样的轴向应力、AE 计数相对于时间的曲线图

（a）SN15-150；（b）SN45-150；（c）SN75-150

7.2.2 基于声发射 b 值的失稳前兆判定

声发射技术已广泛应用于实验室和现场研究岩石的损伤演化以及鉴别加载过程中裂纹的微观失效机制。以往对地震事件的监测和统计研究发现,大振幅地震事件发生的概率低于小振幅地震事件,研究还发现大震级地震事件与振幅之间服从幂指数分布。

$$\log N = a - bM$$

$$(7.1)$$

式中,N 为振幅大于 A_{dB} 的声发射撞击数;M 为地震震级;a 为常数,其中 a 是由测试环境中的背景噪声决定,b 为小振幅事件相对大振幅事件的比例。$(-b)$ 在几何上表示为频率对幅值的斜率,b 值的变化与裂纹发育密度密切相关,它是评价裂纹断裂演化的一个重要参数。此外,b 值越大表示小震级事件所占比例越大,相反,b 值越小表示大震级事件所占比例越大。

由于自然地震与室内岩石失稳破坏具有相似性,因此,大量学者对室内混凝土或脆性岩石加载过程中产生的裂纹特征也采用 b 值的方法来表征其断裂损伤,并对公式(7.1)进行了适当的修正:

$$\log_{10} N = a - b' A_{dB}$$

$$(7.2)$$

$$A_{dB} = 10\log_{10} A_{max}^2 = 20\log_{10} A_{max}$$

$$(7.3)$$

式中,A_{dB} 为声发射波形振幅。

$$M = \infty \lg S$$

$$(7.4)$$

结合式(7.3)和(7.4)可知,修正的 $G-R$ 公式可表达为:

$$\log_{10} N = a - b \frac{A_{dB}}{20}$$

(7.5)

图7.2为典型砂岩试样的声发射振幅在不同区间的分布特征。由于试验过程中声发射系统的门槛值为45 dB,所以,整个加载过程中采集到声发射振幅的范围在45~100 dB之间。为了确保拟合得到的声发射 b 值具有较高的相关性,将振幅区间进行了详细地划分,相邻振幅区间间隔设为5 dB,故整个加载过程的振幅区间共划分了11组。由图7.2(a)可以看出,声发射信号量随着振幅的变化呈现出先增加后减小的趋势。高概率震级幅值主要分布在45~50 dB之间。此外,从图7.2(b)可以看出,不同区间的声发射幅值与累积声发射事件呈幂律函数分布。

声发射 b 值的计算方法通常有两种,一种是将整个加载过程中所有声发射事件作为一个整体;另外一种是将整个加载水平分成不同的阶段,然后对每个阶段进行单独计算,最后取平均值。为了验证加载过程中两个探头的可靠性,且考虑到计算过程的简便,故采用第一种计算方法,拟合并分析了典型试样的声发射 b 值。图7.3为频率-振幅的拟合结果,其中1号声发射传感器和2号声发射传感器的斜率分别为1.581和1.469,最终发现二者 b 值相差较小,进一步证实了试验中声发射监测结果的可靠性。由于室内岩石类材料受载产生的声发射信号不同于地震研究中震级大小有明确的定义,大多数研究者通常把声发射振幅与撞击之间的比作为震级大小。图7.3为三个典型裂隙砂岩试样轴向应力、声发射 b 值及声发射能量随时间的变化规律。需要说明的是,整个计算过程与常规计算 b 值方法一致,另外,图7.3中 b_1 和 b_2 是采用多个阶段单独计算声发射 b 值方法得到的结果,考虑到篇幅,文中仅详细分析了几个典型裂隙砂岩的声发射 b 值演化特征。

为详细分析整个加载过程中声发射 b 值作为前兆因子的演化特征。考虑到加载过程中声发射信号在前期加载阶段较稀疏、后期阶段密度较大这一特点,故将整个加载过程的前半阶段以50 s的间隔分为连续的小组,后半阶段按照20 s的间隔划分为连续的小组。此外,由于两个传感器捕捉到的声发射信号差异较小,且二者的演化规律一致,所以只分析其中一个传感器的结果。

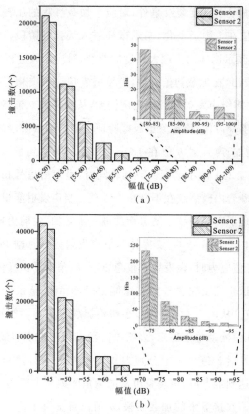

图 7.2 声发射振幅与事件之间关系

（a）单个震级；（b）累积震级

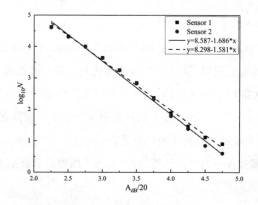

图 7.3 声发射频率－振幅拟合结果

限于篇幅，仅选取三个典型试样的声发射结果来详细分析加载过程中 b 值的演化规律。总体而言，声发射 b 值在初始加载阶段波动较大，同时，该阶段的声发射 b 值相对其他阶段较大,表明试样内出现大量小尺度裂纹事件,对应了加载过程的压密阶段。接下来,波动趋势逐渐平缓,声发射 b 值在 1 附近变化,暗示试样进入线弹性阶段。随后,再次出现较大波动,声发射 b 值小于 1,预示试样内出现大尺度的断裂,对应加载过程中的屈服破裂阶段。

从图 7.4(a) 可以看出,在加载初始阶段,声发射 b 值出现突增,该现象的主要原因是由于初始孔裂隙闭合和小震级声发射事件占比例较大,从而导致 b 值增大。另外,从局部放大图可知,该阶段小幅值事件占优,该现象也较好验证了初始加载阶段岩样内主要发生小尺度的破裂。随着荷载的增加,声发射 b 值在 $150 \sim 200$ s 之间达到最大值,平均值约为 1.52。随后,声发射 b 值大约在 1.1 的小范围内波动。同时,声发射信号相对稳定,没有出现大量级的能量信号,也说明砂岩内微裂纹在不断积聚成核。当声发射能量较大时,对应的 b 值急剧减小,暗示砂岩内出现了宏观裂纹。随着荷载进一步增加,先前出现宏观裂纹的局部区域再次被压实,导致砂岩内部形成新的"支撑体",故声发射能量急剧下降,对应的 b 值出现明显增加。当试样趋近峰值应力时,声发射 b 值急剧下降,预示了试样内大量宏观裂纹进一步扩展、联结和贯通。当试样完全失去轴向支撑能力时,b 值降至最低值,同时试样内释放的声发射能量达到最大值。从图 7.4(b) 可知,在初始加载至 300 s 之间,声发射 b 值在 $1.0 \sim 1.5$ 波动明显。随后,b 值波动趋于稳定,表明该阶段未出现宏观裂纹。随后,b 值急剧降至最小值,两个通道的声发射 b 值最小值分别为 0.363 和 0.233,预示试样内出现宏观裂纹。与此同时,声发射能量达到最大值,该现象可从能量角度进一步证实。随着荷载的进一步增加,导致 b 值再次增大。在接下来的加载阶段,b 值出现显著下降,且随着声发射能量量级变化而波动。

图 7.4(c) 为典型试样 SN75-150 的 b 值和声发射能量随加载时间的演化规律。总体来看,变形破坏过程中声发射 b 值在 $0.255 \sim 1.693$ 之间变化,平均值为 1.015。与图 7.4(a) 和 (b) 类似,b 值在加载初期阶段波动较大,在 $0.7 \sim 1.6$。随后,在 175 s 和 375 s 之间,b 值在 $0.7 \sim 1.0$ 之间轻微波动。在 400 s 左右时,b 值逐渐增加,且达到最大值,表明前期阶段产生的微裂纹再次被压实。同时,从声发射幅值演化特征得知小振幅信号比例较大。在接下来的 125 s,b 值再次出现小幅度波动,两个传感器 b 值的最小值分别为 0.268 和 0.255。对比图 7.4(a)、(b) 和 (c) 可知,三种工况下的声发射 b 值均在早期前兆阶段呈现出轻微的降低,亚临界断裂和极限失稳断裂阶段呈现出急剧降低趋势。总之,声发射 b 值演化能够准确地判断岩石在整个加载过程中的早期预警信号、亚临界断裂点和极限失稳断裂点。

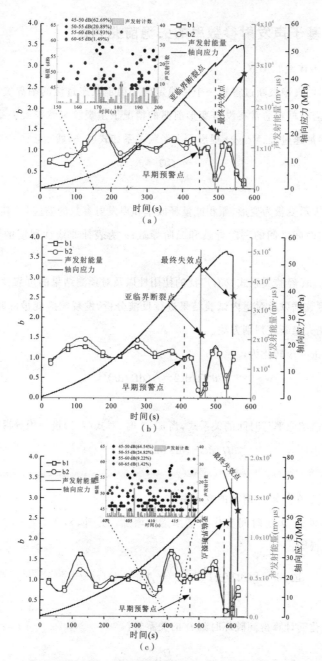

图 7.4 典型砂岩试样 b 值、声发射能量及轴向应力随时间演化规律

(a)SN15-150;(b)SN45-150;(c)SN75-150

7.2.3　基于声发射参数率的失稳前兆判定

(1)Voight 幂律经验函数

岩石类材料的失稳破断过程是一个由稳定向非稳定状态过渡的临界突变过程,在临近破断之前,脆性岩石材料通常在没有变形前兆的情况下主裂纹突然扩展失稳。为了量化描述破坏前的临界加速过程,Voight 提出一个经验关系如式(7.6)所示:

$$\dot{\Omega} \ddot{\Omega}^{-\alpha}$$

$$(7.6)$$

式中,Ω 可表示变量为变形、累积能量释放率和声发射参数的响应量,其中,响应变量上的点分别代表与时间之间的一阶导数和二阶导数;α 为表征非线性程度的经验指数;A 为常数。

为证明 Voight 经验关系式具有广泛的使用性以及对预测结果的可靠性,众多学者通过对现场地震监测数据以及对室内试验结果进行反演分析,发现响应变量的时间函数关系式可作为一种前兆失稳断裂判别方法。

式(7.6)可进一步转化为:

$$d^2\Omega/dt2 = A(d\Omega/dt)^\alpha$$

$$(7.7)$$

为获得 $\Omega(t)$ 响应率与时间的关系式,当 $\alpha=1$ 时,对式(7.7)进行积分得到:

$$d\Omega/dt = (d\Omega/dt)_0 \exp(t-t_0)$$

$$(7.8)$$

式中,表示 Ω 在开始 t_0 时刻的变化率。

从式(7.8)发现 Ω 随时间变化呈幂律指数增加。另外,对于 $\alpha \neq 1$ 时,对微分方程(7.7)进行积分得到:

$$d\Omega/dt = \left[(d\Omega/dt I_0^{-(\alpha-1)}) - A(\alpha-1)(t-t_0) \right]^{-1/(\alpha-1)}$$

$$(7.9)$$

对式(7.9)化简计算得到破坏时刻 t_f 的关系式:

$$t_f = \frac{\Omega_0^{1-\alpha}}{A(1-\alpha)} + t_0$$

$$(7.10)$$

式中,t_0 为拟合窗口开始的时间。

结合式(7.9)和(7.10)得到 Ωt 与 t_f 之间一种更简洁的表达式,即为地震学大森-乌苏(Omori-Utsu)时间反演定律:

$$\Omega(t) = k(1 - \frac{t}{t_{\mathrm{f}}}^{\mathrm{r}})$$

(7.11)

式中，t_{f} 为破坏时间。另外，$k = [A(\alpha-1)]1/(1-\alpha)$，$r = -1/(\alpha-1)$，其中，$\alpha$ 为衡量非线性程度的指数。

此外，从式(7.11)中可明显得到，在 $t = t_{\mathrm{f}}$ 时，响应率 Ω 出现奇异性结果。

② 时间函数 $F(\tau_i)$

为找到一种替代的方法来表征受载作用下材料内声发射信号演化特征，以便对材料趋近失稳阶段的断裂机制进行更详细的了解，先前学者基于声发射撞击率提出了以"逆向"时间法来表示材料"失效时间"的函数关系式 $F(\tau_i)$。声发射撞击率(hits per second)和能量释放率是表征声发射活动及信号特征等非常重要的参数，该参数能够表征材料临近失稳破坏时的断裂特征，并对微裂纹活动产生的时间速率提供更直接的信息，该时间函数的优势是对试样接近破坏阶段的声发射信息进行局部放大，以便更深入理解临近失稳阶段的裂纹断裂机制。

为获得时间函数关系式 $F(\tau_i)$，首先对 N 个连续事件的时间间隔 τ 进行定义：

$$\Delta t = t_i - t_{i-1}, i = 2,3\cdots,$$

(7.12)

式中，t_i 表示第 i 个声发射撞击发生的瞬时时间；t_{i-1} 表示第 $(i-1)$ 个声发射撞击发生的瞬时时间。

接着，对 N 个 Δt_i 时间间隔的平均值 τ_i 进行定义，如式(7.13)所示。

$$\tau_i = \frac{t_{N+i-1} - t_{i-1}}{N}, i = 2,3,\cdots$$

(7.13)

基于式(7.12)和(7.13)得到声发射撞击率在给定窗口长度范围的平均频率表达式：

$$F(\tau_i) = \left[\frac{1}{N}\sum_{j=1}^{N}(t_{i+1} - t_{i+j-1})\right]^{-1}, i = 1,2\cdots$$

(7.14)

式中，$F(\tau_i)$ 为声发射事件平均频率时间函数；t_{i+j} 和 t_{i+j-1} 分别为第 $(i+j)$ 和第 $(i+j-1)$ 个声发射事件撞击瞬间时刻；N 代表 N 个连续撞击事件的窗口长度。

首先，对撞击率时间函数 $F(\tau_i)$ 在不同窗口长度($N=50,100$ 和 150)的演化特征进行讨论，以便揭示窗口长度对时间函数的影响。另外，为了排除干扰噪声的影响，采用高通滤波方法对持续时间大于 $10~\mu s$ 和计数小于 2 的声发射信号进行筛选。

图 7.5 给出了不同窗口长度下声发射撞击率及轴向应力在试样接近破断失稳阶段的变化规律。从图中可明显看出，三种不同窗口长度获得的撞击率曲线非常接近，不同窗口长度

对最终结果的影响较小,但是,随着窗口长度的降低,明显发现局部波动现象更显著,而当增加窗口长度时,该曲线呈现出更平滑的变化趋势。但必须说明的是由于加载起始阶段的声发射信号较少,当窗口长度设置过长时,获得的结果将不能反映出前期阶段的声发射特征,故为更全面揭示和分析裂纹扩展演化过程中的声发射参数率特征,在接下来的分析中,将窗口长度固定为100。

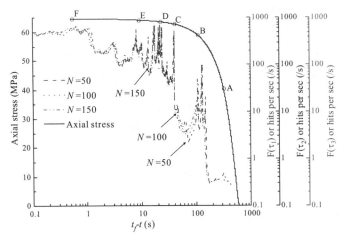

图 7.5　不同窗口长度下声发射撞击率及轴向应力随时间的演化规律

为证实逆向时间函数 $F(\tau_i)$ 对表征裂隙岩石断裂失效过程中的几个典型阶段具有潜在的优势,首先,给出典型裂隙砂岩在整个加载阶段的应力和时间函数 $F(\tau_i)$ 之间的演化关系,其中连续撞击事件的窗口长度为100,如图7.6所示。需要说明的是,图中的坐标轴采用双对数形式表示,目的是对试样在趋近失稳阶段的裂纹断裂特征信息进行局部放大。

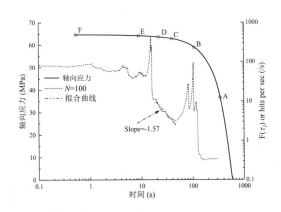

图 7.6　声发射撞击率和轴向应力随时间的演化规律

另外,图中 A、B、C、D、E 和 F 点分别对应了图2.11(c)中六个典型应力阶段。从图中可知,在早期加载阶段,时间函数率呈现出近似为零的演化趋势,也间接证实了早期加载阶段的信号较少。但当$(t_f-t)<150$ s时,即接近加载点 B 时,时间函数呈现出急剧增加趋势,并伴随有剧烈的波动,表明试样内孕育了大量微观裂纹。随着荷载增加,预制裂纹周围区域的应力集中程度逐渐增加,致使在预制裂隙周围积聚了大量的弹性能。紧接着,时间函数又以较大的幅值来回波动,致使试样内释放出一个能量的声发射信号,从而导致时间函数率再次下降,预示着裂隙周围伴随有宏观裂纹萌生发育。当荷载从加载点 C 增至峰值应力(D 点)时,时间函数 $F(\tau_i)$ 再次以幂律指数的形式增加。当荷载达到峰值强度趋于跌落时,时间函数率又呈现出来回波动的变化规律。随后,时间函数率开始降低,该现象预示了试样内宏观裂纹的孕育和扩展。

同时,为了揭示加载破断过程中其他声发射参数率的演化特征,结合式(7.14)得到典型试样的声发射时间序列撞击率、事件率与逆向时间演化规律,如图 7.6 所示。从图中明显看出声发射事件率与撞击率演化趋势一致,详细地,当试样接近局部失稳或完全破断失稳时,声发射撞击率或事件率均出现急剧增加趋势,且呈幂指函数分布演化,通过拟合声发射撞击率或事件率发现,拟合得到的数学模型与大森—乌苏(Omori—Utsu)经验关系式一致,进一步表明该参量可视为裂隙岩石局部或最终灾变破断失稳的前兆指标。通过对双对数坐标下声发射撞击率演化曲线的拟合关系式进一步变形化简得到声发射撞击率 $F(t)$ 与反向时间(t_f-t)的关系式:

$$F(t)=C(t_f-t)^{-r}$$

(7.15)

由式(7.15)可知,当岩石趋近失稳破坏时,对应的裂纹增长率呈幂指函数形式增加,且从拟合结果得知,幂律函数的常数项 $C=1015.95$,$r=1.57$。另外,对比式(7.15)与大森—乌苏定律 $\Omega(t)$ 响应率可知,说明室内脆性岩石通过声发射得到的裂纹扩展速率表达式与现场预测地震响应事件呈现出一致的演化规律。因此,结合式(7.9)和式(7.15)可得到响应函数和破坏时间之间的关系式:

$$F^{1/p}(t)=C^{1/p}(t_f-t)$$

(7.16)

另外,通过对比图 7.7(a)、(b)、(c)和(d)可知,对于完整试样来说[图 7.7(a)],其峰前阶段的声发射参数率变化较平稳,但仍可明显鉴别早期预警信号。对于裂隙试样来说[7.7(b)、(c)和(d)],声发射参数率演化特征能够较好地判别整个加载过程中的早期预警信号、亚临界断裂点和极限失裂断裂点。另外,从响应函数关系式得知,完整试样在最终失稳断裂前拟合得到的幂律函数相关度最高,而裂隙试样的拟合相关度较低,主要原因是由于预制裂隙的存在致使试样在局部区域发生失稳破断造成的,该现象也进一步说明完整试样的幂律行为较裂隙试样来说更显著。

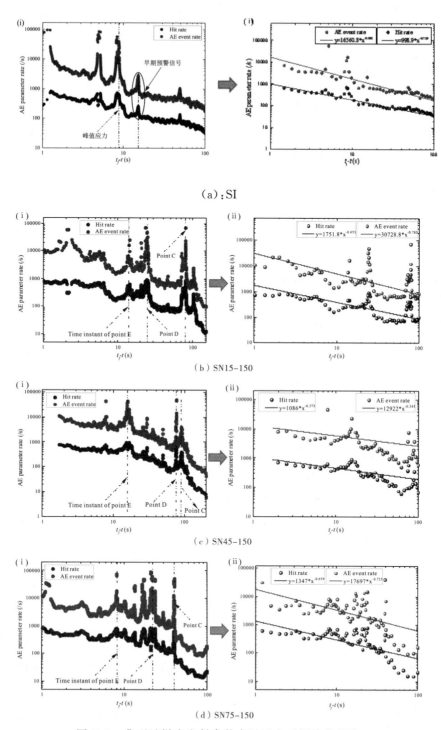

图 7.7 典型试样声发射参数率随反向时间演化规律

7.2.4 基于声发射参数临界慢化的失稳前兆判定

当复杂的自然系统(如生态系统、气候系统、矿山灾害监测系统)趋近临界点时,由于系统突变时具有临界慢化现象这一本质特征,往往导致系统中某个变量(自相关系数和方差)出现明显的波动。离散和波动特征主要表现为振幅增加、波动时间延长、扰动恢复速度慢以及回到旧相位能力变小,这种时间延长、恢复速率变慢和恢复能力变小的现象称为慢化。临界慢化是统计物理学的概念,当系统由一种状态转变为另外一种状态时,在临界点附近会出现有利于新相态而发生离散和波动的现象。近年来,临界慢化理论也被应用到岩石断裂失稳的研究中,故本节借助声发射参数方差和自相关系数来探究加载过程中裂隙岩石失稳破坏的临界慢化特征。

当系统趋近临界点时,小振幅扰动的恢复速率逐渐变慢,当恢复速率趋近零时,自相关系数趋近1,同时,方差将趋近无穷大。因此,临界慢化中的自相关系数和方差常常被用于研究系统趋近临界点的前兆参数,其中,方差是衡量随机变量与其数学期望之间偏差的一个重要参数,其表达式为:

$$D = S^2 = \frac{1}{N} \sum_{i=1}^{N} (x_i - \bar{x})^2$$

$$(7.17)$$

式中,D 为方差;x_i 为系统中某个变量的第 i 个数据;$\bar{x}$ 表示试样内数据的均值;N 表示系统产生变量的总数。

同时,自相关系数表示同一变量在两个不同时间阶段之间的相关程度,当变量 x_i 滞后于长度 k 时,自相关系数 $R(k)$ 的表达式为:

$$R(k) = \sum_{i=1}^{N-K} \left(\frac{x_i - \bar{x}}{S} \right) \left(\frac{x_{i+k} - \bar{x}}{S} \right)$$

$$(7.18)$$

在随机强迫系统中,当控制参量的阈值接近分叉时,临界慢化倾向于导致自相关系数和方差波动增加。假设状态变量在每个阶段后(Δt)都有一个重复的扰动,在扰动与平衡之间近似以 λ 为速率指数的形式回归,简化的自回归模型为:

$$x_{n+1} - \bar{x} = e^{\lambda \Delta t}(x_n - \bar{x}) + S\varepsilon_n$$

$$(7.19)$$

$$y_{n+1} = R\mu_n + S\varepsilon_n$$

$$(7.20)$$

式中,u_μ 为状态变量 x 与平衡态的偏差;ε_n 为标准正态分布的一个随机数;S 为标准偏差;R 为自回归系数,$R = e^{\lambda \Delta t}$。

自回归模型用方差表示为：

$$\mathrm{Var}(\mu_{n+1})=E(\mu_n^2)+[E(\mu_n)]^2=\frac{D}{1-R^2}$$

(7.21)

　　根据先前研究得知,窗口长度和滞后步长对临界慢化中自相关系数和方差的演变特征有一定的影响,其中,窗口长度是以声发射序列为单位的无量纲量,滞后步长表示从选定窗口长度的序列到另一个相同序列的滞后序列长度。在临界慢化理论中,自相关系数表示所选窗口长度序列与所选窗口长度滞后于固定步长所获得新序列之间的相关性。另外一个比较重要的参数,方差是指滞后所选窗口长度的固定步长得到的新序列。因此,本节以声发射参数序列来分析不同窗口长度和滞后步长对方差和自相关系数的影响。首先,窗口长度固定为300,滞后步长分别为100、200和300来分析相同窗口长度不同滞后步长对临界慢化特征参量(方差和自相关系数)的影响,结果如图7.8所示。另外,不同窗口长度($L_w=200$、300和400)在同一滞后步长($L_s=200$)下典型试样的方差和自相关系数演化特征如图7.9。

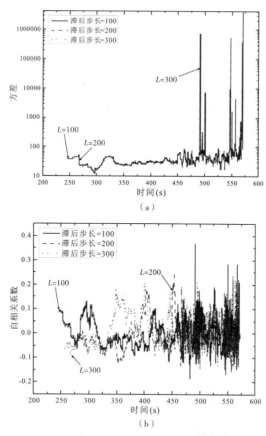

图 7.8　不同滞后步长相同窗口长度的声发射计数临界慢化特征

(a)方差;(b)自相关系数

从图 7.8 可以看出,当窗口长度一定时,不同滞后步长方差曲线的变化趋势一致,但方差波动幅值随着滞后步长的增加而增加。不同于方差,自相关系数随着滞后步长的变化呈现出更复杂的演变特征。从图 7.9 可知,当滞后步长一定时,随着窗口长度的变化,尽管方差和自相关系数的演化趋势有轻微的偏差,但二者总的演化趋势较一致。详细地,随着窗口长度的增加,方差波动幅值出现轻微的减小。此外,不同于固定窗口长度的自相关系数结果,当滞后步长一定时,仍呈现出振幅大小与窗口长度呈反比的关系。对比图 7.8 和 7.9 还可得知,窗口长度和滞后步长对方差和自相关系数均有一定影响,无论是窗口长度一定还是滞后步长固定不变,自相关系数曲线中均产生较多杂乱无章的干扰信号,而方差演化曲线的突增点能够较好地表征试样内局部或全局失稳断裂关键特征点。此外,从预测结果的可靠性角度得知,声发射参数方差曲线识别前兆信息关键特征点在一定程度上优于自相关系数。因此,本节以声发射参数方差的演化特征作为判别失稳断裂的前兆因子。

图 7.10 为典型裂隙砂岩声发射参数方差在整个加载阶段的演化特征,需要说明的是,图中方差演化曲线的窗口长度和滞后步长分别为 300 和 200。从图中明显看出,三种声发射参数方差演化特征随加载时间呈现出类似的变化趋势。另外,还观察到声发射计数、能量和上升时间(RT)方差曲线的突增点均出现了临界慢化现象。另外,对比较大幅度方差的演化特征发现,峰前阶段相对于应力降较多试样的 SN15-150 和 SN45-150 来说,应力降较小试样 SN75-150 的大幅度方差波动主要聚集在峰值附近。尽管三种声发射参数均能较好地鉴别加载过程中的早期预警信号、亚临界断裂和最终失稳断裂特征点,但该方法与声发射 b 值、声发射参数率作为前兆指标的判定方法类似,只能从定性角度分析裂隙岩石的断裂失效机制。

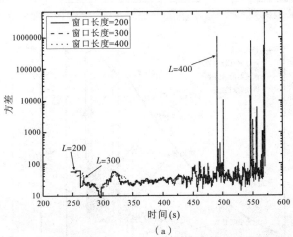

(a)

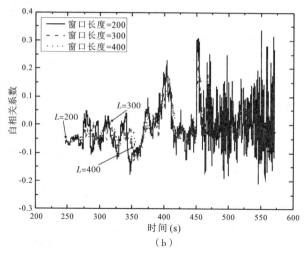

（b）

图 7.9   不同窗口长度相同滞后步长的声发射计数临界慢化特征

（a）方差；（b）自相关系数

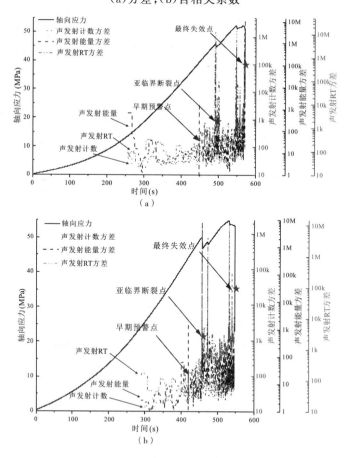

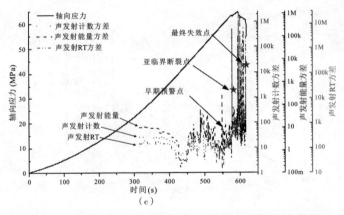

图 7.10 典型试样声发射参数的临界慢化方差演化特征

(a)SN15-150；(b)SN45-150；(c)SN75-150

图 7.11 为对应典型试样声发射参数的自相关系数演化曲线。从临界慢化特性的自相关系数演化特征可以看到该参量在加载过程中始终上下波动,加载后期较前期波动大,并且从图中不能清晰地识别前兆信号位置及典型断裂特征点,说明与自相关系数相比,方差临界慢化特征更显著。即方差曲线比自相关系数曲线对识别早期预警信号更可靠、更精确。另外,根据声发射信号的临界慢化特征进一步得知,方差和自相关系数的突然陡增现象即为岩石临界破坏的预警信号,该现象从曲线演化上仍可被证实。

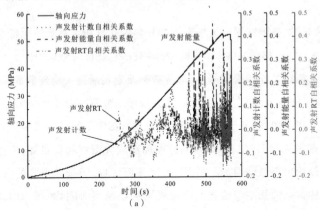

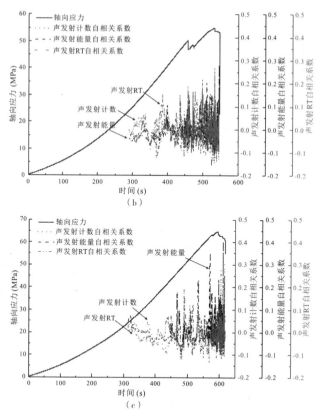

图 7.11 典型试样声发射参数的临界慢化自相关系数演化特征

(a)SN15-150；(b)SN45-150；(c)SN75-150

为进一步深入探讨早期预警信号、亚临界破裂及宏观断裂失稳现象的前兆特征，故对一组典型试样的计数、能量和 RT 方差演化曲线进行详细分析。图 7.12 给出了典型试样不同声发射参数的方差演变曲线，基于先前研究结果得知，图中早期信号预警点即为临界慢化理论中的临界突变点。从图 7.12(a)、(b)和(c)中局部放大图可明显得知，方差幅值在早期预警信号的临界点处均出现急剧增加。另外，对比分析计数、能量和 RT 的方差演化特征，发现三种参数获得的方差曲线中亚临界断裂和极限失稳断裂时间均一致，但计数和能量作为方差变量比 RT 作为方差变量能获得更早的预警信号。该现象的主要原因为上升时间为撞击信号越过门槛至最大振幅这段持续时间，从而导致采集到的信号较计数和能量少。

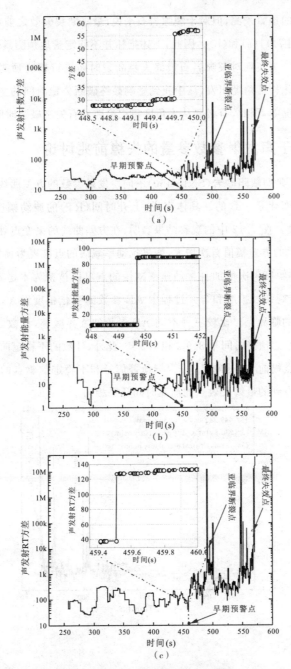

图 7.12 典型试样不同声发射参数的临界慢化方差演化特征

(a)计数;(b)能量;(c)RT

　　总结上述几种前兆判定方法得知,声发射 b 值、声发射参数率及声发射参数方差等前兆判定指标对裂隙岩石裂纹扩展失效过程中的早期预警信号点、亚临界断裂点和最终失稳断裂点均实现了较好地识别判断。虽然给出的几种前兆指标能够对加载过程中的局部或完全破断现象进行较好的预警预测,但对于裂隙岩石来说,最终断裂失效之前可能会出现多个应力跌落现象,譬如图7.11(a)和(b)。因此,上述指标并不能定量地预测具体那一个突增点作为最终断裂失效点。为实现对裂隙岩石最终失稳断裂时间进行精确预测,故应考虑从裂隙岩石的完整断裂演化特征角度出发,从中找到影响最终破断失稳时间的主要参量,譬如裂纹几何参数和加载工况等,因此,有必要从该角度建立裂隙岩石失稳破裂时间预测模型。

7.2.5　基于声发射参数参量的失稳前兆讨论

图7.13给出了典型缺陷砂岩(SN15-150)不同声发射参数的方差曲线。总的来说,不同声发射参数的方差变化是一致的。具体来说,上升时间(RT)的波动幅度大于 AE 计数和 AE 能量的波动幅度。图7.12中的观察结果表明,在方差曲线的突变点处,存在明显的临界减速现象。AE 参数的方差幅值首次增大,恢复扰动率减缓的点被视为预警点。在方差首次显著增加之后,方差幅度再次增加且扰动速率减慢的点可以被视为不稳定前兆点。随着载荷的进一步增大,宏观裂纹扩展和合并过程中 AE 参数的变化幅度增大,扰动速率减慢,这被认为是最终失效的临界点。比较三种不同 AE 参数的临界减速,计数方差的预警时间分别比 AE 能量和 RT 的预警时间早8.9 s和9.5 s。此外,计数的不稳定前兆的时间点比 AE 能量和 RT 的时间点提前0.4 s和7.7 s。与预警信号和不稳定前驱点的时间点不同,由三个 AE 参数的方差得到的最终失效点的前兆时间几乎相同。

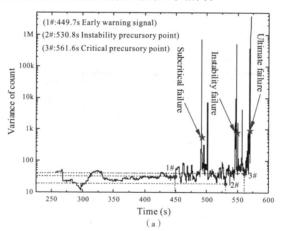

(a)

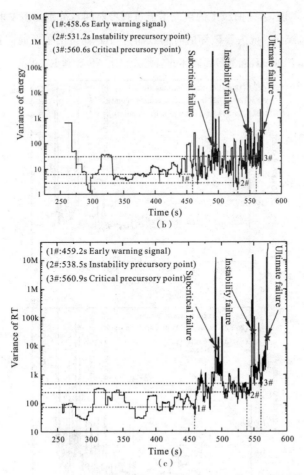

图 7.13 典型非充填砂岩试样不同声发射参数变化曲线

(a)计数;(b)能量;(c)RT

为了进一步验证临界减速在识别声发射参数前兆特征方面的有效性,详细探讨了石膏填充缺陷砂岩声发射参数的临界减速特征。图 7.14 给出了典型石膏填充缺陷砂岩(SG15-150)不同声发射参数的方差曲线。同样,窗口长度和滞后步长分别设置为 300 和 200。总的来说,不同声发射参数的方差变化曲线显示出一致的趋势。相反,RT 的波动幅度大于 AE 计数和 AE 能量的波动幅度。此外,RT 和 AE 能量的变化曲线比 AE 计数的变化曲线相对复杂。此外,AE 计数的方差曲线作为加载过程中的前兆指标更为准确。从图7.14(a)中观察到,三个典型断裂点与其对应前兆点之间的时间间隔分别为 52.2 s、5.3 s 和8.7 s。对于 AE 能量[图 7.14(b)],时间间隔分别为 54.5 s、7.3 s 和 19.7 s。对于图7.14(c),三个典型断裂点与相应前兆点之间的时间间隔分别为 23.5 s、3.6 s 和 9.5 s。因此,从三个不同 AE 参数的方差时间间隔来看,RT 作为前兆识别参数的作用优于 AE 计数和 AE 能量。比较三种不同声发射参数的前兆特征,可以得出声发射能量通常早于声发射计数和 RT。具体来说，方差曲线中的声发射能量预警时间点分别比声发射计数的预警时间点提前 2.7 s 和 31.5 s。就失稳破坏的时间点而言，AE 能量的前兆时间比 AE 计数和 RT 提前 1.3 s 和 3.0 s，三种 AE 能量最终破坏的前兆分别比 AE 数和 RT 提前 10.5 s 和 10.0 s。

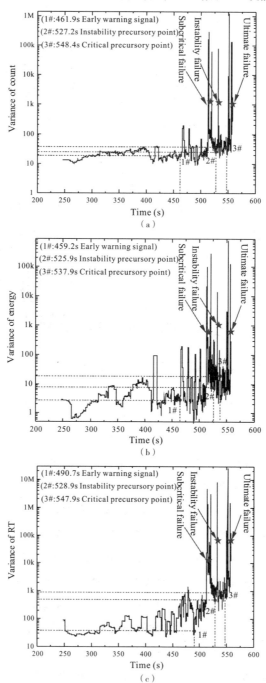

图 7.14   典型石膏充填裂隙砂岩不同声发射参数方差演化曲线

这四种方法都能定量识别裂缝砂岩破裂过程的关键特征点。与完整岩石样品相比，AE 累积计数、AE−b 值、事件间时间函数和临界减速等前兆识别方法更有可能捕捉到断裂岩石的预警信号。具体来说，出现了最大的 AE 能量，相应地，当试件接近失效时，获得了最小的 b 值。AE 参数率在幂律加速度分布后显著增加。在局部屈曲和整体失效的情况下，临界减速的方差和自相关系数明显增加。同时，方差的前兆特征比自相关系数的前兆特性更准确可靠。

与基于 AE 累积的前兆信息识别方法相比，利用 AE−b 值、事件间时间函数和临界减速的前兆识别方法可以揭示峰值强度之前工艺区的宏观开裂机制。此外，AE 累积计数的触发点、AE−b 值、事件间时间函数作为前兆信号，AE 参数变化的前兆信号与触发点之间的滞后时间越来越短。此外，与石膏填充缺陷砂岩和完整砂岩相比，缺陷砂岩的早期预警与其对应突变点之间的时间间隔越来越长。

本研究中的前兆识别方法能够准确反映裂隙岩体的裂隙信息，为预测岩体的灾难性失稳提供了一种可行的方法，与现场工程实践相比，从小型实验室试验中获得的前兆信息或指标将有一些困难。

7.3 基于反向神经网络的破裂时间预测模型

7.3.1 BP 神经网络

深度学习可以被认为是一个优化问题，在很多方面类似于二阶 Newton−Raphson 迭代法解决日常较熟悉和简单的求根问题。通常需要大量的数据通过"训练"（即优化）神经网络来执行特定的任务，主要通过反向传播来确定导数以及随机自适应动量梯度下降算法来识别局部极小值。神经网络的"可训练"参数以"层"的形式存在，层是对数据执行的特定操作集。BP 神经网络是由密集的神经网络块组成，这些密集的神经元块被定义为包含若干个输出神经元。对于一些输入变量，存在一个权重数组、偏差矩阵以及一个激活函数，他们作用于每个输入神经元，使得输出函数然后作为输入变量传递到另一个密集层，其中包含一系列"隐藏层"等。因此，一个神经网络会接收一些初始输入数据点，并在输出一些输出点之前需通过几层密集的数据块，因此，它可以与影响试样破裂时间相关的参数联系起来。在训练过程中，通过神经网络输入变量得到对应的输出预测时间与参考训练时间进行比较，最常用的测量差是通过匹配时间之间的均方差作为优化器来达到最优化的目标。

7.3.2 失稳破裂模型经验关系式

失稳破裂时间预测模型是基于 matlab 中 BP 算法与 Levenberg−Marquardt(LM)算法

进行的神经网络建模,对应的反向神经网络原理示意图如图 7.15 所示。从图中可知,反向神经网络计算原理是由一系列密层构成,其中隐藏神经元个数为 5,计算步长为 200,两种翻译功能分别为 logsig 和 tansig。输入值在交叉加权过程中进行转换以便提供输出,本研究基于八个输入自变量和一个输出因变量相互关联,其中输入层(Input layer)中八个自变量分别为加载条件、充填物状态、裂隙倾角、岩桥倾角、峰值强度、弹性模量、局部化带倾角和局部化带宽度。

用于 BPNN 神经网络输出稳定性的传递函数为隐含层到输出层的 tansig 传递函数和输出层到目标层的 pureline 传递函数。BPNN 输出稳定性的详细计算过程为:首先,由一个训练过的神经元网络连接权值,建立一个有关输入参数和单个输出参数 Y 的数学表达式[257]:

$$Y = f_{sig}\left\{ b_0 + \sum_{k=1}^{h}\left[w_k f_{sig}\left(\sum_{i=1}^{m} w_{ik} X_i \right) \right] \right\}$$

$$(7.22)$$

式中,b_0 为输出层的偏值;w_k 为隐含层神经元 k 与单个输出神经元之间的权值连接;b_{hk} 为隐层神经元 k 处的偏值;w_{ik} 为输入变量 i 和隐层神经元 k 之间的权重;X_i 为 i 的输入参数,f_{sig} 为 sigmoid(tansig 和 purelin)传递函数。

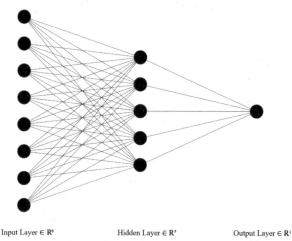

Input Layer ∈ $\mathbf{R}^8$ Hidden Layer ∈ $\mathbf{R}^5$ Output Layer ∈ $\mathbf{R}^1$

图 7.15　反向神经网络原理示意图

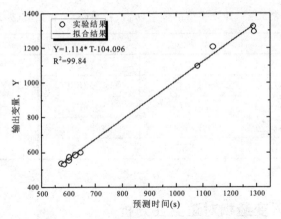

图 7.16　目标值与 BPNN 预测值的对比

图 7.16 为目标值与 BPNN 预测结果的对比。从图 7.16 可知,经过一系列神经元训练得到的输出预测结果与参考结果(即试验结果)如式(7.23)。另外,从图中可明显看到拟合结果较好且相关性较高,对应的相关性系数 $R^2=0.9984$。神经元训练过程中输入变量的权重结果见表 7.1,对应的偏值、权重和偏值结果见表 7.2 所示。

$$Y=1.114 \times T-104.096$$

(7.23)

式中,Y 为输出变量;T 为时间,s。

表 7.1　输入变量的权值(w_{ik})结果

b_{ik}	Neuron No. 1	Neuron No. 2	Neuron No. 3	Neuron No. 4	Neuron No. 5
$i=1$	1.0319	3.6044	7.9364	-1.772	-4.994
$i=2$	-0.3556	5.8385	-12.1365	2.2879	-11.0280
$i=3$	0.5971	1.8983	-0.6246	-1.3424	-4.9143
$i=4$	-0.0272	-13.3220	17.2949	0.0772	1.8403
$i=5$	0.2622	-10.8984	-23.7606	-1.1131	34.6683
$i=6$	0.7537	8.2371	17.5997	-0.8295	-3.0056
$i=7$	0.1874	2.0239	-16.1730	-0.5415	-0.4740
$i=8$	-0.0052	3.5204	-17.9359	-0.5931	-3.1402

表 7.2　计算模型的偏值(b_{ik})、权重(w_{ik})和偏值(b_0)

b_{ik}	θ_1	w_2	θ_2
Neuron No. 1	−0.2792	5.7253	
Neuron No. 2	−1.8493	−0.3886	
Neuron No. 3	7.9670	−0.3971	−5.0635
Neuron No. 4	−1.6540	3.3564	
Neuron No. 5	10.0553	1.8563	

7.3.3　输入变量相对重要性分析

基于 Zhang 和 Goh 对影响饱和砂土液化参数的相对重要性表明,承载能对数 $\log(W)$ 对参数铜元素的敏感性要大于初始平均有效应力。因此,对参数相对重要性研究中主要考虑了影响 BPNN 模型中灾变破裂时间的几个重要输入变量分别为加载条件、充填物状态、裂隙倾角和岩桥角度。

输入变量参数对灾变破裂预测时间模型影响的相对重要性公式如下:

$$A_k = \sum_{i=1}^{6} |\omega_{ik} \times b_{ik}|$$

$$(7.24)$$

$$\times b_{ik} = \frac{\omega_{ik} \times b_{ik}}{A_k}$$

$$(7.25)$$

$$C_i = \sum_{k=1}^{5} b_{ik}$$

$$(7.26)$$

$$D = \max(C_i)$$

$$(7.27)$$

$$S_i = \frac{C_i}{D} \times 100\%$$

$$(7.28)$$

基于式(7.24)～式(7.28)得到训练后的灾变破裂模型中各个参数相对重要性的计算结果如图 7.17 所示。从图中可知,加载状态是影响灾变破裂时间模型最敏感的参数,然后依次为充填物状态、裂隙倾角和岩桥倾角。

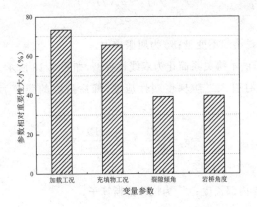

图 7.17　BPNN 模型中输入变量的相对重要性

7.4　局部化带宽度模型

7.4.1　应变梯度增量本构关系的建立

众所周知,岩石在外荷载作用下会经历均匀变形、局部损伤和灾变破坏三个重要阶段,定量的评估损伤累积和预测破坏是岩石力学中非常重要的两个任务。基于统计细观损伤力学得到一个从随机损伤到损伤局部化的临界转化状态,该损伤局部化可以作为破坏的前兆信息。为了对裂隙砂岩的脆性破裂进行预警,首先研究了表面应变局部化与脆性破裂的关系。然后,基于局部平均场的近似方法把试样的局部化区域和周围区域分开。

由于梯度塑性理论是基于传统弹塑性理论完善和发展起来的,二阶应变梯度及内部长度能够较好地表征非均质材料的微观特征,并且该理论仅适用于变形的局部带区域,在其他区域仍用传统的理论来分析。

基于文献对变形局部化的研究可知,考虑到 Mises 屈服函数对引入的二阶梯度项分析计算岩样变形局部化带宽度及其内部长度相对简单,因此,本文将该方法用于分析带预制裂隙试样的研究中。

根据小变形弹性增量的本构关系可知,

$$\bar{\varepsilon} = \bar{\varepsilon}^{e} + \bar{\varepsilon}^{p}$$

$$(7.29)$$

式中:$\bar{\varepsilon}$ 为总弹塑性总应变率;$\bar{\varepsilon}^{e}$ 为弹性应变率,$\bar{\varepsilon}^{p}$ 为塑性应变率。等效塑性应变率为:

$$\bar{r} = \sqrt{\frac{2}{3} \{\bar{\varepsilon}^{p}\}^{T} \{\bar{\varepsilon}^{p}\}}$$

$$(7.30)$$

式(7.30)中,"T"代表转置,Mises 屈服函数的表达式 F 为:

$$F=\sqrt{3J_2}-\bar{\sigma}_y(\gamma)=0$$

$$(7.31)$$

式中:J_2 为应力偏量第二不变量;$\bar{\sigma}_y$ 为屈服应力。

将单轴压缩下岩石的本构关系简化为双线性模型,如图 7.18 所示。假设研究的岩石材料为各向同性材料,同时引入二阶梯度塑性应变,峰后阶段的弹模为 λ 则屈服函数可表示为,

$$\bar{\sigma}_y=\sigma_p-\frac{E\lambda}{E+\lambda}\lambda-l^2\frac{E\lambda}{E+\lambda}\nabla^2\gamma$$

$$(7.32)$$

式中:l 为岩石材料内部长度;∇^2 为拉普拉斯算子。

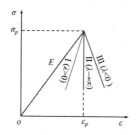

图 7.18　典型理想双线性模型曲线

将式(7.31)代入式(7.30)得到 Mises 函数的表达式为:

$$F=\sqrt{3J_2}-\sigma_p+\frac{E\lambda}{E+\lambda}\lambda+l^2\frac{E\lambda}{E+\lambda}\nabla^2\gamma=0$$

$$(7.33)$$

由相关流动法则得,

$$\bar{\varepsilon}_p=\bar{\eta}\frac{\partial F}{\partial\sigma}$$

$$(7.34)$$

式中:η 为塑性乘子率。

对式(7.30)引入对角阵$[Q]=\mathrm{diag}[1,1,1,0.5,0.5,0.5]$可得,

$$\gamma=\sqrt{\frac{2}{3}\{\bar{\varepsilon}_p\}^T[Q]\{\bar{\varepsilon}_p\}}$$

$$(7.35)$$

同时,引入对称矩阵$[A]$得,

$$[A] = \begin{vmatrix} \dfrac{2}{3} & -\dfrac{1}{3} & -\dfrac{1}{3} & 0 & 0 & 0 \\ -\dfrac{1}{3} & \dfrac{2}{3} & -\dfrac{1}{3} & 0 & 0 & 0 \\ -\dfrac{1}{3} & -\dfrac{1}{3} & \dfrac{2}{3} & 0 & 0 & 0 \\ 0 & 0 & 0 & 2 & 0 & 0 \\ 0 & 0 & 0 & 0 & 2 & 0 \\ 0 & 0 & 0 & 0 & 0 & 2 \end{vmatrix}$$

(7.36)

因此,屈服函数进一步变为:

$$F = \sqrt{\frac{3}{2}\sigma^{\mathrm{T}}[A]\sigma} - \sigma_p + \frac{E\lambda}{E+\lambda}\gamma + l^2\frac{E\lambda}{E+\lambda}\nabla^2\gamma = 0$$

(7.37)

对式(7.34)微分可得:

$$\bar{\varepsilon}_p = \bar{\eta}\frac{3[A]\sigma}{2\sqrt{\left(\frac{3}{2}\sigma^{\mathrm{T}}[A]\sigma\right)}}$$

(7.38)

将式(7.38)代入式(7.35)可得,

考虑梯度塑性影响的材料增量本构关系:

$$\bar{\sigma} = D^{e}(\bar{\varepsilon} - \bar{\varepsilon}^{p}) = D^{e}(\bar{\varepsilon}) - \gamma\frac{\partial F}{\partial \sigma}$$

(7.39)

式中:D^{e} 为弹性矩阵。

7.4.2 单轴作用下局部变形带的平面应力解析

基于先前学者的研究基础,在单轴条件下的变形局部化问题,文献采用屈服函数的应变梯度预测了一微工况下的局部化带宽度。本文研究裂隙岩石在单轴压缩加载下二维平面问题的变形局部化演化,同样将模型简化为如图 7.19 所示。

图 7.19 典型理想双线性模型曲线

平面初始应力状态为

$$\{\sigma\} = \{\sigma_{yy}, 0, \sigma_{zz}, 0, 0, 0\}$$

(7.40)

基于 Drucker－Prager 屈服准则，当 $\sigma_{zz}=0$ 时，对应了单轴压缩的平面应力状态，可得到式(7.9)中其他方向 Misses 屈服函数的偏微分表达式为：

$$\frac{\partial F}{\partial_{11}} = \alpha, \frac{\partial F}{\partial_{22}} = \beta, \frac{\partial F}{\partial_{12}} = 0$$

(7.41)

对于平面应变状态，$\alpha = \beta = \frac{\sqrt{3}}{2}$。

将平面应变弹性矩阵 D^e 代入式(7.39)得各个应力率的分量分别为：

$$\left. \begin{aligned} &\bar{\varepsilon}_{xx} + \frac{\mu E}{(1+\mu)(1-2\mu)}\bar{\varepsilon}_{yy} - \gamma\left(\frac{E(1-\mu)}{(1+\mu)(1-2\mu)}\alpha - \frac{\mu E}{(1+\mu)(1-2\mu)}\beta\right) \\ &\bar{\sigma}_{yy} + \frac{E(1-\mu)}{(1+\mu)(1-2\mu)}\bar{\varepsilon}_{xx} + \frac{\mu E}{(1+\mu)(1-2\mu)}\bar{\varepsilon}_{yy} - \gamma\left(\frac{E(1-\mu)}{(1+\mu)(1-2\mu)}\alpha - \frac{\mu E}{(1+\mu)(1-2\mu)}\beta\right) \\ &\bar{\sigma}_{xy} = G\bar{\varepsilon}_{xy} \end{aligned} \right\}$$

(7.42)

对于平面应力状态，$\alpha = 1, \beta = 0.5$ 代入式(7.41)进行化简得：

$$\left. \begin{aligned} \bar{\sigma}_{xx} &= 2G(\bar{\varepsilon}_{xx} - \alpha\gamma) \\ \bar{\sigma}_{yy} &= 2G(\bar{\varepsilon}_{yy} - \beta\gamma) \\ \bar{\sigma}_{xy} &= G\bar{\varepsilon}_{12} \end{aligned} \right\}$$

(7.43)

对式(7.37)取全微分，得到一致性条件，

$$\left(\frac{\partial F}{\partial \sigma}\right)^{\mathrm{T}} \bar{\sigma} = -\frac{E\lambda}{E+\lambda}\gamma - \frac{E\lambda}{E+\lambda}l^2 \nabla^2 \gamma$$

(7.44)

将式(7.40)和式(7.42)代入式(7.43)得，

$$2G\bar{\varepsilon}_{xx} - G\varepsilon_{yy} = -\left(\frac{E\lambda}{E+\lambda} + \frac{2}{5}G\right)\gamma - \frac{E\lambda}{E+\lambda}l^2 \nabla^2 \gamma$$

(7.45)

将式(7.42)代入平衡方程得，

$$\left. \begin{aligned} 2G(\bar{\varepsilon}_{xx,x} - \gamma_1) + G\bar{\varepsilon}_{xy,y} &= 0 \\ 2G\left(\bar{\varepsilon}_{yy,y} + \frac{1}{2}\gamma_2\right) + G\bar{\varepsilon}_{xy,x} &= 0 \end{aligned} \right\}$$

(7.46)

根据平衡方程，并考虑局部化区域产生体积扩容，关系式为：

$$\bar{\varepsilon}_{xx} = -\delta^2 \bar{\varepsilon}_{yy}$$

(7.47)

式中，δ 为岩石材料的扩容系数，当 $\delta=1$ 时，岩石材料表现为不可缩工况，另外，引入流函数 $u(x,y)$，则

$$x=\frac{\partial u}{\partial x},y=-\delta^2\frac{\partial u}{\partial y},\bar{\varepsilon}_{xx}=\bar{u}_{xy},\bar{\varepsilon}_{yy}=-\delta^2\bar{u}_{xy},\bar{\varepsilon}_{xy}=-\delta^2\bar{u}_{xx}$$

(7.48)

将式(7.19)代入式(7.16)和式(7.17)得，

$$\nabla^4 u=2\sqrt{3}\gamma_{zy}$$

(7.49)

$$\delta^2\frac{\partial\bar{u}}{\partial x_2^4}+\frac{\delta^4\bar{u}}{\partial x_1^4}(1+\delta^2)\frac{\partial^4\bar{u}}{\partial x_1^2\partial x_2^2}=\left(3G-\frac{E\lambda}{E+\lambda}\right)\gamma-\frac{E\lambda}{E+\lambda}l^2\nabla^2\gamma$$

(7.50)

假设岩石材料在加载过程中出现了如图 7.20 所示的变形局部化带，其中，w 为变形局部化带宽度，θ 为变形局部化带倾角，并建立局部化带坐标系 x,y，由坐标变换得：

$$x=x_1\cos\theta+x_2\sin\theta$$

(7.51)

$$y=x_1\sin\theta-x_2\cos\theta$$

(7.52)

假设变形局部化带内的参数沿着 x 方向不发生变化，只在 y 方向发生变化。式(7.48)及式(7.49)可简化为，

$$\bar{u}''=-(2\sqrt{3}\gamma'\sin\theta\cos\theta+2\sqrt{3}G\gamma\sin\theta\cos\theta$$

(7.53)

对式(7.52)化简得到

$$\gamma''+A\gamma=0$$

(7.54)

其中，

$$A=\frac{3G\sin^2 2\theta-\left(3G-\frac{E\lambda}{E+\lambda}\right)}{\frac{E\lambda}{E+\lambda}l^2}$$

(7.55)

在局部化带和周围弹性区交界处应满足相容条件，

$$\gamma_{y=\pm\frac{w}{2}}=0$$

(7.56)

对式(7.53)两次积分化简为，

$$\gamma+A\gamma=B'y+C'$$

(7.57)

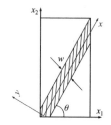

图 7.20　局部化带及坐标变换

如果试样形成局部化带，则式(7.55)需满足式(7.55)的边界条件。即

$$A > 0$$

$$(7.28)$$

令 $A^2 = a$，式(7.53)解的形式为：

$$\gamma = C\left(\cos(ay) - \cos\frac{W}{2}a\right)$$

$$(7.59)$$

式中：C 为积分常数；当 $y = 0$ 时，式(7.30)取得最大值。

$$\gamma_{\max} = C\left(1 - \cos\frac{W}{2}a\right)$$

$$(7.60)$$

为了获得最大值 $\gamma_{\max}$，令 $\frac{W}{2}a = n\pi, n \in N$ 得到局部化宽度表达式为：

$$w = \frac{2n\pi}{a}$$

$$(7.61)$$

其中，$a = \sqrt{\left(\frac{9}{4}G\sin^2 2\theta - \left(3G - \frac{E\lambda}{E+\lambda}\right)\right) \Big/ \frac{E\lambda}{E+\lambda}l^2}$

$$(7.62)$$

根据上述章节的宏观力学特性可知，本文中所研究的砂岩其峰后阶段属于Ⅱ断裂，对应的 $\lambda \to \infty$。因此，峰后阶段的弹模出现了奇异性结果，对式(7.62)根号中的分子分母同时除了 λ 进一步化简得，

$$a = \sqrt{\frac{1}{l^2}}$$

$$(7.63)$$

又因为 $a > 0$，所以，可得到岩石内部长度 l 与参数 a 之间的关系：

$$a = \frac{1}{l}$$

$$(7.64)$$

对于单轴加载条件下的平面应力工况仍采用同样的方法,可得到变形局部化带宽度的表达式为:

$$w = 2\pi nl, n \in N$$

(7.65)

基于 Avizo 软件的图像处理模块,通过图像像素方法获得不同工况下的平均局部化带宽度。具体步骤为:首先,以导入的原始 DIC 图片为参考,然后根据试样的真实尺寸换算出单位尺寸的像素大小,最后基于软件中测量工具得到局部化带的平均宽度和倾角,并将局部化带宽度的试验结果带入理论公式,获得对应的裂隙岩石内部长度 l。最终将得到的局部化带宽度和内部长度统计于表 7.3。从表中整体得知,局部化带角度与岩桥角度密切相关,当裂隙倾角不变时,随着岩桥角度的增加,局部化带角度呈现出先减少后增加的趋势。详细地,当裂隙倾角 $\alpha = 15°$、$\alpha = 45°$ 和 $\alpha = 75°$ 时,不同岩桥角度工况下平均局部化带倾角分别为 106.1°、98.55° 和 82.55°。另外,不同岩桥角度工况下平均局部化带厚度分别为 21.5 mm、22.3 mm 和 20.9 mm。因此,裂纹几何参数对局部化带厚度的影响较小。

表 7.3 单轴非充填工况下裂隙砂岩局部化带宽度与内部长度

No.	α/ (°)	β/ (°)	θ/ (°)	w /mm	l /mm
SN15-0	15	0	100.8	18.3	2.91
SN15-30		30	109.5	28.4	8.54
SN15-60		60	98.3	18.1	2.88
SN15-90		90	112.2	22.1	3.51
SN15-120		120	110.4	18.4	2.93
SN15-150		150	105.4	23.5	3.74
SN45-0	45	0	103.7	22.6	3.59
SN45-30		30	101.8	20.7	3.29
SN45-60		60	92.4	20.5	3.26
SN45-90		90	65.4	21.7	3.46
SN45-120		120	112.1	21.3	3.39
SN45-150		150	115.9	26.8	4.27
SN75-0	75	0	88.6	18.5	2.95
SN75-30		30	65.2	21.4	3.41
SN75-60		60	62.7	21.0	3.34
SN75-90		90	79.9	17.5	2.79
SN75-120		120	84.1	28.2	4.49
SN75-150		150	114.8	19.2	3.06

基于同样的方法,对不同几何工况下单轴石膏充填裂隙的局部化带宽度进行测量计算,最终将得到的局部化带宽度和内部长度统计于表 7.4。从表中整体得知,局部化带倾角与岩

桥角度密切相关,当裂隙倾角不变时,随着岩桥角度的增加,局部化带倾角呈现出先减少后增加的趋势。详细地,对于裂隙倾角为 15°工况而言,不同岩桥倾角工况的局部化带倾角在 46.1°～106.8°变化;当裂隙倾角增至 45°时,不同岩桥倾角工况的局部化带倾角在 46.1°～112.6°变化;当 $\alpha=75$°时,不同岩桥倾角工况的局部化带倾角变化波动相对较小在 67.9°～114.2°变化。裂隙倾角依次为 15°、45° 和 75°时,不同岩桥角度对应的平均局部化带倾角分别为 68.3°、71.9° 和 85.8°。另外,不同岩桥角度工况下平均局部化带厚度分别为 22.6 mm、22.8 mm 和 16.9 mm。与非充填工况类似,裂纹几何参数对局部化带倾角影响较大,而对局部化带宽度的影响较小。

表 7.4 单轴充填工况下裂隙砂岩局部化带宽度与内部长度

No.	α /(°)	β /(°)	θ /(°)	w /mm	l /mm
SG15-0	15	0	59.1	25.1	3.99
SG15-30		30	46.1	22.3	3.55
SG15-60		60	53.56	19.3	3.07
SG15-90		90	57.43	26.6	4.24
SG15-120		120	90	18.3	2.91
SG15-150		150	106.8	23.5	3.74
SG45-0	45	0	56.5	21.7	3.46
SG45-30		30	45.1	19.9	3.17
SG45-60		60	54.8	22.9	3.65
SG45-90		90	72.2	23.4	3.73
SG45-120		120	90	22.6	3.59
SG45-150		150	112.6	26.4	4.21
SG75-0	75	0	67.9	17.3	2.75
SG75-30		30	79.8	15.8	2.52
SG75-60		60	69.3	18.1	2.88
SG75-90		90	80.1	20.7	3.29
SG75-120		120	103.5	15.7	2.51
SG75-150		150	114.2	14.3	2.28

7.5　幂律奇异性模型

岩石类材料的失稳破断过程是一个由稳定向非稳定状态过渡的一个临界过程,在临界加速破裂之前,其内的加速断裂前兆通常呈现出幂律关系。为了量化描述破坏前的加速过程,Voight 提出了一个经验关系如式 7.29 所示。

$$\Omega\dot{\Omega}^{-\alpha} = A$$

$$(7.66)$$

式中:Ω 可表示为变形、累积能量释放率和声发射事件的响应量,其中,响应变量上的点分别代表与时间之间的一阶导数和二阶导数;α 为表征非线性程度的经验指数;A 为经验常数。

为了证明 Voight 经验关系式具有广泛的使用性以及对预测结果的可靠性,众多学者通过对火山爆发回顾性的预测、地震检测数据的反演以及室内试验结果分析发现 Voight 经验关系式中的失效时间可以作为一种前兆失稳断裂的判别方法。

因此,式(7.29)可进一步转化为:

$$d^2\Omega/dt^2 = A(d\Omega/dt)^\alpha$$

$$(7.67)$$

为了获得 $\Omega(t)$ 响应率与时间的关系式,对于 $\alpha = 1$ 时,对式(7.30)进行积分得到:

$$d\Omega/dt = (d\Omega/dt)_0 \exp A(t-t_0)$$

$$(7.68)$$

式中:$(d\Omega/dt)_0$ 表示 Ω 在拟合开始 t_0 时刻的变化率。从式(7.3)发现 Ω 随时间变化呈指数形式增加。

另外,对于 $\alpha \neq 1$ 时,对微分方程式(7.30)进行积分得到:

$$d\Omega/dt = [(d\Omega/dt)(-\alpha-1)_0 - A(\alpha-1)(t-t_0)]^{-1/(\alpha-1)}$$

$$(7.69)$$

对式(7.32)整理计算得到破坏时刻 t_f 的关系式:

$$t_f = -\frac{\Omega_0^{1-\alpha}}{A(1-\alpha) + T_0}$$

式中:t_0 为拟合窗口开始的时间;

结合式(7.34)和(7.32)得到 $\Omega(t)$ 与 t_f 之间的一种更简洁的表达式,即为 Omori[7]时间反演定律:

$$\Omega(t) = k(1 - \frac{t}{t_f})^r$$

$$(7.71)$$

式中:t_f 为破坏时间;另外,$k = [A(\alpha-1)]1/(1-\alpha)$,$r = -1/(\alpha-1)$。此外,从式(7.6)

中可明显得到,在 $t = t_f$ 时,出现了响应率 Ω 为无穷大的奇异性结果。

7.5.1 局部化带与幂律奇异性的关系

$$S = S_{1-\gamma} + s_\gamma$$

(7.72)

式中:$s_{1-\gamma}$ 和 s_γ 分别代表非局部化区和局部化区的变形。

岩样的响应函数 $R = ds/dS$ 可以重新写成:

$$R = \frac{ds_{1-\gamma}}{dS} + \frac{ds_\gamma}{dS}$$

(7.73)

非局部化区的变形为:

$$s_{1-\gamma} = \varepsilon_{1-\gamma} l$$

(7.74)

式中:$\varepsilon_{1-\gamma}$ 为非局部区平均应变。

对式(7.37)进行微分,

$$ds_{1-\gamma} = d[\varepsilon_{1-\gamma}(1-\gamma)l] = l[(1-\gamma)d\varepsilon_{1-\gamma} + \varepsilon_{1-\gamma}d(1-\gamma)]$$

(7.75)

从式(7.38)中可知,$l(1-\gamma)$ 和 $\varepsilon_{1-\gamma}$ 二者的增量均在一定范围内变化,因此,$ds_{1-\gamma}$ 的变化也是有限的。另外,dS 的变化也是有限的。

$$S_\gamma = \int_0^{l\gamma(s)} \varepsilon_\gamma(y,s)dy$$

(7.76)

式中:ε_γ 为局部区平均应变。

$$\frac{ds_\gamma}{dS} \int_0^{l_\gamma(s)} -\frac{d\varepsilon_\gamma(y,S)}{dS}dy + \varepsilon_\gamma(\gamma l,S)\frac{l\,d\gamma}{dS}$$

(7.77)

在式(7.40)中,ε_γ,$l\gamma$ 和 $d\gamma/dS$ 是有限,因此,$\varepsilon_\gamma(\gamma l,S)\dfrac{l\,d\gamma}{dS}$ 并未出现奇异性。而且,

$$\bar{\varepsilon}_\gamma = \frac{1}{l\gamma}\int_0^{l\gamma(s)} \varepsilon_\gamma(y,S)dy$$

(7.78)

因此,

$$R_Z = \frac{l\gamma\,d\bar{\varepsilon}_\gamma}{dS} = \int_0^{l\gamma(s)}\frac{d\varepsilon_\gamma(y,S)}{dS}dy$$

(7.79)

因此,式(7.75)是造成式(7.69)出现奇异性的主要原因。

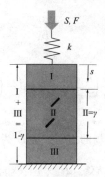

图 7.21　局部化变形区和加载装置组成的简化平均场模型

7.5.2　幂律奇异性的跨尺度特征

变形的局部化行为使幂律奇异性在空间上具有非唯一性,从而导致幂律奇异性具有跨尺度特征。基于这一特性,证明了整个试样整体响应的奇异性主要是由于局部带内局部响应的奇异性造成的。局部化行为和幂律奇异性可视为是宏观破裂前在空间和时间上相关的前兆事件。尤其,根据破裂面附近或穿过破裂带区域所表现出的幂律奇异性特征,可作为预测灾变破裂发生的时间。这为预测脆性岩石破裂提供了一种非常实用可靠的方法,即仅通过监测局部带附近的局部化特征。

7.6　近似平均应变场的非均质统计模型

7.6.1　近似全局平均应变场的预测模型

在岩石损伤破坏研究中,采用了一种结合近似平均应变场的非均质弹脆性介质统计模型。该模型假设试样由若干线弹性但脆性的单元组成,即所有单元具有相同的弹性模型,但不同的断裂门槛值 σ_c。在单调荷载作用下,每个单元保持弹性直到作用力超过发生断裂的临界应力 σ_c。

$$\sigma_s = \varepsilon_s E_0$$

(7.80)

式中: σ_s 和 ε_s 分别为每个单元的介观应力和应变。

假设单元的介观强度服从威布尔概率分布,其密度分布函数的表达式为:

$$h(\sigma_c) = \frac{m}{\eta} \left(\frac{\sigma_c}{\eta} \right)^{m-1} \exp \left(- \left(\frac{\sigma_c}{\eta} \right)^m \right)$$

(7.81)

式中: m 为形状因子, η 为威布尔分布的位置因子。形状因子 m 对应力门槛值 σ_c 影响较大, m 越小, σ_c 的离散性越大,也就是说岩石的非均质性越强。

$$\varepsilon_c = \frac{\sigma_c}{E_0}$$

$$(7.82)$$

$$h(\varepsilon_c) = \frac{m}{\eta}\left(\frac{E_0\varepsilon_c}{\eta}\right)^{m-1}\exp\left(-\left(\frac{E_0\varepsilon_c}{\eta}\right)^m\right)$$

$$(7.83)$$

单调荷载作用下,近似平均应变场的损伤分量 D 为:

$$D(\varepsilon) = \int_0^\varepsilon h(\varepsilon_c)d\varepsilon_c = 1 - \exp\left[\left(\frac{E_0\varepsilon}{\eta}\right)^m\right]$$

$$(7.84)$$

$$\sigma = E_0(1-D)(\varepsilon)\varepsilon$$

$$(7.85)$$

$$\sigma(E_0\varepsilon/\eta)E_0\varepsilon e^{(-(E_0\varepsilon/\eta)^m)}$$

$$(7.86)$$

$$\frac{E_0A}{l}(1-D(\varepsilon)-\varepsilon h(\varepsilon)) = -k_m$$

$$(7.87)$$

$$f(m,\eta,E_0) = \sum_i(\sigma_i(E_0\varepsilon_t/\eta)-(\sigma_t/\eta)_i)^2$$

$$(7.88)$$

7.6.2 近似局部平均应变场的预测模型

预测损伤从均匀分布到局部化的转变是非常重要的,从物理机制上可知,损伤局部化意味着宏观变形不均匀出现,即局部破裂的前兆,损伤的不均匀性可定义为:

$$D_1 = \int_0^{\varepsilon_1}h(\varepsilon_c)d\varepsilon_c, D_2 = \int_0^{\varepsilon_2}h(\varepsilon_c)d\varepsilon_c$$

$$(7.89)$$

$$h(\varepsilon_c) = m\varepsilon_c^{m-1}e^{-\varepsilon_c^M}$$

$$(7.90)$$

$$\begin{cases} D_1 = \int_0^{\varepsilon_1}h(\varepsilon_c)d\varepsilon_c = 1-e^{-\varepsilon_1^m} \\ D_2 = \int_0^{\varepsilon_2}h(\varepsilon_c)d\varepsilon_c = 1-e^{-\varepsilon_2^m} \end{cases}$$

$$(7.91)$$

$$\varepsilon = \varepsilon_1(1-\gamma)+\varepsilon_2\gamma$$

$$(7.92)$$

$$\sigma = \sigma_1 = (1-D_1)\varepsilon_1 = \sigma_2 = (1-D_2)\varepsilon_2$$

$$(7.93)$$

7.7 临界慢化理论模型

临界慢化是统计物理学的概念,当系统由一种相态转变为另外一种相态时,在临界点附近会出现有利于新相形成的离散和波动现象。离散和波动现象不仅表现为振幅增加,而且表现为波动时间延长,扰动恢复速度慢,回到旧相位的能力变小。这种时间延长、恢复速率变慢和恢复能力变小的现象称为慢化。当复杂的动力系统(如生态系统、气候系统)接近临界点时,临界减速往往导致系统自相关系数和某个变量方差增加。近年来,临界慢化理论也应用在岩石断裂失稳的研究中,借助声发射系统的某一参数变量来研究临界失稳破坏。

$$D = S^2 = \frac{1}{N} \sum_{i=1}^{N} (x_i - \bar{x})^2$$

(7.94)

式中,D 为方差;x_i 为第 i 个数据;$\bar{x}$ 表示试样内数据的均值;N 表示试样内产生的数据总数。

自相关系数表示同一变量在两个不同时间阶段之间的相关程度,当变量 x_i 滞后于长度 k 时,自相关系数[$R(k)$]的表达式为:

$$R(k) = \sum_{i=1}^{N-k} \left(\frac{x_i - \bar{x}}{S} \right) \left(\frac{x_{i+k} - \bar{x}}{S} \right)$$

(7.95)

在随机强迫系统中,临界慢化倾向于导致自相关和波动方差的增加,在控制参数的阈值处接近分叉。假设状态变量在每个阶段后(Δt)都有一个重复的扰动,在扰动之间,回归平衡近似呈现为以 λ 为速率指数形式。一个简化的自回归模型表示为:

$$x_{n+1} - \bar{x} = e^{\lambda \Delta t}(x_n - \bar{x}) + \sigma \varepsilon_n$$

(7.96)

$$y_{n+1} = e\lambda t y_n + S\varepsilon_n$$

(7.97)

式中,y_n 是状态变量 x 与平衡态的偏差;ε_n 是标准正态分布的一个随机数;σ 是标准偏差。

$$y_{n+1} = Ru_n + S\omega_n$$

(7.98)

式中,R 是自回归系数,$R = e^{\lambda \Delta t}$。

$$\mathrm{Var}(u_{n+1}) = \frac{D}{1 - R^2}$$

(7.99)

窗口长度和滞后步长与临界转化中自相关系数和方差的稳定性有关。因此,从砂岩单轴试验中获得声发射计数序列用于研究不同窗口长度和滞后步长。窗口长度是序列计算的基本单位。滞后步长表示从选定窗口长度的序列到另一个相同序列的滞后序列的长度。临界慢化理论中,另外一个比较重要的参数,方差是通过滞后所选窗口长度的固定步长得到的新序列。自相关系数是指所选窗口长度序列与所选窗口长度滞后于固定步长所获得的新序列之间的相关性。

7.8　本章小结

本章将声发射特征参数进一步应用到裂隙岩石破裂失稳前兆信息的研究,基于不同的声发射变量对裂隙砂岩失稳破裂前兆信息识别进行研究,探讨了声发射 b 值、声发射参数率和声发射参数方差等作为前兆指标判定关键断裂特征点的可靠性,建立了破裂失稳时间预测模型,该结论在一定程度上为预测裂隙岩石破裂失稳奠定理论依据,具体结论如下:

(1)声发射 b 值均在早期前兆阶段呈现出轻微的降低,亚临界断裂和极限失稳断裂阶段呈现出急剧降低趋势,声发射 b 值演化能够准确地识别岩石在整个加载过程中的早期预警信号点、亚临界断裂点和极限失稳断裂点。

(2)基于地震学大森-乌苏(Omori-Utsu)时间反演定律分析了裂隙岩石断裂失稳过程中的幂律分布特征,发现完整样的幂律分布特征较裂隙试样更显著。

(3)对比了声发射参数方差[计数、能量和上升时间(RT)]和声发射参数自相关性系数演化结果表明,声发射参数方差变量能较好地识别裂纹扩展演化中的早期预警信号点、亚临界断裂点和极限失稳断裂点,另外,计数和能量的方差变量比 RT 方差变量能获得更早的预警信息。

(4)基于反向神经网络模型获得了考虑加载条件、充填物工况、裂隙倾角、岩桥角度、峰值强度、局部化倾角和局部化带厚度的灾变破裂时间经验关系式。从拟合方程的相关系数 $R^2 > 0.99$ 可知,采用 BPNN 得到的失稳破裂时间模型具有一定的可靠性,同时,发现输入变量加载条件对模型相对重要性的影响最大。

(5)基于理论分析得知局部化宽度与岩石内部长度呈线性关系,并借助 Avizo 软件对试验结果分析得到不同裂纹几何参数下的岩石内部长度特征值。此外,发现裂纹几何参数对局部化带倾角影响较大,而对局部化带宽度的影响较小。

(6)预测的损伤局部化临界点与室内试验观察结果较接近。另外,基于敏感性参数分析,并且从试验的角度对该概念进行了验证。

8 砂岩微观结构和力学性能随热损伤的演化

随着地热开采、地下煤气化和核工程建设,岩石在高温下的物理力学性质发生了很大变化,对地下工程的安全构成了威胁。为了研究温度对砂岩微观和宏观力学特性的影响,借助MTS815力学测试系统进行了一系列单轴抗压强度(UCS)测试。同时,加载过程中借助声发射(AE)仪、扫描电子显微镜(SEM)和核磁共振(NMR)系统进行实时监测。从宏观上看,砂岩的物理力学性质随着处理温度的变化而变化,但这些变化并不遵循单调演变趋势。此外,脆性—韧性转变发生在大约600℃,并通过AE监测进一步证实了这一点。对于砂岩的微观结构演化,随着处理温度的升高,微孔百分比呈单调下降趋势。细观孔隙的变化先减小,然后逐渐增大,最后减小。随着温度的升高,大孔隙结构占比先减小后增大。中孔和大孔的减少趋势主要是由于温度较低时的热膨胀。然而,中孔结构占比的降低是由于它们在较高温度下扩展贯通为大孔。此外,核磁共振谱的积分值随着热处理温度的升高先减小后增大,对应于孔隙度从25℃降低到200℃,然后随着温度增加到900℃。最后,基于有效介质理论和声发射能量,建立了砂岩变形断裂的本构模型。本研究有助于从微观和宏观两个角度加深对砂岩热损伤过程的理解。

8.1 引言

地热开采、煤炭地下气化和核工程建设有助于减少传统化石资源的消耗。通常,这些地质工程应用在地下地质构造中运行,并导致岩石的物理力学性质产生恶化。因此,评估岩石在热处理过程中的热损伤非常重要。

岩石的热损伤是当前岩石力学和工程地质学领域的一个有趣的课题。实验室试验中广泛研究了热处理岩石的物理和机械特性的变化,包括其力学特性、声发射(AE)特性和波速变化和传输特性(导热性、热扩散性、渗透率)。在上述研究中,已观察到由于热损伤导致的岩石物理和力学性质的显著变化。一般来说,随着处理温度的升高,岩石的强度和导热系数逐渐降低,而声发射事件和渗透率增加。尽管已经进行了广泛的实验研究,但热处理砂岩的微观结构演变仍不清楚。

除了实验研究外,还提出了许多理论和数值模型来研究岩石的热损伤。例如,Sicsic和Bérest(2014)开发了一个断裂模型,从理论上分析盐的成核和扩散,Peng等人(2016)使用了一个唯象模型来模拟热处理粗大理石的完整应力—应变曲线。此外,Sirdesai等人(2017)研究了不同温度和热处理时间对岩石力学特性的影响,并开发了有效的数值模型。

热处理岩石力学性能的演变是由岩石基质的微观结构变化引起的。各种技术已被用来揭示热处理引起的岩石微观裂纹的演化。例如,Ravalec et al.(1996)使用气体吸附和汞注入方法来表征花岗质糜棱岩在经历不同处理温度后的微观结构。Zuo et al.(2010)使用耦合扫描电子显微镜(SEM)加载设备发现,砂岩的热开裂阈值随特定矿物含量而变化。与以往研究中使用的方法相比,核磁共振(NMR)提供了描述煤和岩体微观结构演化的定量数据。尽管它在微观尺度上目视观察表面形貌方面具有优势,SEM只能提供样品的局部几何形状,不能用于获得有关孔隙结构的定量信息,尤其是样品内部的定量信息。与扫描电镜(SEM)相比,核磁共振(NMR)被广泛用于描述孔隙和裂缝,快速准确地测定含水岩石的含油量、含水率和孔径分布。此外,作为一种无损检测方法,核磁共振有利于表征岩石的孔隙结构。许多学者讨论了砂岩在不同热处理温度下的物理和力学行为。然而,利用核磁共振技术对热处理砂岩的微观结构演化的研究很少。此外,AE能量被用作描述热处理砂岩变形和断裂的损伤变量,这在以前的研究中尚未完全理解。

文献借助CT扫描探究花岗岩在高温作用下热损伤及破坏特征,当加热温度低于300 ℃时主要产生热膨胀这一物理现象,试样内未观察到裂纹萌生发育,当温度超过300 ℃时,在长石和石英矿物中观察到边界裂纹和穿晶裂纹。蒋浩鹏等通过把Weibull函数内嵌到Mohr－Coulomb强度准则中进而开发热损伤本构模型,结果表明,理论模型与室内试验结果较吻合,进一步说明理论模型的可靠性。赵怡晴等通过对热处理砂岩的微观结构及力学特性开展单轴压缩试验研究,结果表明,当温度超过600 ℃时,砂岩力学特性急剧降低,相反,其渗透特性急剧增加。孙博等基于声发射技术对不同层理角度的板岩开展单轴压缩试验,获得了加载过程中层状板岩失稳前兆特征以及预警时间关系。徐婕等对砂岩开展了一系列常规三轴加卸载试验,并借助分形理论对不同应力路径下砂岩的破裂前兆特征进行研究,结果发现,分形维数急剧下降点与岩石临界破断失稳点吻合,证明声发射参数作为识别岩体失稳预警信号的可靠性。杨宇江等借助数值模型对岩石破裂过程中的多重分形参数进行模拟分析,结果发现,虽然不同测量的多重分维值略有差异,但多重分形理论能够满足标度尺度不变性这一重要特征。

尽管国内外学者对不同温度作用下岩石的力学特性展开了大量的研究,并取得了许多对理解岩石热损伤断裂机制的重要结论。但热处理岩石的破断机制仍待深入,尤其是借助声发射技术从微裂纹机制、破裂前兆特征等方面进行深入研究。因此,本文借助声发射技术对不同温度作用后砂岩在整个加载过程中的多重分形特征及破坏前兆特征开展详细研究。

本章基于MTS815岩石力学试验系统在不同温度下对热处理砂岩进行的一系列单轴压缩试验的结果。首先研究了热处理砂岩的宏观损伤。然后,利用核磁共振从微观角度研究了砂岩的热损伤。最后,基于有效介质理论和由声发射能量定义的损伤变量,建立了对应的本构模型。

8.2　材料和方法

8.2.1　样品描述和制备

实验选取了中国重庆九龙坡的砂岩块体作为岩石样品。通过单极化获得的砂岩切片显微照片,如图 8.1 所示。所研究的砂岩是一种中等粒度的粒状胶结材料,平均粒径约为 0.2～0.3 mm。原位砂岩的外观颜色为蓝灰色,其密度为 2346 kg/m³。为了减少采集块体之间的岩石差异,所有砂岩样品均取自同一块岩。岩石样品的直径为 50 mm,高度为 100 mm。接下来,对岩芯进行修整,并使用研磨机对每个圆柱体的两端进行抛光,以形成 2∶1 的高径比。

在实验之前,首先使用岩石参数测试(I－RPT)波速仪测量制备的砂岩样品的纵波速度,以减少样品的非均质性。本研究选择了具有类似纵波速度的样品,总共选择了 18 个岩石样品。然后,将制备好的砂岩样品在所需温度的烘箱中热处理 3 小时,以便砂岩内部均匀加热。在试验中,将 18 个砂岩样本分为 6 组,每组 3 个样本,以提高试验可靠性。对于每组,治疗温度不同,测试以下温度:25 ℃、200 ℃、400 ℃、600 ℃、800 ℃和 900 ℃。为了避免砂岩样品在热处理过程中塌陷,加热速度设置为 5 ℃/min。热处理后,砂岩样品在炉中缓慢冷却至 25 ℃。热处理砂岩的外观颜色,如图 8.2 所示。可以观察到,当处理温度低于 400 ℃时,砂岩的外观色彩没有变化。然而,当热处理温度高于 400 ℃时,样品趋向于深棕色。随着温度的进一步升高,砂岩的外观颜色逐渐变为棕红色。

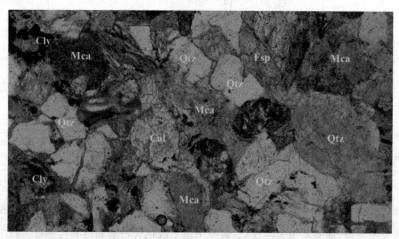

图 8.1　单极化显微镜下砂岩显微照片

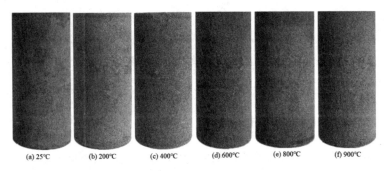

图 8.2 不同处理温度下砂岩的表观形貌

8.2.2 测试砂岩的矿物成分

矿物成分在热处理岩石物理和力学性质的演变中起着重要作用。使用 Bruker AXS 公司制造的 D8 ADVANCE X 射线衍射仪(XRD)对砂岩粉末进行测试。砂岩的 XRD 光谱如图 8.3 所示。根据 XRD 分析,该砂岩的成分为 41.2％石英、3.7％钾长石、34.5％斜长石、3.0％方解石和 17.6％黏土矿物。

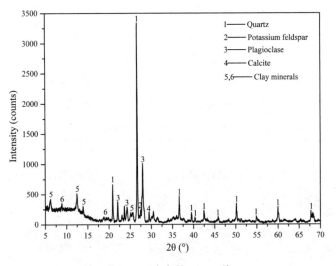

图 8.3 砂岩的 XRD 谱

8.2.3 实验装置和程序

在本研究中,在 MTS 815 伺服液压试验机上进行了一系列单轴抗压强度(UCS)试验,最大轴向载荷能力为 2600 kN。该机器由控制系统、加载系统和数据采集系统组成。控制系统为伺服控制器,加载系统为液压机,数据采集系统包含负载和位移传感器。PCI－2 AE系统用于在加载过程中同时捕获 AE 特征。AE 传感器的谐振频率为 140 kHz,灵敏度为115 dB,频率范围为 125～750 kHz。为了降低机器和环境的噪声,AE 系统的前置放大器和阈值分别设置为 40 dB 和 45 dB。此外,为了减少机器和试样之间的端摩擦影响,将两个 AE 传感器放置在试样的中上部和中下部。为了更好地记录 AE 信号,将凡士林用作砂岩样品和 AE 传感器之间的耦合剂。

为了研究岩石样品的孔隙特征和微观结构,在 MacroMR12－150H－1 岩芯仪器和相关岩芯体积饱和装置上进行了核磁共振测试。核磁共振参数如下:回波间隔(TE)为 0.2 ms,最大回波数为 2048,扫描数为 64。主磁场强度为 0.3 T,射频脉冲为 1.0~42 MHz。用 I－RPT 波速仪测量砂岩的纵波速度,该仪器的采样间隔为 0.1~200 μs,有五个记录角度。仪器放大增益为 82 dB,发射脉冲宽度为 0.1~100 μs,带宽为 300~500 Hz。

实验期间,测量了热处理前后砂岩的质量、体积、密度和纵波速度。然后,以 0.05 mm/min 的加载速率,将热处理岩石块加载到具有位移控制的 MTS815 伺服液压试验机中。在单轴加载过程中同步记录 AE 信号。随后,进行了核磁共振、扫描电镜和核磁共振成像(MRI)测试,以研究热处理后岩石样品的微观结构。

8.3　结果和讨论

8.3.1　热处理后砂岩的物理性质

图 8.4 给出了热处理前后砂岩的质量、体积、密度和纵波速度的变化。图 8.4(a)表明,质量变化随着处理温度的升高而减小,呈非线性凹向上趋势。具体而言,当处理温度低于 400 ℃时,质量下降约为 4%~8%。当处理温度从 600 ℃增加到 900 ℃时,质量下降率略有增加,质量下降约等于或小于 16%。砂岩质量的减少与热处理过程中的失水有关。以往的研究表明,砂岩的内水主要是吸附水和含矿物质的水。随着处理温度从 0 ℃增加到 110 ℃,砂岩中吸收的水逐渐蒸发。随着处理温度的进一步升高,含矿物质的水开始从加热的砂岩中逸出。此外,矿物成分在高处理温度下分解。温度在 25 ℃至 220 ℃之间时,水开始从黏土矿物中解吸。黏土矿物和方解石分别在 400~700 ℃ 和 700~830 ℃下分解。在 573 ℃时,石英中发生 α－β 转变。

上述反应不仅会导致加热砂岩样品的质量损失,还会改变砂岩的体积。砂岩样品体积的变化反映了这一点,如图 8.4(b)所示。为了避免砂岩样品在加热过程中的不均匀变形,通过排水测量加热样品的体积。对于低于 200 ℃的处理温度,样品中不会出现明显的体积变化。随着处理温度从 200 ℃增加到 400 ℃,砂岩样品体积略有增加。对于较高的处理温度,砂岩样品体积急剧增加。在 900 ℃的情况下,体积增加 3.25%,这是 600 ℃时体积的两倍。这种现象可以用高温下粒子之间距离的增加来解释。

根据岩石样品的质量和体积,获得了岩石密度的变化,如图 8.4(c)所示。根据最小二乘拟合方法,密度降低率为 0.165 kg·m⁻³·K⁻¹,600 ℃时密度降低 3.17%,900 ℃时降低 6.06%。

图 8.4(d)给出了热处理后砂岩样品的纵波速度变化。砂岩的纵波速度随处理温度的升高而降低,呈分段线性函数关系。对于 25 ℃至 400 ℃的处理温度,纵波速度的下降率为 0.753 m·s⁻¹·K⁻¹,平均纵波速度下降 9.35%。然而,当处理温度从 400 ℃增加到 900 ℃时,纵波速度的下降速度增加到 2.079 m·s⁻¹·K⁻¹。在整个热处理过程中,平均纵波速度从热处理前的 3306 m/s 下降到 900 ℃处理温度下的 1486 m/s,下降 55.05%。如前所述,在 400~900 ℃的处理温度下,砂岩纵波速度的这种快速下降趋势是由黏土成分分解引起的,从而导致微裂缝。

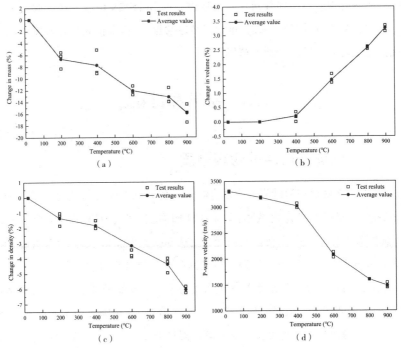

图 8.4 加热砂岩物理性质的变化
(a)块体;(b)体积;(c)密度;(d)纵波速度

8.3.2 热处理后砂岩的力学性能

图 8.5 给出了 25 ℃、200 ℃、400 ℃、600 ℃、800 ℃和 900 ℃热处理后砂岩的应力—应变曲线。显然,热处理砂岩的变形和力学行为明显恶化。随着处理温度的升高,峰值应力处的轴向应变显著增加。这一观察结果与 Xu 等人(2009 年)之前的研究结果一致。随着处理温度从 400 ℃增加到 900 ℃,岩石在峰值应力区附近表现出韧性行为。这种现象主要是由热处理过程中裂纹的萌生和扩展引起的。值得注意的是,UCS 试验是在试样冷却后进行

的,而不是在加热过程中进行的。

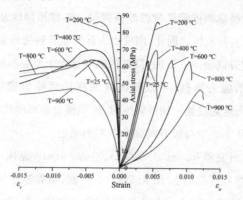

图 8.5　不同温度热处理后的应力—应变曲线

热处理砂岩试样的力学性能如表 1 所示。裂纹损伤应力(σ_cd)定义为砂岩体积应变从正值变为负值时的轴向应力。裂纹萌生应力是指裂纹体积应变开始膨胀时的应力。裂纹损伤应变(εd)对应于裂纹损伤应力下的应变。泊松比 μ 是通过平均弹性变形阶段径向应变与轴向应变的比值来计算的。

图 8.6 绘制了峰值应力、峰值应力下的轴向应变、杨氏模量、剪切模量、体积模量和泊松比随处理温度的变化。图 8.6(a)显示,最大杨氏模量出现在 200 ℃。当温度从 25 ℃ 升至 200 ℃时,平均峰值应力增加 14%,当温度从 200 ℃ 升至 900 ℃时降低 44.65%。首先,随着温度从 200 ℃ 升高到 800 ℃,观察到峰值应力逐渐降低。然后,当温度超过 800 ℃时,平均 UCS 急剧下降。在 400 ℃时,砂岩的平均 UCS 降至 65.05 MPa,约等于 25 ℃时的 UCS。总的来说,与 25 ℃相比,900 ℃下的强度降低了 26.98%。

图 8.6(b)给出了砂岩在峰值应力下的轴向应变随热处理温度的增加而变化。总体而言,当处理温度低于 200 ℃时,轴向应变略有增加。然而,当温度高于 400 ℃时,轴向应变的增加速率急剧增加。

图 8.6(c)表明,随着热处理温度的升高,杨氏模量的趋势与峰值应力的趋势相似。当温度从 25 ℃ 升高到 200 ℃时,杨氏模量增加 13.9%,然后在 900 ℃时单调下降到 6.36 GPa。泊松比是代表岩石变形的一个重要特性,其随温度的变化如图 8.6(d)所示。泊松比随温度从 25 ℃ 到 600 ℃呈总体下降趋势,然后在更高的温度下转变为上升趋势。根据 Kumari 等人(2017)和 Greaves 等人(2011)泊松比的这种变化标志着脆韧性转变。泊松比的初始下降幅度相对较小,从 25 ℃ 降至 600 ℃时下降了 72.5%。然而,泊松比从 600 ℃增加到 900 ℃,增加了 389%。泊松比在 600 ℃时最低。泊松比的变化与 Greaves 等人(2011 年)之前的研究中观察到的变化一致。泊松比变化的主要原因是石英在 573 ℃时的 $\alpha-\beta$ 转变。

如图 8.6(e)和 8.6(f)所示,随着热处理温度的升高,剪切模量和体积模量的趋势与峰值应力的趋势相似。但随着热处理温度的升高,杨氏模量和泊松比的变化趋势明显不同。此外,剪切模量和体积模量不仅与杨氏模量有关,还与泊松比有关。随着热处理温度的升高,杨氏模量的趋势与剪切模量和体积模量的趋势相似。这种相似性是因为剪切模量、体积模量和杨氏模量都反映了岩石刚度。因此,刚度也应首先随着热处理温度的升高而增加,然后再降低,当温度从 25 ℃升高到 900 ℃时,降低的幅度远大于增加的幅度。因此,砂岩在轴向载荷下最终抵抗变形的能力降低,导致轴向应变在达到峰值应力之前最终增加,如图 8.6(b)所示。此外,当温度超过脆-韧性转变时,体积模量表现出比剪切模量更不明显的软化行为,并且随着温度从 600 ℃持续升高到 900 ℃而稳定。

图 8.7 给出了从本研究和 Rao et al.(2007)、Zhang et al。总体而言,归一化峰值应力随着温度的升高而增大,然后逐渐减小[图 8.7(a)]。然而,随着温度的升高,归一化峰值应力的变化先减小,然后增大,最后减小。此外,不同砂岩的最大归一化峰值应力在不同温度下发生偏转。这些显著差异反映了测试砂岩的地质历史、物理性质和矿物成分的变化。与归一化峰值应力不同,不同砂岩的归一化杨氏模量结果呈现类似的趋势[图 8.7(b)]。

表 8.1 砂岩在不同温度下的强度和变形参数

样品	T/℃	σ_c/MPa	σ_{cd}/MPa	ε/10^{-2}	ε_d/10^{-2}	E/GPa	σi/MPa	μ
A1	25	65.97	42.08	0.538	0.192	16.85	17.93	0.145
A2	25	62.78	39.80	0.519	0.205	17.67	16.51	0.133
A3	25	63.41	40.41	0.419	0.125	18.23	14.54	0.196
B1	200	85.69	60.99	0.595	0.265	18.94	14.63	0.132
B2	200	86.35	59.68	0.569	0.231	20.18	19.90	0.147
C1	400	71.94	48.92	0.538	0.199	16.05	18.20	0.114
C2	400	67.54	44.79	0.435	0.143	17.04	20.12	0.159
C3	400	69.61	43.68	0.532	0.204	17.01	18.72	0.116
D1	600	70.34	46.74	0.774	0.497	13.14	26.71	0.034
D2	600	63.80	41.48	0.770	0.445	13.12	21.64	0.074
D3	600	66.79	42.78	0.809	0.544	12.92	23.96	0.023
E1	800	60.14	37.02	0.102	0.653	9.40	21.95	0.070
E2	800	60.99	37.57	0.117	0.631	9.72	22.95	0.112
E3	800	63.14	38.31	0.103	0.631	10.31	23.65	0.072
F1	900	47.23	24.08	0.121	0.580	6.35	17.98	0.210
F2	900	48.74	24.99	0.119	0.537	6.52	17.19	0.220
F3	900	46.55	25.97	0.119	0.549	6.22	18.08	0.208

注:σ_c为无侧限抗压强度;ε为轴向应变峰值;$\sigma_c d$为应力裂纹损伤;ε_d为裂纹损伤应力处的应变;E为杨氏模量;σ_i为裂纹萌生的压力;μ为泊松比。

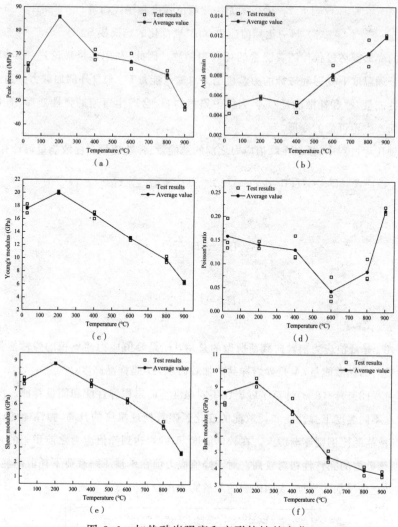

图 8.6　加热砂岩强度和变形特性的变化

(a)峰值应力;(b)轴向应变;(c)杨氏模量;

(d)泊松比;(e)剪切模量;(f)体积模量。

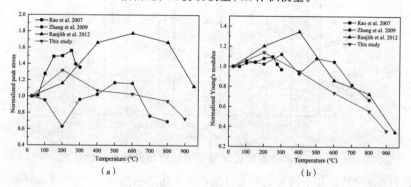

图 8.7　砂岩的归一化峰值强度和杨氏模量

（a）归一化峰值应力；（b）规范化的杨氏模量

岩石的变形破坏过程伴随着能量的耗散和释放。因此，利用能量理论进一步揭示了砂岩在不同处理温度下变形和破坏的力学机制。总输入能量 U_0 来自外部加载力。通常，总能量包括弹性能量 U_e 和耗散能量 U_d。岩体中累积的 U_e 会产生可逆的弹性变形，而 U_d 会因裂缝发展而产生不可逆的变形。

在单轴压缩过程中，砂岩在峰值应力之前的总能量、弹性能量和耗散能量可计算如下：

$$U_0 = AH \int \sigma_1 d\varepsilon_1 = AH \sum_{i=1}^{n} \frac{1}{2} (\sigma_{1i} + \sigma_{1i-1})(\varepsilon_{1i} - \varepsilon_{1i-1})$$

（8.1）

$$U_e = AH \frac{\sigma_a^2}{2E}$$

（8.2）

$$U_d = U_0 - U_e$$

（8.3）

式中，U_0 是峰值应力前轴向载荷所做的总功，U_e 是峰值应力前累积的弹性能量，U_d 是峰值应力量前的耗散能量，A 是砂岩样品的加载面积，H 是样品高度。

根据方程（8.1）～（8.3）计算了砂岩在不同温度下的累积弹性能和能量释放。图 8.8 给出了砂岩在不同温度下弹性能和耗散能的变化。随着处理温度的升高，弹性能的比例逐渐减小，而耗散能的比例则逐渐增大。在较低温度下，砂岩达到峰值应力之前积累的弹性能量较高，表明该砂岩的完整性相对较高。对于峰值应力前在单轴压缩载荷下耗散的能量，其比例随着热处理的增加而增加，表明砂岩的承载能力在较高温度下减弱。

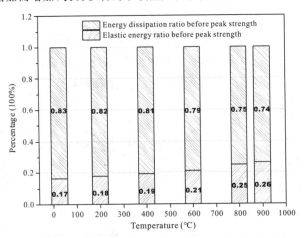

图 8.8　砂岩在不同处理温度下的能量耗散和弹性能比

声发射技术已广泛用于捕捉岩石在外加载荷作用下的裂纹萌生、扩展和合并。图 8.9

给出了不同处理温度下轴向应力、AE 能量和累积 AE 能量随时间的曲线。单个 AE 事件的最大 AE 能量通常最初随着温度从 25 ℃升高到 900 ℃而增大,然后减小。另一方面,AE 事件计数随着热处理温度的升高而增加。在整个无侧限压缩加载过程中,不同处理温度下的声发射事件表现出不同的特征。具体来说,在 25 ℃的温度下,累积 AE 能量与加载时间的曲线在峰值应力之前趋于平稳,在峰值应力点突然增加。因此,峰值应力前 AE 能量释放可忽略不计,峰值应力后 AE 能量显著增加,反映了砂岩的高脆性。随着温度的升高,声发射事件的频率在峰值应力区附近增强。此外,在早期加载阶段会发生一次 AE,AE 事件频率随着温度的升高而增加,特别是当处理温度高于 600 ℃时。由于热处理导致砂岩内部损伤增加,微裂纹的闭合和扩展将不可避免地在加载过程中产生额外的 AE 事件。因此,热处理使砂岩的声发射事件逐渐增强。

根据热处理砂岩的声发射特征,将砂岩试件的整个加载过程分为四个阶段。第一阶段,压实阶段,从开始加载,一直持续到 A 点。在这一阶段,砂岩的 UCS 与时间曲线显示出非线性凹下趋势,与处理温度无关。此外,25～400 ℃的 AE 特征与 400～900 ℃的不同。在第一阶段,温度在 25 ℃到 400 ℃之间时,很少发生 AE 事件。然而,在 400 ℃至 900 ℃的处理温度范围内,AE 事件的数量随着处理温度的升高而逐渐增加。第二阶段称为弹性变形阶段,从 A 点开始,一直到 B 点。在这一阶段,在 25 ℃到 600 ℃之间的温度下,很少发生 AE 事件。然而,当温度超过 600 ℃时,AE 事件的数量会增加。第三阶段被定义为从 B 点到 C 点的稳定裂纹扩展阶段。在这一阶段,AE 事件发生得更频繁,但是,每个 AE 事件的 AE 能量的大小都很低。考虑到岩石在单轴压缩载荷下的变形规律,该阶段出现的 AE 事件可能仍然是由区域微裂纹引起的,尽管该阶段出现微裂纹的数量高于从 A 点到 B 点的阶段。Shao et al. (2015)将 B 点的应力作为裂纹萌生应力阈值。第四阶段是不稳定裂纹扩展阶段,范围从 C 点到 D 点。在这一阶段,由于微观损伤演变为宏观失效,因此产生了最严重和最强的 AE 事件。此外,在相同的加载速率下,砂岩破坏所需的时间随着处理温度的增加而增加。同时,随着温度的升高,最终累积声发射能量急剧增加的趋势减小。由于热处理增加了砂岩中的孔隙尺寸,弹性压实阶段逐渐延长,凹向上的趋势越来越明显,导致弹性阶段进一步延长。因此,试样失效时间随处理温度的升高而增加。

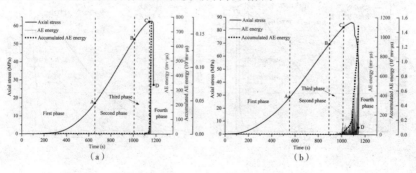

（a） （b）

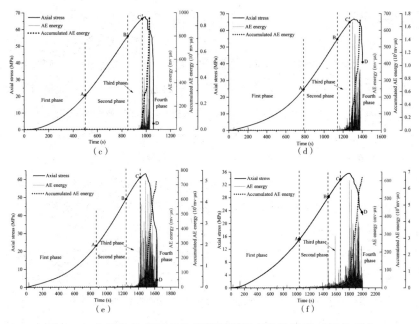

图 8.9 砂岩热处理后声发射能及累积声发射能随时间的变化

（a）25 ℃；（b）200 ℃；（c）400 ℃；（d）600 ℃；（e）800 ℃；（f）900 ℃

声发射技术广泛地用于监测岩石变形断裂过程中的裂纹行为，因此，通过整个加载过程中捕捉到的声发射事件数进行累加，不同温度作用后砂岩轴向应力、累积声发射事件数演化曲线，如图 8.10 所示。

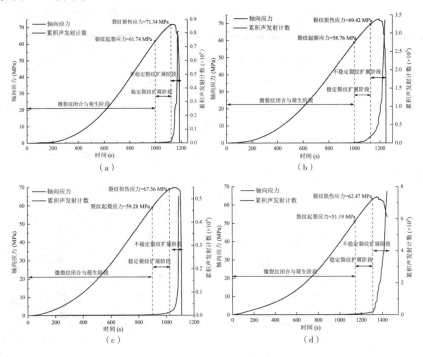

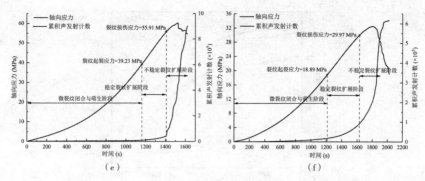

图 8.10　不同温度作用后砂岩轴向应力及声发射演化特征

(a) 25 ℃；(b) 200 ℃；(c) 400 ℃；(d) 600 ℃；(e) 800 ℃；(f) 1000 ℃

由图 8.10 得知,当加热温度低于 400 ℃时,初始损伤阶段与线弹性阶段其累积声发射事件数几乎为零,当轴向应力增至屈服阶段时,声发射信号急剧增加。但是,经过高温处理后,累积声发射事件数在较低应力阶段声发射信号逐渐上升,尤其当加热温度增至 1000 ℃时,声发射信号密度在初始压密阶段出现急剧增加,这主要是由于在较高温度作用下,热应力作用破坏了矿物颗粒之间的黏结作用,导致颗粒键之间的拉伸应力和剪切应力降低,故在较低外荷载作用下试样内大量沿晶和穿晶裂纹萌生发育,从而使岩样的强度产生劣化。对比图中裂纹应力水平变化规律明显得知,随着加热温度的增加,裂纹起裂应力水平逐渐降低。此外,通过计算裂纹扩展阶段在整个加载的时间占比发现,随着温度的增加,裂纹起裂扩展阶段占比逐渐降低,详细的占比分别为 84.22%、81.08%、80.00%、79.07%、71.52%和60.12%。

根据先前文献的研究结果,文中特征应力点同样采用累积声发射事件数的方法进行定义。根据图 8.10 中不同温度作用后砂岩轴向应力曲线,可以获得砂岩应力门槛演化特征,如图 8.11 所示。

由图 8.11 可知,随着温度的增加,不同裂纹应力门槛呈现出近似一致的演化规律,总体上呈现出先增加后降低的趋势。该现象的主要原因是热处理作用致使矿物之间形成塑性扩张以及热应力提高了矿物颗粒之间的内摩擦作用,导致在一定温度范围内岩样的峰值强度出现增加。详细地,常温下,不同裂纹应力门槛分别为 61.74 MPa,71.34 MPa 和71.95 MPa;当温度增至 200 ℃时,不同裂纹应力门槛分别为 58.76 MPa,69.42 MPa 和72.49 MPa;当温度增至 1000 ℃时,岩样热损伤及强度劣化程度相比低温工况要大很多,矿物之间的晶间裂纹和穿晶裂纹密度也急剧增加,不仅出现强度的降解在某种程度上孔隙度也发生相应的增加。另外,三种裂纹应力水平相对于常温工况分别降低了 69.40%,57.98%和 54.86%。

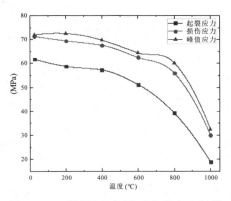

图 8.11　不同温度作用后砂岩应力门槛

　　砂岩高温处理后变形断裂过程中声发射信号多重分形特征,如图 8.12 所示。由图 8.12 可知,不同温度作用后砂岩的非均质性较明显,较小幅值声发射信号起到了主要作用。另外,较小幅值信号出现概率大于较大幅值信号,进一步揭示加载过程中岩石损伤劣化的复杂性。在外荷载作用下,岩石内部经历了微裂纹萌生发育,声发射信号强度某种程度上反映出岩石变形破裂程度,较大幅值声发射信号预示砂岩内部经历较大尺度变形和断裂,相反,较小幅值声发射信号预示砂岩内部产生较小尺度破裂。另外,根据多重分形谱形貌特征,声发射信号的结构差异可明显区别出来。整个加载变形断裂过程中,试样内小幅值声发射信号占比较大,揭示了砂岩内产生较多小尺度的破裂。

　　从图中还可得知,常温作用下,多重分形谱宽度达到最大值 $\Delta\alpha = 1.451$,当温度增至 1000 ℃时,多重分形谱宽度 $\Delta\alpha$ 为 1.018,进一步说明常温工况较高温工况相比,声发射信号变化较显著。另外,随着温度的增加,多重分形谱宽度逐渐变小,说明砂岩内部矿物颗粒之间产生了较大的位错。

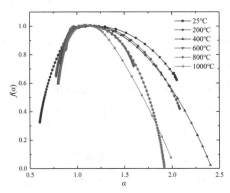

图 8.12　不同温度作用后砂岩多重分形特征曲线

　　图 8.12 虽然给出了不同温度作用后砂岩整个加载过程的多重分形特征,但不同应力水平的多重分形特征对于理解岩石热损伤机制更有意义。限于篇幅,仅列举 1000 ℃工况下砂岩在不同应力阶段的多重分形特征。图 8.13 给出了高温处理后不同应力水平的多重分形

谱演化规律。

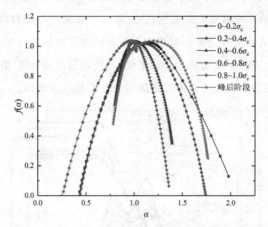

图 8.13　不同应力水平下加热后砂岩多重分形谱特征

从图 8.13 可以看出,随着应力水平的增加,总体上,多重分形谱宽度呈现出先降低后增加的演化趋势,详细地,多重分形谱宽度 $\Delta\alpha$ 由 $1.546(0\sim0.2\sigma_c)$ 逐渐降至 $0.423(0.8\sim1.0\sigma_c)$,然后又增至 0.983(峰后阶段)。在初始加载阶段多重分形谱宽度 $\Delta\alpha$ 达到最大值,进一步表明该阶段声发射信号的非线性特征较明显,主要是由于内部初始孔裂隙闭合、矿物颗粒产生位错等导致产生的声发射信号相对较多。在峰后阶段,多重分形谱宽度再次达到峰值,进一步证实峰后阶段其变形和断裂呈现出较复杂的特征,与初始加载阶段类似。

8.3.3 热处理砂岩的结构演化

为了量化热诱导的微观结构变化,采用了低场 NMR。核磁共振测量是基于流体分子中的质子填充岩石基质孔隙的理论。三种可能的弛豫机制包括扩散弛豫、体弛豫和表面弛豫。利用扩散弛豫,当使用低磁场和短脉冲间隔时,核磁共振信号可以减弱。由于非磁性岩石样品中存在非黏性水,核磁共振信号也可以通过采用体积弛豫来减弱。因此,这里使用了表面松弛机制。根据 NMR 的表面弛豫机理,固体—流体相互作用是主要的弛豫机制,弛豫速率可以表示为:

$$\frac{1}{T_2} = \rho\frac{S}{V} = \rho\frac{C}{R}$$

(8.4)

其中 S 是孔隙的表面积,V 是孔隙的体积,ρ 是表面松弛强度,R 是孔隙半径,C 是形状因子(球形孔隙、圆柱形孔隙和裂缝的 C 值分别为 3、2 和 1)。当样品饱和且表面弛豫强度参数已知时,弛豫时间的分布可用于推导方程(4)中的孔径分布。T_2 谱的分布不仅可以分析孔隙结构的数量、大小和峰值位置,还可以解释热处理的损伤程度。

图 8.14 给出了不同温度下热处理砂岩的核磁共振 T_2 谱的演变。根据方程(8.4),假设

表面松弛强度 ρ 不变,较小孔隙中的水的松弛时间较短,因为较小孔隙对应较大的表面体积
比。这里,T_2 光谱的第一个峰对应于吸附孔隙,第二个和第三个峰对应渗流孔隙。T_2 谱的
多峰表明所研究的砂岩具有复杂的孔隙结构。随着处理温度从 200 ℃升高,T_2 谱的积分值
逐渐增大,表明砂岩的损伤程度增加。总的来说,当处理温度从 25℃增加到 200 ℃时,砂岩
孔隙度略有下降,然后砂岩孔隙度随温度增加到 900 ℃呈线性增加。

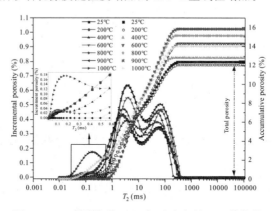

图 8.14　不同热处理温度下砂岩的 T_2 谱曲线

根据 T_2 光谱结果,可以计算出每个峰的面积和峰的总数。峰面积通过数学积分计算。
图 8.15 给出了在不同温度下热处理后砂岩样品 T_2 光谱的每个峰面积百分比和总面积。当
温度超过 400 ℃时,总面积先缓慢减小,然后显著增大。同时,不同温度下的总峰数略有变
化。随着温度的升高,第一峰面积的百分比从 25 ℃时的 58.9％急剧下降到 900 ℃时为
0.02％。然而,在相同的温度范围内,第二峰面积百分比从 40.9％缓慢增加到 59.3％,第三
峰面积百分比则从 0.2％显著增加到 40.7％。

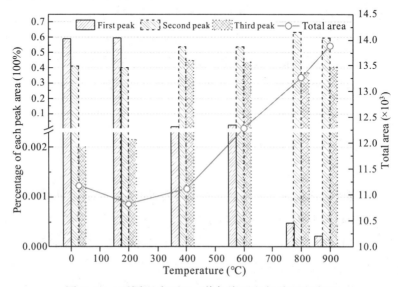

图 8.15　不同温度下 T_2 谱各峰面积与总面积之比

孔隙和微裂缝通常分为微孔（＜102 nm）、中孔（102～103 nm）、大孔（103～104 nm）和微裂缝（＞104 nm）。根据这种分类，图 8.16 显示了热处理后砂岩孔喉尺寸的演变。图 8.16(a)给出了温度处理前后微孔的演变。总的来说，当温度从 25℃升高到 900 ℃时，微孔的百分比呈下降趋势。图 8.16(b)显示了温度处理前后细观孔隙的演变。与微孔相比，中孔的百分比呈轻微下降趋势，然后随着温度的升高逐渐增至 800 ℃。介孔的变化开始减少。这种现象可以解释为在较高温度下，细孔隙逐渐演化为大孔隙。图 8.16(c)给出了大孔隙的变化趋势。随着温度的升高，大孔隙逐渐减小，然后增大。

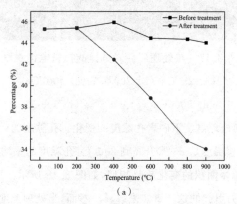

图 8.16　不同温度处理前后砂岩中不同尺寸孔隙百分比

(a) 微孔；(b)中孔；(c) 大孔

为了观察热处理砂岩的孔隙结构，使用放大 500 倍的 SEM(TESCAN MIRA3)，如图 8.17 所示。图 8.17(a)给出了 25 ℃时砂岩的原始孔隙。当温度从 25 ℃升高到 200 ℃时，由于矿物颗粒之间的热膨胀，原始小孔会闭合。这一发现与图 8.14 所示的 T_2 光谱的观察演变较一致。然而，当温度升至 400 ℃时，没有足够的空隙空间用于颗粒膨胀，这导致孔隙的发育，其平均尺寸大于 25 ℃时的孔隙。此外，热膨胀导致试样体积逐渐增大，如图 8.17(b)所示，P 波速度缓慢减小，如图 8.17(d)所示。当处理温度升至 600 ℃时，会观察到微裂纹，如图 8.17(d)所示，并随着温度的进一步升高而加剧。在 573 ℃时，石英发生 $\alpha-\beta$ 转变，导致体积膨胀。石英成分的 $\alpha-\beta$ 转变可能导致微裂纹的萌生，因为本研究中使用的砂岩含有大量石英(图 8.3)。这种转变还导致大孔隙减少，如图 8.16(c)所示。随着温度的不断升高，热应力超过砂岩基质的抗拉强度，裂纹开始扩展。因此，试样中形成了大量孤立的孔隙和裂缝，如图 8.17(e)所示。在 800 ℃时，方解石分解，颗粒之间的黏结进一步断裂，颗粒周围产生新的裂纹。因此，在较高的处理温度下，细孔和大孔演变为微裂纹导致细孔和巨孔的百分比降低。大孔隙百分比的减少始于 600 ℃，而细孔隙的减少始于 800 ℃。这些变化是可以预料的，因为孔隙聚结为微裂纹始于较大的孔隙。最终，裂缝的数量和裂缝的连通性显著增加，并且在 900 ℃的样品中观察到裂缝合并，如图 8.17(f)所示。黏土矿物脱胶导致细孔隙和大孔隙演变为微裂缝，最终导致 UCS 降低，如图 8.6(a)所示。

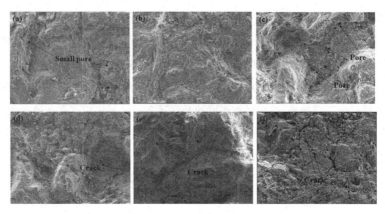

图 8.17　热处理后砂岩试样的扫描电镜观察

(a) 25 ℃；(b) 200 ℃；(c) 400 ℃；

(d) 600 ℃；(e) 800 ℃；(f) 900 ℃

图 8.18 给出了不同处理温度下砂岩孔隙度的变化。孔隙度的变化随着温度从 25 ℃升高到 200 ℃而减小。随着温度从 25 ℃升高到 200 ℃,孔隙度的平均变化下降 3.448%。这种变化趋势与 T_2 光谱总峰面积的变化趋势相似,如图 8.18 所示。这种现象可以用矿物颗粒的致密结构是由热应力引起的这一事实来解释。然而,当处理温度超过 200 ℃时,砂岩孔隙度的变化开始随温度线性增加。随着温度从 400 ℃升高到 900 ℃,孔隙度的平均百分比从 0.39% 增加到 21.46%,这意味着砂岩中形成了大量的微裂缝,并且发生了热劣化。在900 ℃时,砂岩的平均孔隙度最大达到 16.17%,比初始状态增加 21.46%。图 8.6 和图 8.18 的对比表明,砂岩的宏观力学性质演化与热处理引起的孔隙结构变化一致。尽管微孔、中孔和大孔在热处理的不同阶段表现出不同的趋势,但在较高的处理温度下,热损伤几乎是不可逆的,这导致砂岩的 UCS 迅速降低。

$$D = \lim_{\delta \to \infty} -\frac{\log N(\delta) - \log(\alpha)}{\log \delta}$$

(8.5)

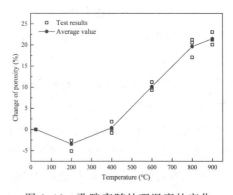

图 8.18　孔隙率随处理温度的变化

根据不同的能量释放率,可以研究砂岩内部结构的图像。根据 MRI 图像统一映射的原则,将所有 MRI 图像中最亮的图像作为统一映射的参考。然后,利用图像处理软件对原始 MRI 图像进行归一化处理,得到归一化图像。最后,通过比较图像的统一映射,可以直接观察到内部微观结构的退化特征。沿着圆柱形砂岩样品的轴向,获得了二维横截面图像。图 8.19 给出了不同温度下砂岩样品的 MRI 图像的统一映射。明亮的区域是示例图像,海军蓝是背景色。图像的亮度灰度级别直接反映了样本中的水量。

根据核磁共振原理,图 8.19 间接反映了核磁共振信号随着温度的升高而逐渐增强。MRI 图像信号强度的变化呈现出与孔隙度变化基本一致的趋势。在 25 ℃时,与其他温度下的图像相比,图像是相对蓝色的,并且图像中只有几个蓝色斑点。在 400 ℃时,图像中逐渐出现黄色斑点,表明砂岩内部微观结构的劣化逐渐加剧。随着温度的进一步升高,MRI 横截面图像中出现更多的红点,这表明由于热处理而形成了新的内部孔隙结构。在 900 ℃时,红点几乎覆盖了整个横截面,表明砂岩发生了严重恶化[如图 8.17(f)所示]。

分形理论已用于研究岩石中不规则孔隙分布的分形特征。分形维数可以用来评价孔隙的表面粗糙度和内部结构不规则性。孔隙几何特征的分形维数可以用盒计数法计算。这里,使用二维盒计数法计算 MRI 图像的分形维数。分形维数可定义如下,其中,D 是分形盒维数,δ 是盒大小,α 是比例常数,$N(\delta)$ 是自相似部分的数量。

MRI 图像的分形维数随治疗温度的升高而变化,如图 8.20 所示。MRI 图像的分盒维数与热损伤的增加呈负相关。分形盒维数首先缓慢增加(分形盒维数在 200 ℃时达到峰值),然后随着温度的升高逐渐减小,直到 900 ℃。这种变化是由于细孔隙和大孔隙的发育,导致孔隙的结构不规则性和表面粗糙度降低,导致分形维数降低。

微观观察表明,当温度从 25 ℃升高到 200 ℃时,矿物颗粒的热膨胀通过闭合原始小孔隙来提高岩石强度。当温度升至 600 ℃时,砂岩中观察到微裂纹,表明砂岩发生脆-韧性转变。然而,随着温度升高到 900 ℃,边界裂纹和穿晶裂纹的合并导致砂岩的 UCS 显著降低。

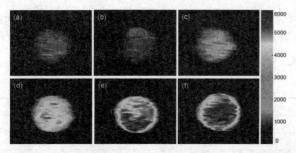

图 8.19 不同处理温度下砂岩样品 MRI 图像的统一映射

(a) 25 ℃; (b) 200 ℃; (c) 400 ℃; (d) 600 ℃; (e) 800 ℃; (f) 900 ℃

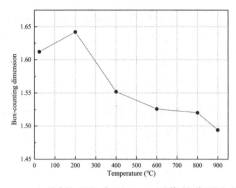

图 8.20　不同处理温度下 MRI 图像的分形盒维数

8.3.4　砂岩损伤演化与建模

根据 Gueguen 和 Sarout(2011)提出的有效介质理论,轴向应变由裂纹轴向应变和基体轴向应变组成。因此,应力－应变曲线在裂纹闭合阶段可分为两部分。裂缝闭合阶段的裂缝闭合模型可计算如下:

$$\varepsilon = \varepsilon^{m} + \varepsilon^{c}$$

(8.6)

式中,εc 为裂纹轴向应变,εm 为基体轴向应变。

为了模拟热处理砂岩应力应变的裂纹闭合阶段,使用以下公式计算裂纹轴向应变和基体应变:

$$\varepsilon^{c} = \alpha \left[1 - \exp(-\frac{\sigma}{\beta}) \right]$$

(8.7)

$$\varepsilon^{m} = \frac{\varepsilon}{E}$$

(8.8)

其中,α 是最大裂纹闭合应变,β 是应力常数,σ 是轴向应力,E 是杨氏模量。

不同温度下 α 和 β 的拟合参数如表 8.2 所示。使用方程(8.7)模拟不同温度下的裂纹闭合阶段。方程(8.7)的实验结果和模拟结果如图 8.21 所示。

表 8.2　用负指数函数拟合不同温度的结果

$T/℃$	σ_{ucs}/MPa	E/GPa	ε_c	$\alpha/\%$	β/MPa	R^2
25	63.41	18.53	0.000407	0.448	47.94	0.999
200	86.34	19.99	0.000829	0.330	25.60	0.999
400	69.61	17.84	0.000908	0.323	20.22	0.997
600	63.80	13.15	0.002518	0.557	16.28	0.998
800	63.13	10.31	0.003949	0.749	13.64	0.999
900	46.56	5.62	0.003698	1.149	19.76	0.997

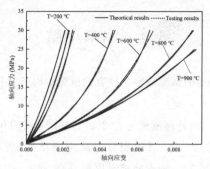

图 8.21 不同处理温度下的建模和测试结果比较

AE 事件被广泛用于捕捉岩石从初始加载到最终失稳和破坏的裂纹萌生、扩展和合并。先前的研究表明,损伤变量通常基于 AE 计数来定义。在本研究中,损伤变量 D 是基于累积 AE 能量定义的。损伤变量定义为:

$$D = \frac{E_d}{E_0}$$

(8.9)

其中,D 是损伤变量,E_d 是每个阶段的累积 AE 能量,E_0 是整个阶段的累计 AE 能量。

热处理岩石的损伤是一个渐进的过程。本构方程可表示为:

$$\sigma = (1 - D)E(\varepsilon - \varepsilon^c)$$

(8.10)

通过组合方程(8.6)、(8.7)、(8.8)和(8.10),热处理砂岩的本构模型可得出:

$$\begin{cases} \varepsilon = \dfrac{\sigma}{E} + \alpha \left[1 - \exp\left(-\dfrac{\sigma}{\beta}\right)\right], \varepsilon \leqslant \varepsilon^c \\ \sigma = (1 - D)E(\varepsilon - \varepsilon^c), \varepsilon > \varepsilon^c \end{cases}$$

(8.11)

方程(8.11)的实验结果和理论结果如图 8.22 所示。发现预测结果和实验结果显示出类似的趋势。

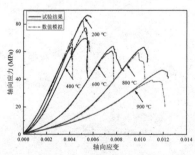

图 8.22 不同温度下理论与试验结果的比较

8.4 本章小结

在本研究中,通过单轴压缩试验研究了砂岩的微观结构演变和热损伤。根据实验结果,得出以下主要结论:

(1)根据核磁共振结果,当处理温度超过200 ℃时,T_2谱的积分值逐渐增加,表明砂岩的热损伤以增加的速度增加。T_2谱的积分先减小后增大,表明孔隙度从25 ℃降低到200 ℃,从200 ℃增加到900 ℃。随着处理温度的升高,微孔、中孔和大孔的百分比变化呈现不同的趋势,且微孔随温度的升高呈单调下降趋势。中间孔隙先减小,然后增大,最后减小。随着温度的升高,大孔隙逐渐减小,然后增大。利用盒维数方法,分形盒维数作为描述砂岩热损伤的指标具有很大的潜力。

(2)关于宏观力学性能,砂岩的峰值应力、杨氏模量、剪切模量和体积模量随着处理温度从25 ℃增加到200 ℃,然后降低到900 ℃。泊松比通常随着处理温度从25 ℃升高到600 ℃而降低,但随着温度的进一步升高而增加。在较低温度下,砂岩样品呈现典型的脆性破坏特征,在大约600 ℃时发生脆-韧性转变。随着处理温度从25°C增加到900 ℃,单个声发射事件的最大声发射能量先增加后减少,声发射事件频率在峰值应力区附近增强。

(3)结合有效介质理论和AE能量定义的损伤变量,建立了基于声发射能量参量的本构模型来模拟热处理砂岩变形和断裂。理论结果和实验结果呈现出相似的变化趋势。

9 结论与展望

9.1 主要结论

论文围绕裂隙岩石变形局部化特征及断裂前兆信息识别这一科学问题,首先,开展了不同裂纹几何配置下非充填和石膏充填裂隙砂岩的单轴压缩试验,研究了裂纹几何参数对其力学强度、变形局部化特征和断裂贯通模式的影响;得到了裂纹应力水平、裂纹复杂程度与充填物之间的定量关系,并揭示了充填物与裂隙面之间的作用力传递和转移机制;随后,对不同裂纹几何配置下充填裂隙砂岩进行了双轴压缩试验,研究了双轴作用下裂隙岩石的力学强度及宏细观裂纹演化规律,揭示了双轴作用下裂隙岩石的断裂失效机制;另外,基于矿物组分构建了考虑岩石非均质性的离散元数值模型,从细观尺度上研究了不同加载条件下裂隙砂岩的变形行为和失效机制;接下来,基于 R/S 统计分析方法对非充填和石膏充填裂隙砂岩在不同加载条件下的声发射非线性特征进行研究,探究了裂隙砂岩声发射时序的单一和多重分形特征以及微观裂纹断裂演化机制;最后,基于声发射参数详细探讨了裂隙砂岩断裂失稳前兆信息,并基于反向神经网络模型(BPNN)获得了裂隙岩石最终破裂时间的经验关系式,得出的主要结论如下:

(1)针对裂隙砂岩,基于声-光-力联合监测技术对不同裂纹几何参数的非充填和石膏充填试样开展了单轴压缩试验,量化了加载过程中不同裂纹类型的演化规律,研究了不同裂纹几何参数下裂隙砂岩的失效机制,结果表明:

1)在力学强度方面,与完整试样相比,发现裂隙砂岩的峰值强度和弹性模量随裂纹几何参数变化呈现出不同程度的降解;同一岩桥角度下,随着裂隙倾角的增加,峰值强度和弹性模量均增大;当裂隙倾角相同时,二者随着岩桥角度的演化呈现出现"倒置"高斯型分布趋势,且在岩桥角度为 60°时取得最小值。

2)在变形局部化特征方面,随着应力水平的增加,高应变积聚区从预制裂纹周围向尖端转移,进而向岩桥区域扩展,最大主应变呈斜长带状分布;不同于非充填裂隙试样,在石膏充填作用下,其最大主应变的演化规律由扩散椭圆状向倾斜条带状转变,且剪切应变的演化在整个加载过程中始终为椭圆形;无论裂隙充填与否,拉伸应变在较低应力水平萌生扩展,而剪切应变则在接近峰值荷载时才趋于明显。

3)在裂纹特征及岩桥贯通连接方面,整个加载过程中,裂纹的渐进演化过程由初始的翼型拉伸裂纹向反翼型拉伸裂纹和剪切裂纹转变,最后演变为表面剥落型破坏,并详细地把裂纹演化过程划分为微裂纹闭合阶段、过程区萌生阶段、过程区成核阶段、宏观裂纹萌生和稳定增长阶段、不稳定裂纹扩展阶段和峰后阶段等六个阶段;裂纹的几何布置与岩桥贯通模式密切相关,随着岩桥角度的增加,岩桥贯通模式由间接贯通向直接贯通转变,另外,裂纹断裂失效机制由近似平行于轴向张拉混合破坏变为斜剪拉伸破坏,整个加载过程共鉴别10种裂纹类型和6种岩桥贯通模式。

4)在裂纹损伤应力门槛方面,基于声发射技术量化区分了加载过程中的裂纹萌生应力、贯通应力和峰值应力,证实了充填物不仅在某种程度上提高了三种裂纹应力的阈值,而且还发现裂纹萌生应力增量百分比较贯通应力和峰值应力大;对比较小裂隙倾角试样,较大倾角试样内的剪切应变局部化现象较早孕育萌生,并且剪切应变值在数量级上也大于较小倾角试样。

(2)通过双轴加载试验研究了裂隙砂岩宏观变形局部化特征、裂纹贯通破坏模式和裂纹断裂失效机制,分析了侧压对变形破坏过程中裂隙砂岩力学特性和断裂机制的影响,结果表明:

1)与单轴加载工况相比,双轴作用下裂隙砂岩的峰值应力和弹性模量随着岩桥角度的变化也呈现出先减小后增加的趋势;在相同裂纹几何参数下,其峰值应力和弹性模量与侧压呈正相关关系。

2)随着侧压的增加,裂纹的萌生起裂主导机制由拉伸裂纹向剪切裂纹转变,个别试样伴随着挤压剥落现象,且剥落程度与侧压大小密切相关;低侧压作用时(2.5 MPa和5 MPa),其裂纹类型和岩桥贯通模式与单轴作用时类似,主要以拉伸裂纹破裂为主,而剪切裂纹则在趋近峰值应力时起裂扩展;而高侧压(10 MPa)作用时,其剪切裂纹在较低应力水平萌生发育,且岩桥贯通连接受到一定程度的抑制,试样最终失效模式主要以挤压剥落破坏为主。

(3)基于构建的考虑矿物组分离散元数值模型,进一步从细观尺度上解释试验过程中产生的宏观变形破裂现象,并结合测量圆方法对裂隙砂岩应力场以及裂纹周围位移矢量场的局部化特征进行反演分析,结果表明:

1)随着岩桥角度增加,其细观裂纹贯通模式仍由间接贯通向直接贯通转变,且细观拉伸和剪切裂纹的萌生应力水平均随着裂隙倾角的增加而增加;随着侧压的增加,细观微裂纹数逐渐增加,且拉伸裂纹占比逐渐减小,而剪切裂纹占比逐渐增加。

2)对于最大主应力场来说,对比非充填和石膏充填裂隙试样可知,最大主应力的积聚范围和分布形态类似,且压缩应力积聚区主要分布在裂隙尖端和岩桥区域,而拉伸作用积聚区主要分布在远离裂隙周围区域;充填物作用后,预制裂隙周围峰值拉伸应力出现不同程度降低,裂隙尖端作用力也发生了相应的减小,证实了充填物起到抵消高应力积聚作用;而对剪切应力场演化来说,无论充填或非充填裂隙试样,其岩桥区域的剪切应力积聚区随着裂隙倾角的增加由两个逐渐演变为一个。

3)同一裂纹几何工况下,充填裂隙试样周围的压缩黏结力作用区范围较非充填时大,而拉伸黏结力作用区范围变小;上预制裂纹典型颗粒的平均位移矢量角变化量分别为5°、5°和12.3°,而下预制裂纹位移矢量角的变化量分别为5°、9°和25°,进一步从细观力学角度验证了含充填物时裂隙面间的应力传递及转移机制。

(4)基于R/S统计分析方法对非充填和石膏充填裂隙砂岩在不同加载条件下声发射非线性时序单一和多重分形特征以及时-频演化规律进行研究,定义了不同频带区间的裂纹特征,提出了一种量化划分微观拉伸、拉剪混合和剪切裂纹的方法,结果表明:

1)相同裂纹几何参数下,单轴压缩时,非充填试样的分形维数大于石膏充填试样,进一步证实了试验中获得的宏观裂纹特征;双轴作用下,同一裂纹几何参数时,分形维数随侧压增加呈负相关关系。

2)随着应力水平的增加,平均频宽($\Delta\alpha$)呈现出先降低后增加的趋势,临近失稳破裂时,分维值明显降低;当应力水平由$0.8\sigma_c$增至加载结束时,频带宽度差($\Delta\alpha_0$)由负值向正值转变,暗示了试样内以小破裂尺度信号占主导;当应力水平大于$0.8\sigma_c$时,试样内主要以较大破裂尺度信号为主;分形谱参数Δf与$\Delta\alpha_0$呈现出相反趋势。

3)不同类型微裂纹百分比与加载状态紧密相关,单轴工况下试样内以微观拉伸裂纹机制占优,相反,双轴加载工况下试样内以微观剪切裂纹机制占优;累积微观拉伸裂纹占比随着侧压增加而降低,而累积微观剪切裂纹和拉剪混合裂纹占比随着侧压的增加而增加。

(5)基于加载破坏过程中声发射b值的演化规律得知,该参数作为前兆信息指标的可靠性;同时,基于经典的大森-乌苏(Omori-Utsu)时间反演定律和临界慢化理论对裂隙岩石裂纹扩展失效过程中的前兆预警信号、局部失稳破裂和最终失稳断裂特征点进行了定性的识别。为实现对裂隙岩石最终断裂失稳时间进行精准预测,故从影响裂隙岩石断裂失稳的角度出发,基于反向神经网络模型,考虑了加载条件、充填物工况、裂隙倾角、岩桥角度、峰值强度、弹性模量、局部化带倾角和局部化带厚度等八个输入训练神经元,构建了失稳破裂时间经验关系式预测模型;另外,从训练拟合获得的相关度可知,基于BPNN模型得到的失稳破裂时间预测模型具有一定的可靠性;同时,量化分析了各个输入变量对模型权重影响的大小,发现加载条件对模型相对重要性影响最大。

9.2 主要创新点

本研究基于声学、光学和力学多学科交叉方法,结合室内试验、数值模拟和神经网络模型,开展了裂隙岩石宏细观力学特性、变形局部化特征、破裂前兆信息识别及失稳破裂预测模型等方面的研究,取得的主要创新点如下:

① 采用宏—细—微观多尺度联合监测技术,揭示了不同裂纹几何参数及加载状态对变形局部化特征、裂纹演变类型和断裂贯通模式的影响机制,量化了充填物对多裂纹相互作用下裂纹损伤应力阈值演变的影响规律,并进一步从断口微观破断角度揭示了裂隙岩石的断裂失效机制。

② 考虑岩石矿物成分,构建了裂隙岩石非均质离散元细观力学模型,弥补了基质颗粒均一化力学模型的缺点,揭示了三种不同微裂纹的断裂演化过程及作用力键的失效机制,获得了不同裂纹几何参数及加载状态对裂隙岩石应力场和变形矢量场的影响机制,揭示了充填物存在时岩石裂隙面的应力传递及转移机制。

③ 通过裂隙岩石破裂的声发射时序特征分析研究,获得了裂纹复杂程度与分形维数之间的相关关系,提出了基于声发射波形特征的微裂纹类型识别方法,并进一步研究了声发射参数作为裂隙岩石破裂失稳前兆预测指标的可靠性,在充分考虑裂纹几何参数、充填物工况和加载状态等多个影响变量的基础上,构建了裂隙砂岩破裂失稳时间预测模型,提高了裂隙岩石断裂失稳的预测精度。

9.3 研究展望

论文开展了裂隙岩石断裂失稳前变形局部化特征、变形加载过程中的裂纹扩展演化、细观尺度下裂隙岩石裂隙面与充填物之间的应力传递和转移机制及断裂失稳时间预测模型等方面的研究。针对目前研究的不足,未来亟须开展以下方面的研究工作。

(1)论文开展了大量不同裂纹几何参数下的裂隙砂岩力学特性试验,获得了裂隙砂岩的变形局部化特征以及对比分析了裂纹几何布置(裂隙倾角和岩桥角度)、充填物工况和加载条件等对断裂演化机制的影响,但未从理论角度探究裂纹几何参数之间的相互影响关系,今后仍需从理论方面开展进一步研究。

(2)论文进行了大量不同加载条件下的裂隙砂岩细观力学特性模拟试验,从细观角度解释了宏观破裂现象,并证实了含充填物时裂隙面间的应力传递和转移机制。但文中离散元数值模型是基于二维圆盘创建的,后续研究中应考虑三维球体下的数值计算模型,以期建立更贴近工程实际的数值理论模型。

(3)在失稳破裂预测模型方面,论文主要基于实验中涉及的变量参数作为输入神经元进行训练拟合,而实际工程中,裂纹的形状、个数及尺度均为变化的,甚至工程岩体的断裂行为还受含水率、温度等储藏条件的影响,因此,在今后的研究中,需考虑更多工程变量参数作为输入神经元参与模型计算,以期获得预测工程岩体断裂失效的经验关系式。

参考文献

[1] Han W, Jiang Y J, Luan H J, et al. Numerical investigation on the shear behavior of rock—like materials containing fissure—holes with FEM—CZM method [J]. Computers and Geotechnics, 2020(125):103607.

[2] Sharafisafa M, Shen L M, Zheng Y G, et al. The effect of flaw filling material on the compressive behaviour of 3D printed rock—like discs [J]. International Journal of Rock Mechanics & Mining Sciences, 2019(117):105-117.

[3] Orowan E. Fracture and strength of solids [J]. Reports on Progress in Physics, 2002 (1):185-232.

[4] Liu Q S, Xu J, Liu X W, et al. The role of flaws on crack growth in rock—like material assessed by AE technique [J]. International Journal of Fracture, 2015(2):99-115.

[5] Liu Y, Dai F, Fan P X, et al. Experimental investigation of the influence of joint geometric configurations on the mechanical properties of intermittent jointed rock models under cyclic uniaxial compression [J]. Rock Mechanics & Rock Engineering, 2017 (6):1453-1471.

[6] Cao R H, Cao P, Lin H, et al. Mechanical behavior of brittle rock—like specimens with pre—existing fissures under uniaxial loading: experimental studies and particle mechanics approach [J]. Rock Mechanics & Rock Engineering, 2016(3):763-783.

[7] Liu J J, Zhu Z M, Wang B. The fracture characteristic of three collinear cracks under true triaxial compression [J]. The Scientific World Journal, 2014:459025.

[8] Sagong M, Bobet A. Coalescence of multiple flaws in a rock—model material in uniaxial compression [J]. International Journal of Rock Mechanics & Mining Sciences, 2002(2):229-241.

[9] Zhou X P, Cheng H, Feng Y F. An experimental study of crack coalescence behavior in rock—like materials containing multiple flaws under uniaxial compression [J]. Rock Mechanics & Rock Engineering, 2014(6):1961-1986.

[10] Brace W F, Bombolakis E G. A note on brittle crack growth in compression [J]. Journal of Geophysical Research, 1963(12):3709-3713.

[11] Wong L N Y, Einstein H H. Systematic evaluation of cracking behavior in specimens

containing single flaws under uniaxial compression [J]. International Journal of Rock Mechanics & Mining Sciences，2009(2):239-349.

[12] Li Y P，Chen L Z，Wang Y H. Experimental research on pre—cracked marble under compression [J]. International Journal of Solids & Structures，2005(9):2505-2516.

[13] Yang S Q，Jing H W. Strength failure and crack coalescence behavior of brittle sandstone samples containing a single fissure under uniaxial compression [J]. International Journal of Fracture，2011(2):227-250.

[14] Yang S Q. Crack coalescence behavior of brittle sandstone samples containing two coplanar fissures in the process of deformation failure [J]. Engineering Fracture Mechanics，2011(17):3059-3081.

[15] Moradian Z，Einstein H H，Ballivy G. Detection of cracking levels in brittle rocks by parametric analysis of the acoustic emission signals [J]. Rock Mechanics & Rock Engineering，2016(3):785-800.

[16] Lee H，Jeon S. An experimental and numerical study of fracture coalescence in pre—cracked specimens under uniaxial compression [J]. International Journal of Solid & Structure，48(6):979-999.

[17] 王学滨. 材料缺陷对岩样变形局部化影响的数值模拟[J]. 岩土力学，2006(8):1241-1247.

[18] Wu Z J，Wong L N Y. Modeling cracking behavior of rock mass containing inclusions using the enriched numerical manifold method [J]. Engineering Geology，2013(162):1-13.

[19] Lisjak A，Liu Q，Zhao Q，et al. Numerical simulation of acoustic emission in brittle rocks by two—dimensional finite—discrete element analysis [J]. Geophysical Journal International，2013(195):423-443.

[20] 李术才，孙超群，许振浩，等. 基于无网格法的含缺陷岩石变形局部化数值模拟研究[J]. 岩土力学，2016(S1):530-536.

[21] 徐涛，于世海，王述红，等. 岩石细观损伤演化与损伤局部化的数值模拟[J]. 岩土力学，2005(2):160-162.

[22] Wong R H C，Lin P. Numerical study of stress distribution and crack coalescence mechanisms of a solid containing multiple holes [J]. International Journal of Rock Mechanics & Mining Sciences，2015(79):41-54.

[23] Wang S Y，Sloan S W，Sheng D C，et al. Numerical study of failure behavior of pre—cracked rock specimens under conventional triaxial compression [J]. International

Journal of Solid & Structures, 2014(5):1132-1148.

[24] Debecker D, Vervoot A. Two—dimensional discrete element simulations of the fracture behavior of slate [J]. International Journal of Rock Mechanics & Mining Sciences, 2013(61):161-170.

[25] Zhao Z H, Zhou D. Mechanical properties and failure modes of rock samples with grout—infilled flaws: A particle mechanics modeling [J]. Journal of Natural Gas Science & Engineering, 2016(34):702-715.

[26] Schopfer M P J, Childs C. The orientation and dialtancy of shear bands in a bonded particle model for rock [J]. International Journal of Rock Mechanics & Mining Sciences, 2013(57):75-88.

[27] Yang S Q, Huang Y H, Jing H W, et al. Discrete element modeling on fracture coalescence behavior of red sandstone containing two unparallel fissures under uniaxial compression [J]. Engineering Geology, 2014(6):28-48.

[28] Zhang X P, Wong L N Y. Cracking Processes in Rock-Like Material Containing a Single Flaw Under Uniaxial Compression: A Numerical Study Based on Parallel Bonded—Particle Model Approach [J]. Rock Mechanics & Rock Engineering, 2012 (5):711-737.

[29] Wong L N Y, Zhang X P. Size effects on cracking behavior of flaw—containing specimens under compressive loading [J]. Rock Mechanics & Rock Engineering, 2014 (5): 1921-1930.

[30] Yoon J S, Zang A, Stephansson O. Simulating fracture and friction of Aue granite under confined asymmetric compressive test using clumped particle model [J]. International Journal of Rock Mechanics & Mining Sciences, 2012(1):68-83.

[31] Huang Y H, Yang S Q, Zhao J. Three—dimensional numerical simulation on triaxial failure mechanical behavior of rock—like specimen containing two unparallel fissures [J]. Rock Mechanics & Rock Engineering, 2016(12):4711-4729.

[32] Li H Q, Wong L N Y. Numerical study on coalescence of pre—existing flaw pairs in rock—like material [J]. Rock Mechanics & Rock Engineering, 2014(6):2087-2105.

[33] Ohno K, Ohtsu M. Crack classification in concrete based on acoustic emission [J]. Construction and Building Materials, 2010(12):2339-2346.

[34] Wong L N Y, Xiong Q Q. A method for multiscale interpretation of fracture processes in Carrara marble specimen containing a single flaw under uniaxial compression [J]. Journal of Geophysical Research—Solid Earth, 2018(123):6459-6490.

[35] 王笑然,李楠,王恩元,等.岩石裂纹扩展微观机制声发射定量反演[J].地球物理学报,2020(7):2627-2643.

[36] 赵兴东,李元辉,袁瑞甫,等.基于声发射定位的岩石裂纹动态演化过程研究[J].岩石力学与工程学报,2007(5):944-950.

[37] 朱振飞,陈国庆,肖宏跃,等.基于声发射多参量分析的岩桥裂纹扩展研究[J].岩石力学与工程学报,2018(4):909-918.

[38] 苗金丽,何满潮,李德建,等.花岗岩应变岩爆声发射特征及微观断裂机制[J].岩石力学与工程学报,2009(8):1593-1603.

[39] Xue J, Hao S W, Wang J, et al. The changeable power law singularity and its application to predication of catastrophic rupture in uniaxial compressive tests of geomedia [J]. Journal of Geophysical Research：Solid Earth, 2018(123):2645-2657.

[40] 吴立新,刘善军,吴育华,等.遥感-岩石力学(Ⅰ)-非连续组合断层破裂的热红外辐射规律及其构造地震前兆意义[J].岩石力学与工程学报,2004(1):24-30.

[41] 刘善军,吴立新,王川婴,等.遥感-岩石力学(Ⅷ)-论岩石破裂的热红外前兆[J].岩石力学与工程学报,2004(10):1621-1627.

[42] 李国爱.裂隙砂岩失稳演化过程红外热效应及其破坏前兆规律研究[D].中国矿业大学,2017(10):242-250.

[43] 来兴平,刘小明,单鹏飞,等.采动裂隙煤岩破裂过程热红外辐射异化特征[J].采矿与安全工程学报,2019(4):777-785.

[44] 陈国庆,潘元贵,张国政,等.节理岩桥裂纹扩展的热红外前兆信息研究[J].岩土工程学报,2019(10):242-250.

[45] Cao K W, Ma L Q, Zhang D S, et al. An experimental study of infrared radiation of sandstone in dilatancy process[J]. International Journal of Rock Mechanics and Mining Sciences, 2020(136):104503.

[46] 仁学坤,王恩元,李忠辉.预制裂纹岩板破坏电位与电磁辐射特征的实验研究[J].中国矿业大学学报,2016(3):440-446.

[47] 王岗,潘一山,肖晓春.预制大尺度单裂纹煤样破坏特征及电荷规律试验研究[J].煤炭学报,2018(8):2187-2195.

[48] Zhang J Z, Zhou X P. Forecasting catastrophic rupture in brittle rocks using precursory AE time series [J]. Journal of Geophysical Research：Solid Earth, 2020 (125):e2019JB019276.

[49] Cundall P A, Strack O D L. A discrete numerical model for granular assemblies [J]. Geotechnique, 1979(1):47-65.

[50] Itasca Consulting Group Inc. , PFC2D—Particle flow mode in two dimensions, Version 5. 0 [R]. Minneapolis: Itasca Consulting Group Inc. , 2008.

[51] Goodfellow I, Bengio Y, Courville A. Deep learning [M]. MIT Press, 2016.

[52] Kingma D P, Ba J. A method for stochastic optimization [M]. Arxiv, 2017.

[53] Wang Y D, Blunt M J, Armstrong R T, et al. Deep learning in pore scale imaging and modeling [J]. Earth—Science Reviews, 2021(215):103555.

[54] Zhang W G, Goh A T C. Assessment of soil liquefaction based on capacity energy concept and back—propagation neural networks. [G]. Integrating Disaster Science & Management, 2018:41-51.